U0378088

"十二五"职业教育国家规划教材
经全国职业教育教材审定委员会审定

高职高专"工作过程导向"新理念教材 计算机系列

丛书主编 吴文虎 姜大源

SQL Server 2008 数据库应用技术

钱冬云 周雅静 赵喜清 编著

清华大学出版社
北京

内 容 简 介

本书以工学结合、任务驱动为模式进行编写。项目面向企业的工作过程,以"销售管理系统"为实例,全面而详细地讲解 SQL Server 2008 数据库应用技术。

本书结构紧凑,内容承上启下,共 13 章。第 1 章介绍销售管理数据库的开发环境;第 2 章介绍如何创建和管理销售管理数据库;第 3 章介绍如何创建和管理销售管理数据库数据表;第 4 章介绍如何利用销售管理数据库进行各类数据查询;第 5~9 章介绍在销售管理数据库中,为了提高数据库的质量和查询效率,设置视图、索引、存储过程和触发器;为了保证销售管理数据库的安全,在第 10 章介绍如何设置安全性;通过第 11 章的学习,学会数据库的日常维护;第 12 章介绍销售管理数据库的分析和设计;在第 13 章对销售管理数据库进行初步的开发。

本书可作为应用型、技能型人才培养的各类教育院校计算机软件技术、计算机网络技术及相关专业的教学用书,也可作为各类培训机构的培训教材,同时可以作为初学数据库的入门教材,数据库应用系统开发人员也可以学习参考。

图书在版编目(CIP)数据

SQL Server 2008 数据库应用技术/钱冬云,周雅静,赵喜清编著.--北京:清华大学出版社,2013
(2023.1重印)
　高职高专"工作过程导向"新理念教材——计算机系列
　ISBN 978-7-302-32131-6

　Ⅰ.①S… Ⅱ.①钱… ②周… ③赵… Ⅲ.①关系数据库系统－高等职业教育－教材
Ⅳ.①TP311.138

中国版本图书馆 CIP 数据核字(2013)第 082894 号

责任编辑:孟毅新
封面设计:张海清
责任校对:袁　芳
责任印制:曹婉颖

出版发行:清华大学出版社
　　　　网　　址:http://www.tup.com.cn,http://www.wqbook.com
　　　　地　　址:北京清华大学学研大厦 A 座　　　　　　邮　　编:100084
　　　　社 总 机:010-83470000　　　　　　　　　　　　邮　　购:010-62786544
　　　　投稿与读者服务:010-62776969,c-service@tup.tsinghua.edu.cn
　　　　质量反馈:010-62772015,zhiliang@tup.tsinghua.edu.cn
　　　　课件下载:http://www.tup.com.cn,010-62795764
印 装 者:三河市君旺印务有限公司
经　　销:全国新华书店
开　　本:185mm×260mm　　　　印　　张:21.5　　　　字　　数:493 千字
版　　次:2013 年 8 月第 1 版　　　　　　　　　　　　印　　次:2023 年 1 月第 7 次印刷
定　　价:66.00元

产品编号:046176-03

　　高职高专是以就业为导向，以技术应用型人才为培养目标的职业技术教育。本书结合高职高专院校的教学特色，遵循"以就业为导向"的原则，结合数据库管理和软件开发岗位的实际需求，由一线的教师和企业技术人员共同设计教材的内容。本书以"实用"为基础，以"必需"为尺度选取理论知识；适用任务驱动式教学，结合完成各项任务，突出培养人才的应用能力和解决实际问题的能力。

　　本书以实用为中心，以掌握数据库基本原理知识、数据库设计方法和提高数据库应用能力为目的。本书以数据库的开发为任务驱动，以"销售管理数据库"设计为主线设置具体的工作任务，通过完成任务的过程达到提高分析问题和解决问题的能力。利用任务驱动方式组织内容，有利于培养和提高学生的技术应用能力，缩小在校学习与生产岗位需求之间的距离。

　　本书概念清楚，内容安排合理，既有数据库的基本原理和方法的详细说明，又翔实地介绍了关系数据库管理系统 SQL Server 2008。本书注重理论与实践相结合，使学习者既能掌握基本的数据库理论，又能提高数据库系统应用与技术开发的水平。

　　本书由钱冬云、周雅静、赵喜清编写。由于计算机科学技术发展迅速，编者水平有限，书中难免有不足之处，恳请广大读者提出宝贵意见。

编　者

2013 年 5 月

目录

销售管理数据库的开发环境

技能目标

了解安装 SQL Server 2008 所需的软硬件条件；学会安装 SQL Server 2008；学会使用销售管理数据库的开发环境。

知识目标

了解 SQL Server 2008 的各类版本；理解 SQL Server 2008 的安装环境要求；掌握 SQL Server 2008 的安装方法；掌握 SQL Server Management Studio 工作界面中已注册的服务器、对象资源管理器和查询编辑器窗口的使用；掌握创建一个查询编辑器窗口；会使用联机帮助文档。

1.1 SQL Server 2008 概述

开发销售管理数据库系统采用的工具为目前功能较为完善的 Microsoft SQL Server 2008。Microsoft SQL Server 2008 是一个提供了联机事务处理、数据仓库、电子商务应用的数据库和数据分析平台。它主要由 4 个部分组成，也称为 4 个服务，分别为数据库引擎、分析服务、报表服务和集成服务。如图 1-1 所示的访问类型。本书只讲解数据库引擎的相关技术。

1. 数据库引擎

数据库引擎(SQL Server Database Engine,SSDE)是 Microsoft SQL Server 2008 系统用于存储、处理和保护数据的核心服务，例如创建数据库，创建表，执行各类数据查询，创建存储过程等都由数据库引擎来完成。在大多数情况下，使用 Microsoft SQL Server 2008 也就是使用数据库引擎。数据库引擎是一个复杂的系统，本身包含了许多功能组件，例如 Service Broker、全文搜索等。公司管理信息系统使用 SQL Server 2008 作为后台数据库，数据库引擎负责订单、产品、客户等数据的添加、删除、查询等操作。数据库引擎还提供了大量的支持以保

图 1-1　SQL Server 2008 服务类型

持高可用性。

2. 分析服务

分析服务(Analysis Services)为商业智能提供联机分析处理和数据挖掘功能,使用户可以设计、创建和管理包含来自其他数据源数据的多维结构,并通过对多维结构的分析,使管理人员对业务数据有更全面的理解。另外,通过 SQL Server 2008 的分析服务,可以使管理人员完成对数据模型的挖掘分析,从而发现更多有价值的信息和知识。例如,销售管理信息系统利用分析服务可以发现销售的信息和知识,从而为增加销售量,提高客户的管理水平提供有效的支持。

3. 报表服务

报表服务(Reporting Services)是基于服务器的新型数据报表服务平台。用户可以创建表报表、矩阵报表、图形报表以及自由格式报表等各类报表;极大地方便了企业的管理工作,满足了管理人员对高效、规范管理的需求。例如,销售管理信息系统可以利用报表服务非常方便地生成 Word、Excel、PDF 等报表。

4. 集成服务

集成服务(Integration Services)是用于生成企业级数据集成和数据转换解决方案的平台,用户可以使用它解决复杂的业务问题,具体表现为:复制或下载文件,发送电子邮件以响应事件,更新数据仓库,清除和挖掘数据以及管理 SQL Server 对象和数据。例如数据库引擎是一个数据源,如何将数据源中的数据加载到 Analysis Services 中进行分析,便是 Integration Services 所要解决的问题。Integration Services 包含一组丰富的内置任务和转换、用于构造包的工具以及用于运行和管理包的 Integration Services 服务。可以使用 Integration Services 图形工具来创建解决方案,而无须编写一行代码;也可以对各种Integration Services 对象模型进行编程,通过编程方式创建并编写自定义任务以及其他包对象的代码。

1.2　SQL Server 2008 的安装

在安装 SQL Server 2008 之前,首先需要了解它的版本和安装 SQL Server 2008 的软硬件需求;然后根据实际需求选择适合的版本,并按照要求准备安装 SQL Server 2008。

1.2.1　SQL Server 2008 的版本

SQL Server 2008 提供了 6 个不同的版本:企业版(Enterprise)、标准版(Standard)、工作组版(Workgroup)、网络版(Web)、移动版(Compact)和免费版(Express)。各版本特

性如表 1-1 所示。用户可根据自己的实际情况和需求进行选择适合的版本,其中移动版(Compact)和免费版(Express)可以免费下载。在微软网站上下载,网址为 http://www. microsoft. com/betaexperience/pd/SQLEXP08V2/enus/。

表 1-1 各版本特性

版 本	特 性
企业版	满足企业联机事务处理和数据仓库应用程序高标准要求的综合数据平台
标准版	是一个完整的数据管理和商业智能平台,为正在运行的部门应用程序提供一流的易用性和易管理性
工作组版	在此可靠的数据管理和报表平台上运行分机位置,提供安全的远程同步和管理功能
网络版	借助于面向 Web 服务环境的高度可用的 Internet,为客户提供低成本、大规模、高度可用的 Web 应用程序或主机解决方案
移动版	入门级的数据库产品,提供 SQL Server 2008 的核心功能,只能用在 32 位机上
免费版	Express 对于学习和构建桌面小型服务器应用程序以及通过 ISV 重新分发非常理想

本书讲解的销售管理数据库系统可在免费版(Express)平台上实现。

1.2.2 SQL Server 2008 的安装环境要求

1. 硬件要求

在 32 位平台上安装和运行 SQL Server 2008 的硬件要求如表 1-2 所示。

表 1-2 32 位平台上安装和运行 SQL Server 2008 各种版本的硬件要求

版 本	CPU	内 存	磁盘空间
企业版	处理器类型:Pentium Ⅲ 兼容处理器或速度更快的处理器 处理器速度:最低 1.0GHz,建议 2.0GHz 或更快	最小:512MB 建议:2GB 或更大	至少 2.0GB 的可用磁盘空间
标准版			
工作组版			
网络版			
移动版		最小:192MB 建议:1MB 或更高	
免费版			

2. 软件要求

SQL Server 2008 安装程序需要 Windows Installer 4.5 或更高版本。安装 SQL Server 2008 时还要安装以下软件组件。

(1).NET Framework 3.5 SP1;

(2) SQL Server Native Client;

(3) Microsoft SQL Server 安装程序支持文件。

不同的版本对操作系统的不同要求,如表 1-3 所示。

表 1-3　SQL Server 2008 对软件的要求

操 作 系 统	企业版	标准版	网络版	工作组版	移动版
Windows 2000 Professional Edition SP4	否	是	是	是	是
Windows 2000 Server SP4	是	是	是	是	是
Windows 2000 Advanced Server SP4	是	是	是	是	是
Windows 2000 Datacenter Edition SP4	是	是	是	是	是
Windows XP Home Edition SP2	否	是	否	否	是
Windows XP Professional Edition SP2	否	是	是	是	是
Windows 2003 Server SP1	是	是	是	是	是
Windows 2003 Enterprise Edition SP1	是	是	是	是	是
Windows 2003 Datacenter Edition SP1	是	是	是	是	是
Windows 2003 Web Edition SP1	否	否	否	否	是

说明：如果要安装 64 位的 SQL Server 2008 其他版本,硬软环境要求可以参考网址：http://msdn.microsoft.com/zh-cn/library/ms143506(v＝sql.100).aspx♯HardDiskSpace。

1.2.3　SQL Server 2008 的安装过程

【例 1.1】　在 Windows XP SP2 上,安装 SQL Server 2008 R2 Express。
操作步骤如下。

（1）将 SQL Server 2008 DVD 安装盘插入 DVD 驱动器。打开 setup.exe 文件,出现如图 1-2 所示的"SQL Server 安装中心"窗口。

图 1-2　SQL Server 安装中心

（2）在"SQL Server 安装中心"窗口的左侧,选择"安装"选项。在窗体右侧出现有关安装的选项。由于第一次安装,所以选择"全新 SQL Server 独立安装或向现有安装添加功能"选项,如图 1-3 所示。

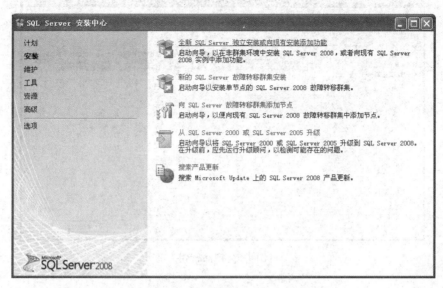

图 1-3　SQL Server 安装中心——安装

(3)出现"安装程序支持规则"窗口,主要用于检查各项规则。如图 1-4 所示,显示安装 SQL Server 2008 支持所需的规则均已通过。

图 1-4　安装程序支持规则

(4)单击"确定"按钮,出现"产品密钥"窗口,如图 1-5 所示。在"指定可用版本"中,由于安装文件为"具有高级服务的 Express 版本",已经默认设置,所以无须选择。

(5)单击"下一步"按钮,出现"安装程序支持文件"窗口,如图 1-6 所示,单击"安装"按钮,进行安装程序支持文件,如图 1-7 所示。

图 1-5　产品密钥

图 1-6　安装程序支持文件

图 1-7　进行安装程序支持文件

（6）在程序支持文件安装完毕后，出现"安装程序支持规则"窗口，如图1-8所示。

图1-8 安装程序支持规则

说明：如果有失败信息，则不能继续安装；如果是警告信息，则可继续安装，但SQL Server 2008的某些组件不可用。

（7）单击"下一步"按钮，出现"功能选择"窗口，如图1-9所示。选择"数据库引擎服务"和"管理工具-基本"等复选框，或者单击"全选"按钮。

图1-9 功能选择

（8）单击"下一步"按钮，出现如图1-10所示的"实例配置"窗口，选择"默认实例"单选按钮。如果需改变实例安装目录，则单击"实例根目录"文本框右侧的按钮，改变安装实例目录。

图1-10　实例配置

说明：在计算机上只能安装一个默认实例。如果已经有默认实例，就不能选择"默认实例"单选按钮，然后选择"命名实例"单选按钮，在"命名实例"文本框中输入SQLExpress。

（9）单击"下一步"按钮，出现"磁盘空间要求"窗口，如图1-11所示，显示安装所需的磁盘情况。

图1-11　磁盘空间要求

（10）单击"下一步"按钮，出现"服务器配置"窗口，如图 1-12 所示。选择窗口右侧的
"服务账户"选项卡。单击"账户名"文本框右侧的按钮，选择本地账户，如图 1-14 所示。
输入要选择的对象名称，如图 1-15 所示。

图 1-12　服务器配置

　　说明：如果安装多项服务，可以同时设置。如图 1-12 所示，单击窗口右侧的"对所有
SQL Server 服务使用相同的账户"按钮，出现如图 1-13 所示的对话框。单击"浏览"按
钮，出现如图 1-14 所示的"选择用户或组"对话框。单击"高级"按钮，在如图 1-15 所示的
对话框中选择用户。

图 1-13　对所有 SQL Server 2008 服务使用相同账户

图 1-14　选择用户或组

图 1-15　添加用户

（11）单击"下一步"按钮，出现"数据库引擎配置"窗口，如图 1-16 所示。选择 "Windows 身份验证模式"单选按钮。

图 1-16　数据库引擎配置

（12）由于没有完整配置数据库引擎，出现如图 1-17 和图 1-18 所示的为数据库引擎 指定验证身份和管理员提示信息。

说明：SQL Server 管理员账户是一个特殊的账户，在极其紧急的情况下（例如，当 SQL Server 拒绝连接时），能够使用这个账户进行登录。也可以用这个特殊的账户登录， 对当前的情形进行调试，并让 SQL Server 恢复运行。管理员账户一般是某个服务器账 户 ID。

（13）在"数据库引擎配置"窗口的右侧，单击"添加当前用户"按钮，将当前用户设置 为数据库引擎的管理员，如图 1-19 所示。

（14）选择"数据目录"选项卡，数据目录用于指定系统数据库、用户数据库、临时数据 库和备份目录，如图 1-20 所示。

图 1-17 数据库引擎配置错误信息(1)

图 1-18 数据库引擎配置错误信息(2)

图 1-19 设置数据库引擎身份验证模式和管理员

图 1-20 数据目录

(15) 单击"下一步"按钮,出现"Reporting Services 配置"窗口,用于指定 Reporting Services 配置模式,如图 1-21 所示。

图 1-21 Reporting Services 配置

(16) 单击"下一步"按钮,出现"错误和使用情况报告"窗口,如图 1-22 所示。

(17) 单击"下一步"按钮,出现"安装规则"窗体,如图 1-23 所示。如果没有失败选项,可以进行下一步操作。

(18) 单击"下一步"按钮,出现"准备安装"窗口,如图 1-24 所示。

(19) 单击"安装"按钮,进行安装,如图 1-25 所示。

图 1-22 错误和使用情况报告

图 1-23 安装规则

图 1-24 准备安装

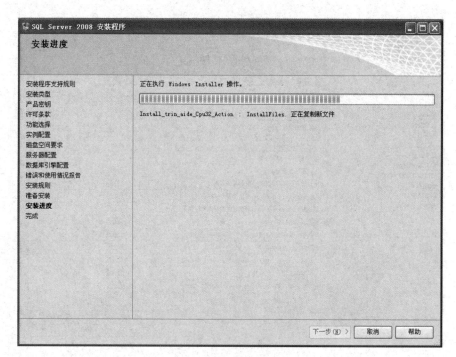

图 1-25 安装进度

（20）安装完成后，在"开始"菜单中，将出现 Microsoft SQL Server 2008 子菜单项，如图 1-26 所示。

图 1-26 Microsoft SQL Server 2008 子菜单

1.3 SQL Server Management Studio 简介

SQL Server Management Studio(SSMS)是 SQL Server 2008 提供的一个可视化图形集成环境,用于访问、配置、控制、管理和开发 SQL Server 的所有组件。SQL Server Management Studio 将 SQL Server 2000 中的企业管理器、查询分析器和 Analysis Integration 功能整合在一起,可以用图形方式操作完成各项任务,还可以编写、分析、编辑和运行 Transact-SQL、MDX、DMX、XML/A 和 XML 等脚本。

1.3.1 启动 SQL Server Management Studio

【例 1.2】 启动 SQL Server Management Studio。

具体的操作步骤如下。

(1) 单击"开始"→"所有程序"→ Microsoft SQL Server 2008 → SQL Server Management Studio 命令,如图 1-26 所示。

(2) 出现"连接到服务器"对话框,如图 1-27 所示。选择要连接的"服务器类型"为"数据库引擎";"服务器名称"从下拉列表中选择已经安装的数据库服务引擎,此处为

图 1-27 连接到服务器

LISA\SQLEXPRESS2008(不同的计算机、不同的安装实例显示不同)；"身份验证"选择"Windows 身份验证"选项。如果选择混合模式身份验证，用户需要输入用户名和密码。单击"连接"按钮。

（3）连接成功后，出现 Microsoft SQL Server Management Studio 窗口，如图 1-28 所示。

图 1-28 Microsoft SQL Server Management Studio 工作界面

1.3.2 SQL Server 管理环境

SQL Server 管理环境(SQL Server Management Studio,SSMS)是一个集成环境，用于访问、配置、管理和开发 SQL Server 的所有组件。SSMS 组合了大量图形工具和丰富的脚本编辑器，使各种技术水平的开发人员和管理员都能访问 SQL Server。SSMS 默认工作界面由"已注册的服务器"、"对象资源管理器"和"文档"等窗口组成。

1. "已注册的服务器"窗口

"已注册的服务器"窗口显示当前已注册服务器数据库引擎的名称信息，如图 1-29 所示。左图中 表示服务器已成功启动，用户可以访问数据库服务器以及提供的各种服务；中图中 表示数据库引擎服务器已停止，用户无法访问数据库；右图中 表示数据库引擎服务器处于暂停状态，连接的用户已经提交的任务继续执行，而新用户无法提交请求。

图 1-29 已注册的服务器的三种服务状态

【例 1.3】 停止 lisa\sqlexpress2008 数据库引擎服务器。

在"已注册的服务器"窗口中,选中数据库引擎服务器,右击,在弹出的快捷菜单中选择"服务控制"→"停止"命令,如图 1-30 所示。停止 lisa\sqlexpress2008 数据库引擎服务器,用户无法访问此数据库服务器。

图 1-30 停止数据库引擎服务

2. "对象资源管理器"窗口

"对象资源管理器"窗口显示服务器中所有对象的树状目录结构图停止,如图 1-31 所示。利用"对象资源管理器"窗口可以完成以下操作:注册服务器;启动和停止服务器;配置服务器属性;创建数据库、数据表、视图、存储过程等数据库对象;生成 Transact-SQL Server 脚本;管理数据库对象权限;创建登录账户等操作。

图 1-31 对象资源管理器

3. "文档"窗口

"文档"窗口是 Management Studio 中最大的一个窗口,包含了查询编辑器窗口和浏览器窗口。

【例1.4】 打开查询编辑器。

单击工具栏中的 新建查询(N) 按钮,在 SQL Server Management Studio 工作界面中打开一个查询编辑器,如图 1-32 的右侧所示。

图 1-32　打开查询编辑器

4.“模板资源管理器”窗口

SSMS 提供了大量脚本模板,包含用户提供的值(如表名称)的参数。使用该参数,可以只输入一次名称,然后自动将该名称复制到脚本中所有必要的位置。可以编写自己的自定义模板,以支持频繁编写的脚本。模板资源管理器如图 1-33 所示。

图 1-33　模板资源管理器

1.3.3　附加销售管理数据库 CompanySales

在“对象资源管理器”窗口中,右击“数据库”选项,在弹出的快捷菜单中选择“附加”命令,出现“附加数据库”对话框,如图 1-34 所示。

单击“添加”按钮,出现“定位数据库文件”对话框,如图 1-35 所示。从中选择要附加的数据文件 Sales_data.mdf,单击“确定”按钮,返回“附加数据库”对话框。

在“要附加的数据库”区域和“‘CompanySales’数据库详细信息”区域显示相关信息,如图 1-36 所示。

确认无误后,单击“确定”按钮,即可把所选的 CompanySales 数据库附加到当前 SQL Server 实例上,结果如图 1-37 所示。

图 1-34 附加数据库

图 1-35 选择要附加的数据文件 Sales_data.mdf

图 1-36 完成数据库文件的附加

图 1-37　附加的 CompanySales 数据库

1.3.4　联机帮助文档

SQL Server 2008 R2 提供完整的文档和教程。用户只需安装相应的软件包即可。可以到微软网站免费下载软件包，网址为 http://www.microsoft.com/downloads/zh-cn/details.aspx。SQL Server 2008 教程如图 1-38 所示。在 SQL Server 2008 的工作界面中也可以按 F1 键打开帮助文档。

图 1-38　SQL Server 2008 教程

1.4 创建一个查询

查询编辑器主要用于创建和运行 Transact-SQL、XQuery 和 sqlcmd 脚本。

在数据库引擎的查询编辑器中运行脚本文件的步骤如下。

(1) 打开查询编辑器窗口。在查询编辑器窗口中输入脚本,单击工具栏上的分析按钮 ✓,分析脚本语法,使其正确。

(2) 按 F5 键,或者单击工具栏中的执行按钮 ! 执行(X),执行脚本,或者也可以在菜单栏中选择"查询"→"执行"命令。如果选择了一部分代码,则仅执行该部分代码。如果没有选择任何代码,则执行查询编辑器中的全部代码。

图 1-39 新建查询

【例 1.5】 创建一个查询脚本。

操作步骤如下。

(1) 在"对象资源管理器"窗口中,选中 CompanySales 数据库,右击,在弹出的快捷菜单中选择"新建查询"命令,如图 1-39 所示。

(2) 在出现的查询编辑器中输入如下的 Transact-SQL 语句:

```
SELECT * FROM Customer
```

(3) 单击工具栏中的分析按钮 ✓,分析脚本语法。结果如图 1-40 所示。在窗口的右下方出现"结果"选项卡,显示"命令已成功完成",表示语句语法正确。

图 1-40 分析语法

(4) 按 F5 键,或者单击工具栏中的"执行"按钮,执行脚本。结果如图 1-41 所示,在"结果"选项卡中显示 SQL 语句执行的结果。

图 1-41　执行查询后窗口

（5）保存脚本文件。单击"文件"→"保存 SQLQuery5. sql"或"SQLQuery5. sql 另存"命令,可以保存该脚本文件。

说明：在 SQL Server 2008 中,不区分英文字母的大小写。

习　　题

一、选择题

1. SQL Server 2008 的操作中心是（　　　）。

   A. SQL Server Management Studio　　　　B. Enterprise Manager

   C. Visual Studio. NET 2008　　　　　　　　D. 查询编辑器窗口

2. 注册至某服务器,表示该服务器（　　　）。

   A. 已启动但未连接　　　　　　　　　　　B. 已启动并且已连接

   C. 还未启动

3. 对于大型企业,应该采用（　　　）的 SQL Server 2008。

   A. 企业版　　　　　B. 工作组版　　　　　C. 开发者版　　　　　D. 精简版

二、思考题

1. 简述 SQL Server 2008 安装所需的软硬件环境。

2. 简述 SQL Server 2008 各版本与操作系统之间的关系。

3. 如何在 SQL Server 2008 Management Studio 中附加一个数据库?

4. 如何创建一个查询并保存脚本文件?

实　　训

【实训目的】

（1）了解安装 SQL Server 2008 的硬件和软件的要求。

（2）掌握 SQL Server 2008 的安装方法。

（3）掌握对象资源管理器与查询编辑器的使用。

（4）了解数据库及其对象。

【实训内容】

（1）在本地计算机上练习安装 SQL Server 2008 R2 Express 版本 。

（2）练习启动、暂停和关闭 SQL Server 2008 的某一服务器。

（3）附加 CompanySales 销售管理数据库。

（4）在查询编辑器中，输入如下的语句，并逐语句执行，观察执行结果。

```
USE CompanySales
GO
SELECT * FROM Customer
GO
```

第 2 章

销售管理数据库的创建和管理

技能目标

根据需求学会创建销售管理数据库;学会对销售管理数据库进行修改操作;会根据实际需求配置和管理销售管理数据库。

知识目标

了解各类系统数据库的作用;掌握数据库文件的存储结构;掌握创建数据库的方法;掌握修改和删除指定数据库的方法;掌握管理和维护数据库;了解数据库属性。

2.1 数据库概述

2.1.1 基本概念

1. 数据

描述事物的符号称为数据。数据有多种表现形式,可以是数字,也可以是文字、图形、图像、声音、语言等。

2. 信息

通俗地说,信息就是指对结果进行加工处理,并对人类社会实践和生产活动产生决策影响的数据。信息就是数据中所包含的意义。未经过加工的数据只是一种原始材料,它的价值在于记录了客观世界的事实。

3. 数据库

数据库是指长期存储在计算机内的、有组织的、可共享的数据集合。数据库中的数据按一定的数据模型组织、描述和存储,具有较小的冗余度、较高的数据独立性和易扩展性,并可为各种用户共享。

4. 数据库系统

数据库系统(DBS)是有组织地、动态地存储大量关联数据,方便多用户访问的计算机硬件、软件和数据资源组成的系统。一般由计算机硬件、操作系统、数据库、数据库管理系统以及开发工具和各种人员(如数据库管理员、用户等)构成。

5. 数据库管理系统

数据库管理系统(DBMS)是数据库系统的核心软件之一,是位于用户与操作系统之间的一层数据管理软件。它的主要功能包括以下几个方面:数据定义功能、数据操作功能、数据库的运行管理、数据库的建立和维护功能。

目前较为流行的数据库管理系统有 Access、SQL Server、Oracle、DB2 和 Sybase 等。

2.1.2 数据描述

如果要把现实世界的事物以数据的形式存储到计算机中,要经历现实世界、信息世界和机器世界 3 个阶段,具体过程如图 2-1 所示。首先将现实世界中客观存在的事物和它们所具有的特征抽象为信息世界的实体和属性;然后抽象化到信息世界,利用实体—联系方法(E-R 方法)反映事物与机器世界之间的相互关系;最后将用实体—联系方法表达的概念模型转化为机器世界的数据模型。

图 2-1　数据处理 3 个阶段

2.2　系统数据库

在 SQL Server 2008 中数据库分为两类:系统数据库和用户数据库。在安装了 SQL Server 2008 以后,系统会自动创建 4 个系统数据库,它们分别是 master、model、msdb 和 tempdb,如图 2-2 所示。用户数据库存储用户数据,比如 CompanySales 数据库用于储存销售管理的相关数据。

1. master 数据库

master 数据库是 SQL Server 系统中最重要的数据库。master 数据库记录 SQL Server 系统的所有系统级信息,包括实例范围的元数据(例如登录账户)、端点、链接服务器和系统配置设置。此外,master 数据库还记录了所有其他数据库的存在、数据库文件的位置以及 SQL Server 的初始化信息。如果 master 数据库不可用,则 SQL Server 无法

图 2-2   系统数据库

启动。

2. model 数据库

用作 SQL Server 实例上创建的所有数据库的模板。对 model 数据库进行的修改(如数据库大小、排序规则、恢复模式和其他数据库选项)将应用于以后创建的所有数据库。

3. msdb 数据库

msdb 数据库是代理服务器数据库。它为报警、任务调度和记录操作员的操作提供存储空间。

4. tempdb 数据库

tempdb 数据库记录了所有的临时表、临时数据和临时创建的存储过程等保存临时对象的一个工作空间。tempdb 数据库存放的所有数据信息都是临时的,SQL Server 服务器重新启动时,tempdb 数据库被重新建立。

5. 示例数据库

SQL Server 引入 Adventure Works Cycles 公司的 Adventure Works 和 Adventure Works DW 示例数据库可供学习。在默认情况下,SQL Server 2008 不安装示例数据库。若要安装 SQL Server 的示例数据库,可到 http://www.CodePlex.com/MSFTDBProdSamples,或者在 Microsoft SQL Server Samples and Community Projects 主页选择所需数据库。

2.3   数据库存储结构

数据库的存储结构分为逻辑存储结构和物理存储结构两种。数据库的逻辑存储结构指的是数据库是由哪些性质的信息所组成。SQL Server 的数据库由诸如数据库关系图、表、视图和存储过程等各种不同的数据库对象所组成,如图 2-3 所示(各种数据库对象的含义在后面的章节介绍)。数据库的物理存储结构讨论数据库文件是如何在磁盘上存

图 2-3　数据库的组成

储的。

2.3.1　数据库文件

数据库在磁盘上是以文件为单位存储的，在数据库的物理存储结构上，数据库至少具有两个操作系统文件：数据文件和事务日志文件。一个 SQL Server 2008 数据库主要使用以下 3 种类型文件来存储信息。

1．主要数据文件

主要数据文件包含数据库的启动信息，并指向数据库中的其他文件。主要数据文件的文件扩展名是.mdf。用户数据和对象可存储在此文件中，也可以存储在次要数据文件中。每个数据库必定有一个主要数据文件。

2．次要数据文件

次要数据文件是可选的，由用户定义并存储用户数据。次要数据文件的文件扩展名是.ndf。通过将每个文件放在不同的磁盘驱动器上，次要数据文件可用于将数据分散到多个磁盘上。另外，如果数据库大小超过了单个 Windows 文件的最大大小，那么可以使用次要数据文件，这样数据库就能继续增长。

说明：采用主要、次要数据文件来存储数据，容量可以无限制地扩充而不受操作系统文件大小的限制。可以将数据文件保存在不同的硬盘上，提高了数据处理的效率。

3．事务日志文件

用于记录所有事务以及每个事务对数据库所做的修改。当数据库损坏时，管理员可以使用事务日志文件恢复数据库。每一个数据库必须至少拥有一个事务日志文件，并允许拥有多个事务日志文件。事务日志文件的扩展名为.ldf。

2.3.2　文件组

SQL Server 2008 为了方便数据库文件的分配和管理,将文件分成不同的文件组。文件组有以下两种类型。

1. 主要文件组

主要文件组(PRIMARY 文件组)包含主要数据文件和未放入其他文件组的所有次要数据文件。每个数据库有一个主要文件组。

2. 用户定义文件组

用户定义文件组用于将数据文件集合起来,以便于管理、数据分配和放置。

如果在数据库中创建对象时没有指定对象所属的文件组,对象将被分配给默认文件组。不管何时,只能将一个文件组指定为默认文件组。

PRIMARY 文件组是默认文件组,除非使用 ALTER DATABASE 语句进行了更改。但系统对象和表仍然被分配给 PRIMARY 文件组,而不是新的默认文件组。

2.4　销售管理数据库的创建

创建数据库有两种方法:使用管理工具 SSMS(SQL Server Management Studio)和使用 CREATE DATABASE 语句。

2.4.1　使用 SSMS

【例 2.1】　为某公司创建一个名称为 Sales 的数据库。

具体的步骤如下。

(1) 在"对象资源管理器"对话框中,右击"数据库"选项,在弹出的快捷菜单中,选择"新建数据库"命令,然后出现"新建数据库"窗口,在"数据库名称"文本框中输入数据库名"Sales",如图 2-4 所示。

在窗口右侧的"数据库文件"列表中的各单元格含义如下。

① 逻辑名称:数据文件和日志文件的逻辑名。数据文件逻辑名默认为数据库名,日志文件逻辑名默认为数据库名后加"_Log"。

② 文件类型:指出文件类型是数据文件还是日志文件。

③ 文件组:用户所属的文件组。

④ 初始大小:以 MB 为单位,数据文件默认为 3MB,日志文件默认为 1MB。

⑤ 自动增长:表示文件的增长方式。单击属性后的浏览按钮[...],出现"更改自动增长设置"对话框。用户可以根据自己实际情况进行选择。

图 2-4 "新建数据库"窗口

说明：在创建数据库时最好指定文件的最大允许增长的大小，这样做可以防止文件在添加时无限制增大，以至于用尽整个磁盘空间。

⑥ 路径：显示数据文件和日志文件的物理路径。

说明：在创建大型数据库时，尽量将数据文件和事务日志文件设置在不同路径下，以提高数据读取的效率。

⑦ 文件名：显示数据文件和日志文件的物理名称。

(2) 在"新建数据库"窗口中，单击"确定"按钮，完成创建 Sales 数据库。

(3) 在"对象资源管理器"对话框中，即出现 Sales 数据库，如图 2-5 所示。

说明：

(1) 创建数据库之后，建议创建一个 master 数据的备份。

(2) 如果需要在数据库节点中显示新创建的数据库，则需要在数据库节点上右击，在弹出的快捷菜单中选择"刷新"命令。

图 2-5 Sales 数据库

(3) 在一个 SQL Server 2008 数据库服务器实例中最多可以创建 32767 个数据库。

2.4.2 使用 CREATE DATABASE 语句

使用 CREATE DATABASE 创建数据库的语法格式如下：

```
CREATE  DATABASE  <数据库名>
```

```
[ON   [PRIMARY]
      [<文件定义>[,...n]]
      [,<文件组定义>[,...n]]
      [LOG ON
            {<文件定义>[,...n]}]
      ]
```

其中：

```
<文件定义>::=
(   NAME=logical_file_name,
    FILENAME='os_file_name'
    [,SIZE=size]
    [,MAXSIZE={max_size|UNLIMITED}]
    [,FILEGROWTH=growth_increment|%]
)[,...n]
<文件组定义>::=FILEGROUP 文件组名<文件定义>[,...n]
```

其中，各参数说明如下。

(1) PRIMARY：该选项是一个关键字，指定主文件组中的文件。

(2) LOG ON：指明事务日志文件的明确定义。

(3) NAME：指定数据库的逻辑名称，是在 SQL Server 系统中使用的名称，是数据库在 SQL Server 中的标识符。

(4) FILENAME：指定数据库所在文件的操作系统文件名称和路径，该操作系统文件名和 NAME 的逻辑名称一一对应。

(5) SIZE：指定数据库的初始容量大小。

(6) MAXSIZE：指定操作系统文件可以增长到的最大尺寸。如果没有指定，则文件可以不断增长直到充满磁盘。

(7) FILEGROWTH：指定文件每次增加容量的大小，当指定数据为 0 时，表示文件不增长。

【例 2.2】 创建销售管理数据库 CompanySales。将该数据库的数据文件存储在 D:\Data 下，数据文件的逻辑名称为 Sales_data，文件名为 Sales_data.mdf，初始大小为 10MB，最大尺寸为无限大，增长速度为 10%；该数据库的日志文件的逻辑名称为 Sales_log，文件名为 Sales_log.ldf，初始大小为 3MB，最大尺寸为 5MB，增长速度为 1MB。

具体的操作如下。

(1) 在 SSMS 中，单击工具栏中的"新建查询"按钮，或选择"文件"→"新建"→"数据库引擎查询"命令，打开一个新的查询编辑器。

(2) 在查询编辑器中输入以下语句。

```
CREATE DATABASE CompanySales
  ON
```

```
  ( NAME=Sales_data,                        /*注意有逗号分隔*/
    FILENAME='d:\data\Sales_data.mdf',
                          /*注意用半角状态下的引号,d:\data 文件夹必须已经存在*/
    SIZE=10MB,
    MAXSIZE=UNLIMITED,
    FILEGROWTH=10%)                         /*注意没有逗号*/
  LOG ON
  ( NAME=Sales_log,                         /*注意有逗号分隔*/
    FILENAME='d:\data\Sales_log.ldf',       /*注意使用半角状态下引号*/
    SIZE=3MB,
    MAXSIZE=5MB,
    FILEGROWTH=1MB                          /*注意没有逗号*/
  )
```

（3）单击工具栏中的 ✓ 按钮，进行语法分析，保证上述语句语法的正确性。

（4）按 F5 键或单击工具栏中的 ! 执行(X) 按钮，执行上述语句。

说明：如果选定部分脚本语句，则对指定语句执行检查和执行操作，否则执行所有语句；将光标定位在语句编辑区，选择菜单栏中的"文件"→"保存"或"另存为"命令，可以将编写的脚本以文件(.sql)形式保存。

（5）在"结果"选项卡中将显示相关消息，告诉用户数据库创建是否成功。

（6）在"对象资源管理器"窗口中，刷新"数据库"选项，查看已经创建的数据库。

说明：本书所有的章节均围绕销售管理数据库操作和维护展开阐述，销售管理数据库即为本例中创建的 CompanySales 数据库，由于数据库的名称不能相同，所以在本章中使用其他的数据库作为实例解说。

【例 2.3】 创建销售管理数据库 Mysales。将该数据库的数据文件存储在 D:\Data 下，主要数据文件为 Sales1，次要数据文件为 Sales2，保存在文件组 FileGroup1 中。

具体的操作步骤同例 2.2，代码如下：

```
CREATE DATABASE Mysales
  ON PRIMARY
  ( NAME=Sales1,
    FILENAME='D:\data\Sale1_data.mdf',
    SIZE=100MB),
  FILEGROUP FileGroup1
  ( NAME=Sales2,
    FILENAME='D:\data\Sale2_data.ndf',
    SIZE=100MB)
```

执行语句，在 SSMS 中，刷新数据库，然后右击 Mysales 数据库，在弹出的快捷菜单中选择"属性"命令，打开 Mysales"数据库属性"对话框，选择"文件"属性页面，查看 Mysales 数据库的文件信息，如图 2-6 所示。Mysales 数据库包含两个数据文件，Sales1 属于文件组 PRIMARY，Sales2 属于文件组 FileGroup1，符合要求。

图 2-6   查看数据库的文件属性

2.4.3   使用模板

【例 2.4】   使用模板创建 newSales 数据库。

具体的操作如下。

（1）从"模板资源管理器"窗口中打开模板。选择"视图"→"模板资源管理器"命令，打开"模板资源管理器"窗口。选择"SQL Server 模板"命令，展开 Database 项，选择 Create Database 选项，如图 2-7 所示。

（2）将"Create Database"模板从模板资源管理器拖放到查询编辑器中，从而添加模板代码，如图 2-8 所示。

图 2-7   模板资源管理器

```
-- =====================================
-- Create database template
-- =====================================
USE master
GO
-- Drop the database if it already exists
IF  EXISTS (
    SELECT name
        FROM sys.databases
        WHERE name = N'<Database_Name, sysname, Database_Name>'
)
DROP DATABASE <Database_Name, sysname, Database_Name>
GO
CREATE DATABASE <Database_Name, sysname, Database_Name>
GO
```

图 2-8   利用模板创建数据库

(3) 替换模板参数。选择"查询"→"指定模板参数的值"命令或单击工具栏中的 按钮,打开"指定模板参数的值"对话框,如图 2-9 所示。"值"列中输入 newSales 为数据库名称。

图 2-9　指定模板参数的值

(4) 单击"确定"按钮,关闭"指定模板参数的值"对话框,系统自动修改查询窗体中的脚本文档。

(5) 单击工具栏中的 ✓ 按钮,进行语法分析,保证上述语句语法的正确性。

(6) 按 F5 键或单击工具栏中的 ! 执行(X) 按钮,执行上述语句。

(7) 在"结果"选项卡中将显示相关消息,告诉用户数据库创建是否成功。

2.5　销售管理数据库的管理和维护

销售管理数据库创建以后,随着数据库容量的增加以及需求的变化,现有的数据库属性会不适应当前的需求,因而需对现有的数据库进行修改。数据库的修改包括扩充数据库容量、压缩数据库和数据文件、更改数据库名称和删除数据库等。在 SQL Server 2008 中提供两种操作方式:一种是在 SSMS 中修改数据库的各种属性;另一种是使用 ALTER DATABASE 语句修改数据库。

ALTER DATABASE 语句修改数据库命令主要格式如下:

```
ALTER DATABASE  <数据库名>
{   ADD  FILE  <文件定义>  [,...n]
    [TO FILEGROUP  <文件组名>]           /*增加数据文件到数据库*/
    |ADD  LOG  FILE<文件定义>[,...n]      /*增加事务日志文件到数据库*/
    |REMOVE  FILE  <逻辑名>              /*删除数据文件,文件必须为空*/
    |ADD  FILEGROUP  <文件组名>          /*增加文件组*/
    |REMOVE  FILEGROUP  <文件组名>       /*删除文件组,文件必须为空*/
    |MODIFY  FILE  <文件定义>            /*一次只能更改一个文件属性*/
    |MODIFY  NAME=<新数据库名>           /*数据库更名*/
}
```

其中

```
<文件定义>::=
(
    NAME=logical_file_name
    [,NEWNAME=new_logical_name]
```

```
[,FILENAME='os_file_name']
[,SIZE=size]
[,MAXSIZE={max_size|UNLIMITED}]
[,FILEGROWTH=growth_increment|%]
)
```

由于 ALTER DATABASE 语句的部分参数已经作注释,其余的参数与 CREATE DATABASE 相同,因而不再说明。

2.5.1 修改数据文件和事务日志文件的容量

在数据库的使用过程中,随着数据量不断增长,就需要扩充数据库的容量。通常对数据库进行扩充,可以使用 3 种方式:设置数据库文件为自动增长方式;修改数据文件或日志文件的大小;增加新的次要数据文件或日志文件。

1. 设置数据库文件的自动增长方式

【例 2.5】 将 CompanySales 数据库的数据文件 Sales_data 的文件增长方式改为按 15%。

分析:修改文件的增长方式,属于修改数据库的属性。可以使用 SSMS 修改 Sales_data 数据库的文件增量。

具体的操作步骤如下。

(1) 在"对象资源管理器"窗口中展开"数据库"节点。

(2) 右击 CompanySales 数据库,在弹出的快捷菜单中选择"属性"命令,打开"数据库属性-CompanySales"窗口,在对话框左侧的"选择页"中选择"文件"选项,在右侧显示 CompanySales 的数据库文件,如图 2-10 所示。

图 2-10 "数据库属性-CompanySales"窗口

（3）在窗口右侧的"数据库文件"列表中，单击数据库文件 Sales_data 所在行的"自动增长"列单元格右侧的 □□ 按钮，打开"更改 Sales_data 的自动增长设置"对话框，将文件增长设置"按百分比"改为 15％，如图 2-11 所示，单击"确定"按钮即完成修改。

图 2-11 "更改 Sales_data 的自动增长设置"对话框

2. 增加数据文件和事务日志文件

增加数据文件，它的语法格式如下：

```
ALTER DATABASE  <数据库名>
{   ADD  FILE  <文件定义>  [,...n]
    [TO FILEGROUP  文件组名]                    /*增加数据文件到数据库*/
    |ADD  LOG  FILE  <文件定义>[,...n]          /*增加事务日志文件到数据库*/
}
```

【例 2.6】 销售管理数据库 CompanySales 经过一段时间的使用后，随着数据量的不断增大，引起数据库空间不足。现增加一个数据文件存储在 F:\下，数据文件的逻辑名称为 Sales_Data2，物理文件名为 Sales_data2.ndf，初始大小为 10MB，最大尺寸为 2GB，增长速度为 10MB。

分析：对于数据库的扩容，属于修改数据库的问题，可以使用 SSMS 和 ALTER DATABASE 语句来修改数据库。

（1）利用 SSMS

在对象资源管理器的"数据库"节点下，右击 CompanySales 数据库，在弹出的快捷菜单中选择"属性"命令，打开"数据库属性-CompanySales"窗口，在窗口左侧的"选择页"中选择"文件"选项，如图 2-10 所示。单击"添加"按钮，在数据文件行输入相应的参数。

（2）利用 ALTER DATABASE 语句

在查询编辑器中输入以下语句。

```
ALTER DATABASE CompanySales
ADD FILE
(
  NAME=Sales_Data2,
  FILENAME='F:\data\Sales_data2.ndf',
  SIZE=10MB,
  MAXSIZE=2GB,
  FILEGROWTH=10MB
)
```

执行语句后，查看 CompanySales 数据库的属性，如图 2-12 所示，增加了一个数据库文件。

【例 2.7】 为销售管理数据库 CompanySales 增加一个事务日志文件，同样存储在 F:\data 文件夹中。

图 2-12 扩充 10MB 数据库文件

在查询编辑器中执行如下的语句。

```
ALTER DATABASE CompanySales
ADD LOG   FILE
(
    NAME=Sales_Log2,
    FILENAME='F:\data\Sales_Log2.ldf',
    SIZE=10MB
)
```

执行完毕后,查看销售管理数据库 CompanySales 的属性,如图 2-13 所示。

图 2-13 扩充 10MB 事务日志文件

3. 修改数据库中文件属性

修改数据库中文件的语法结构如下：

```
ALTER DATABASE  <数据库名>
MODIFY  FILE  <文件定义>
```

【例 2.8】 将销售管理数据库 CompanySales 的 Sales_data2 的初始大小改为 100MB。
在查询编辑器中执行如下的语句。

```
ALTER DATABASE  CompanySales
MODIFY FILE
(    NAME=Sales_data2,
     SIZE=100MB
)
```

4. 删除数据库中的文件

删除数据库中文件的语法结构如下：

```
ALTER DATABASE  <数据库名>
REMOVE  FILE  <文件定义>
```

【例 2.9】 删除销售管理数据库 CompanySales 的 Sales_data2 数据文件。
在查询编辑器中执行如下的语句。

```
ALTER DATABASE  CompanySales
REMOVE FILE  Sales_data2
```

说明：在例 2.5 和例 2.6 中，分别增加了一个数据文件和事务日志文件保存在 F 盘
中。为了便于数据库移植，在本书的后续章节中采用的 CompanySales 数据库文件中，没
有将例 2.5 和例 2.6 中增加的文件保存在 F 盘。建议在后续章节中重新附加提供的
CompanySales 数据库。

2.5.2　收缩数据库

SQL Server 2008 数据库采用的"先分配，后使用"的分配机制。例如为某个数据库
分配了 500MB 的空间，但实际只是使用 10MB，剩余的 490MB 空间不会释放给操作系
统。因此如果设计数据库时所占用的空间过大，则会造成资源的极大浪费。SQL Server
2008 为用户收缩数据库空间提供了两种方式：自动方式和手动方式。

1. 自动收缩数据库

【例 2.10】 将 CompanySales 数据库设置为自动收缩。
具体的操作步骤：在"对象资源管理器"窗口中，右击 CompanySales 数据库，在弹出
的快捷菜单中选择"属性"命令，打开"数据库属性-CompanySales"窗口，选择窗口左侧"选

择页"中的"选项"选项,在右侧"自动"区域将"自动收缩"选项设置为 True 即可,如图 2-14 所示。

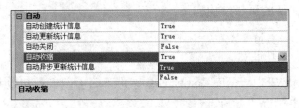

图 2-14 设置数据库自动收缩

2. 手动收缩数据库

用户可以使用 DBCC SHRINKDATABASE 语句收缩数据库,DBCC SHRINKFILE 语句用来手动收缩数据库中的文件。

(1) 收缩数据库

使用 DBCC SHRINKDATABASE 收缩数据库的语法格式如下:

```
DBCC  SHRINKDATABASE(database_name|0 [, target_percent],
                    {NOTRUNCATE|TRUNCATEONLY}])
```

参数说明如下。

① database_name | 0:指定要收缩的数据库名称,如果指定 0,则使用当前数据库。

② target_percent:收缩数据库文件后,数据库所需的剩余可用空间百分比。

③ NOTRUNCATE:表示被释放的文件空间依然保留在数据库文件中。如果未指定这项,将所释放的文件空间释放给操作系统。

④ TRUNCATEONLY:将所有未使用的空间释放给操作系统,并将文件收缩到上一次所分配的大小,从而缩小文件,而不移动任何数据。使用 TRUNCATEONLY 时,忽略 target_percent 的限制。

【例 2.11】 减小 CompanySales 数据库中数据文件和日志文件的大小,以便在数据库中留出 10% 的可用空间。

在查询编辑器中执行如下语句。

```
DBCC SHRINKDATABASE(CompanySales,10)
```

利用数据库的属性查看数据库大小的变化。

【例 2.12】 利用 SSMS 收缩 CompanySales 数据库,要求同例 2.8。

具体的操作步骤:在"对象资源管理器"窗口中,右击 CompanySales 数据库,在弹出的快捷菜单中选择"任务"→"收缩"→"数据库"命令,打开"收缩数据库-CompanySales"窗口,设置"收缩后文件中的最大可用空间"为 10%,如图 2-15 所示,单击"确定"按钮,查看数据库状态。

(2) 收缩数据文件

使用 DBCC SHRINKFILE 语句可以缩小数据库文件的大小,其语法格式如下:

图 2-15 收缩 CompanySales 数据库

```
DBCC SHRINKFILE
    (file_name, target_size [,{NOTRUNCATE|TRUNCATEONLY}])
```

其中，target_size 参数表示文件缩小到的大小，以 MB 为单位，如果不指定这项，文件大小减少到默认文件大小。

【例 2.13】 将 CompanySales 数据库中名为 Sales_Log2 的文件收缩为 15MB。

在查询编辑器中执行如下语句。

```
DBCC SHRINKFILE(Sales_Log2,15)
```

利用数据库的属性查看数据库文件的变化。

说明：在使用 DBCC SHRINKDATABASE 语句时，无法将整个数据库收缩得比其初始尺寸更小。但是，使用 DBCC SHRINKFILE 语句时，可以将各个数据库文件收缩得比其初始尺寸更小。

2.5.3 更改数据库名称

在 SQL Server 2008 中，除了系统数据库以外，其他的数据库的名称都可以更改。但是数据库一旦创建，就可能被位于任意地方的前台用户连接，因此对数据库名称的处理必须特别小心，只有在确定尚未被使用时才可进行更改或删除操作。可通过以下两种方式更改数据库名称。

1. 利用 SSMS

【例 2.14】 利用 SSMS 将 CompanySales 数据库改名为 Company。

（1）在"对象资源管理器"窗口中，右击 CompanySales 数据库，在弹出的快捷菜单中选择"重命名"命令。

（2）输入新数据库名称 Company，按 Enter 键即可。

2. 使用系统存储过程 sp_renamedb

sp_renamedb 语句的语法格式如下：

sp_renamedb 原数据库名,新数据库名

【例 2.15】 将 Company 数据库改名为 CompanySales。

在查询编辑器中执行以下语句。

```
sp_renamedb Company,CompanySales
```

从图 2-16 可以看出，执行完语句后，数据库的名称已经改为 CompanySales。

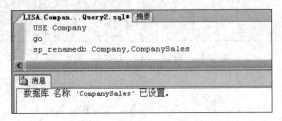

图 2-16　更改数据库的名称

说明：在修改数据库名称之前，应关闭所有与该数据库的连接，包括查询编辑器，否则将无法更改数据库名称。

2.5.4　删除数据库

在 SQL Server 2008 中，除了系统数据库以外，其他的数据库都可以删除。当用户删除数据库时，将从当前服务器或实例上，永久性地、物理地删除该数据库。数据库一旦删除就不能恢复，因为其相应的数据文件和数据都被物理删除了。可通过以下两种方式删除数据库。

说明：用户只能根据自己的权限删除数据库，不能删除当前正在使用的数据库（例如用户正在读写）。

1. 利用 SSMS

【例 2.16】 删除 Sales 数据库。

具体的操作步骤如下。

（1）在"对象资源管理器"窗口中，展开"数据库"节点。

（2）右击 sales 数据库，在弹出的快捷菜单中选择"删除"命令。弹出"删除对象"窗口，如图 2-17 所示。在此窗口中，选择了"删除数据库备份和还原历史记录信息"复选框

和"关闭现有连接"复选框,表示删除数据库的同时也删除该数据库的备份。

图 2-17　删除数据库

(3) 单击"确定"按钮,删除 Sales 数据库。

2. 使用 DROP DATABASE 语句

使用 DROP DATABASE 语句删除数据库,其语法格式如下:

```
DROP  DATABASE  <数据库名>
```

【例 2.17】　删除 newSales 数据库。
在查询编辑器中执行如下语句。

```
DROP DATABASE newSales
```

2.5.5　打开数据库

用户在连接上 SQL Server 时,自动连接并打开默认数据库,用户在查询编辑器中可以用 USE 命令打开并切换其他数据库 USE 命令的语法格式如下:

```
USE  <数据库名>
```

【例 2.18】　打开 CompanySales 数据库。
在查询编辑器中执行如下语句。

```
USE  CompanySales
```

2.5.6　查看数据库信息

在查询编辑器中,使用系统存储过程 sp_helpdb 可以查看当前服务器上数据库的信

息。如果指定了数据库名,将返回指定数据库的信息。语法格式如下:

```
sp_helpdb [数据库名]
```

【例 2.19】 查看当前服务器上所有数据库的信息。

在查询编辑器中执行如下语句。

```
sp_helpdb
```

结果如图 2-18 所示。

SQLQuery2.s...ngyun (51))*

```
sp_helpdb
```

	name	db_size	owner	dbid	created	status	compatibility_level
1	CompanySales	26.00 MB	LISA\Dongyun	7	02 26 2012	Status=ONLINE, Updateability=READ_WRITE, UserA...	100
2	master	5.25 MB	sa	1	04 8 2003	Status=ONLINE, Updateability=READ_WRITE, UserA...	100
3	model	3.00 MB	sa	3	04 8 2003	Status=ONLINE, Updateability=READ_WRITE, UserA...	100
4	msdb	15.50 MB	sa	4	07 9 2008	Status=ONLINE, Updateability=READ_WRITE, UserA...	100
5	Mysales	250.00 MB	LISA\Dongyun	6	02 26 2012	Status=ONLINE, Updateability=READ_WRITE, UserA...	100
6	tempdb	2.75 MB	sa	2	02 26 2012	Status=ONLINE, Updateability=READ_WRITE, UserA...	100

图 2-18   查看当前服务器上所有数据库的信息

【例 2.20】 查看 CompanySales 数据库的信息。

在查询编辑器中执行如下语句。

```
sp_helpdb CompanySales
```

结果如图 2-19 所示。

SQLQuery2.s...ngyun (51))*

```
sp_helpdb CompanySales
```

	name	db_size	owner	dbid	created	status	compatibility_level
1	CompanySales	26.00 MB	LISA\Dongyun	7	02 26 2012	Status=ONLINE, Up...	100

	name	fileid	filename	filegroup	size	maxsize	growth	usage
1	Sales_data	1	d:\data\Sales_data.mdf	PRIMARY	10240 KB	Unlimited	15%	data only
2	Sales_log	2	d:\data\Sales_log.ldf	NULL	3072 KB	5120 KB	1024 KB	log only
3	Sales_Lo...	4	F:\data\Sales_Log2.ldf	NULL	13312 KB	2147483648 KB	10%	log only

查询已成功执行。   LISA\SQLEXPRESS2008 (10.0 RTM)   LISA\Dongyun (51)   CompanySales   00:00:00   1 行

图 2-19   查看 CompanySales 数据库的信息

2.5.7 分离和附加数据库

在销售管理数据库 CompanySales 的设计过程中,经常需要进行将其从一台服务器移植到另一台服务器的操作。利用数据库的分离和附加,可以实现保证移植前后数据库状态的完全一致。数据库分离就是将用户创建的数据库从 SQL Server 实例中分离,但同时保持其数据文件和日志文件不变。之后,将分离出来的数据库的文件附加到同一或不同的 SQL Server 服务器上,构成完整的数据库。使用分离和附加操作能方便地实现数据

库的移动。

【**例 2.21**】　将销售管理数据库 CompanySales 从一台计算机移植到另一台计算机上。

具体的操作步骤如下。

(1) 查看所有的数据文件和事务日志文件保存的路径

展开对象资源管理器中的"数据库"节点,右击 CompanySales 数据库,在弹出的快捷菜单中选择"属性"命令,打开"数据库属性"窗口,如图 2-20 所示,查看 CompanySales 数据库的数据库文件的属性,确定所有的数据文件和事务日志文件保存的路径。

图 2-20　数据库文件保存的路径

(2) 分离数据库

在"对象资源管理器"窗口中,右击 CompanySales 数据库,在弹出的快捷菜单中,选择"任务"→"分离"命令,打开"分离数据库"窗口,单击"确定"按钮,实现数据库分离。

说明：在分离 CompanySales 数据库之前,应关闭所有与该数据库的连接,包括查询编辑器。否则出现如图 2-21 所示的提示,将无法分离数据库。

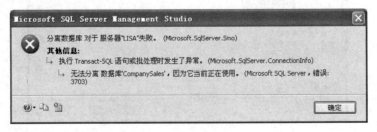

图 2-21　无法分离 CompanySales 提示

(3) 复制数据库文件

在 D:\Data 路径下将所有的数据文件和事务日志文件(共 2 个文件)复制到目标计算机。

说明：在分离 CompanySales 数据库之前，无法直接复制数据库文件，会出现如图 2-22 所示的提示。

（4）在目标计算机上附加 CompanySales 数据库

在"对象资源管理器"窗口中，右击"数据库"选项，在弹出的快捷菜单中选择"附加"命令，出现"附加数据库"窗口，如图 2-23 所示。

图 2-22　无法复制数据库文件提示

图 2-23　附加数据库

单击"添加"按钮，出现"定位数据库文件"窗口，如图 2-24 所示。从中选择要附加的数据文件 Sales_data.mdf，单击"确定"按钮，返回"附加数据库"窗口。

图 2-24　选择要附加的数据文件 Sales_data.mdf

在"要附加的数据库"区域和"'CompanySales'数据库详细信息"区域显示相关信息。确定无误后，单击"确定"按钮，即可把所选数据库加到当前的 SQL Server 实例上，如图 2-25 所示。

图 2-25　附加数据库

2.5.8　联机和脱机

数据库的移植除了可以通过数据库的分离和附加实现之外，还可以通过改变数据库的状态，复制数据库文件来实现。数据库的状态包括联机状态和脱机状态。数据库处于联机状态时，可以对数据库进行访问，主文件组仍处于在线状态，也就是用户无法复制数据库文件。数据库处于脱机状态时，数据库无法使用，此时可以将数据库文件复制至新的磁盘。然后，在完成移动操作后，可以将数据库恢复到在线状态。

【例 2.22】　复制销售管理数据库 CompanySales 文件到指定路径。

具体的操作步骤如下。

（1）使 CompanySales 数据库处于脱机状态。

在"对象资源管理器"窗口中，右击 CompanySales 数据库，在弹出的快捷菜单中选择"任务"→"脱机"命令，实现 CompanySales 数据库脱机，如图 2-26 所示。

图 2-26　CompanySales 数据库脱机

（2）复制 CompanySales 数据库文件到指定路径。

（3）恢复 CompanySales 数据库联机状态。

在"对象资源管理器"窗口中，右击 CompanySales 数据库，在弹出的快捷菜单中选择"任务"→"联机"命令，实现 CompanySales 数据库联机，如图 2-27 所示。

图 2-27   CompanySales 数据库联机

习　　题

一、选择题

1. 一个数据库至少有(　　)个文件。

　　A. 2　　　　　　　　B. 3　　　　　　　　C. 4　　　　　　　　D. 5

2. 若要使用多个文件，为了便于管理，可使用(　　)。

　　A. 文件夹　　　　　B. 文件组　　　　　C. 复制数据库　　　D. 数据库脱机

3. 在 SQL Server 中，用来显示数据库信息的系统存储过程是(　　)。

　　A. sp_dbhelp　　　B. sp_db　　　　　C. sp_help　　　　　D. sp_helpdb

4. 在 SQL Server 中，关于数据库的说法正确的是(　　)。

　　A. 一个数据库可以不包含事务日志文件

　　B. 一个数据库可以只包含一个事务日志文件和一个数据库文件

　　C. 一个数据库可以包含多个数据库文件，但只能包含一个事务日志文件

　　D. 一个数据库可以包含多个事务日志文件，但只能包含一个数据库文件

二、思考题

1. 在 SQL Server 2008 安装成功后，有哪些系统数据库？其用途分别是什么？

2. 数据库文件有哪些类型？其作用分别是什么？

3. 数据库如何扩容？有几种方法？

4. SQL Server 2008 提供了哪两种创建数据库的方法？

5. 如何实现数据库的移植？有哪几种方法？

实　　训

【实训目的】

(1) 掌握数据库创建的方法。

(2) 掌握数据库扩容和收缩的方法。

(3) 掌握查看数据库信息方法。

(4) 掌握数据库分离和附加的方法。

【实训内容】

(1) 创建了一个 library 数据库,该数据库的主数据文件逻辑名称为 Library_data,物理文件名为 Library.mdf,初始大小为 10MB,最大尺寸为无限大,增长速度为 10%;数据库的日志文件逻辑名称为 Library_log,物理文件名为 Library.ldf,初始大小为 3MB,最大尺寸为 5MB,增长速度为 1MB。

(2) 对 library 数据库进行扩容,添加一个 5 MB 的数据文件和一个 5MB 的事务日志文件。

(3) 对数据库 library 进行修改,将事务日志文件的大小增加到 15MB,将数据文件 library1 和 library2 分别增加到 15MB 和 30MB。同时增加两个文件组,分别包含一个数据文件,逻辑文件名为 library3 和 library4,物理文件名为 library2.ndf 和 library4.ndf,初始大小都为 15MB,最大尺寸为无限制,增长速度为 15%;增加一个 10MB 事务日志文件,最大尺寸无限制,增长速度为 10%。

(4) 利用 SQL Server Management Studio 将 library 数据库名改为 newlibrary。

(5) 利用 sp_renamedb 将 newlibrary 数据库名改为 library。

(6) 将 library 数据库文件移植到 D:\data 下。

销售管理数据库数据表的创建和管理

技能目标

学会创建数据表；学会使用约束来保证数据的完整性；学会创建和维护销售管理数据库中的数据表。

知识目标

掌握 SQL Server 2008 中的数据类型；掌握建立数据表的方法；掌握查看、修改和删除数据表的方法；掌握使用主键约束和唯一约束保证数据表的完整性，使用检查约束、默认值和规则保证列的完整性；掌握使用主键和外键来保证数据表之间的完整性；掌握添加、修改和删除表中数据的方法。

3.1　数据表概述

3.1.1　表的基本概念

数据库中的表是组织和管理数据的基本单位，数据库的数据保存在一个个表中，数据库的各种开发和管理都依赖于它们。因此，表对于用户而言是非常重要的。表是由行和列组成的二维结构，表中的一行称为一条记录，表中的一列称为一个字段，表的结构如图 3-1 所示。

CustomerID	CompanyName	ContactName	Phone	address	EmailAddress
1	三川实业有限公司	刘明	030-88355547	上海市大崇明路 50 号	guy1@163.com
2	远东科技有限公司	王丽丽	030-88355547	大连市沙河区承德西路 80 号	kevin0@163.com
3	坦森行贸易有限公司	王炫皓	0321-88755539	上海市黄台北路 780 号	roberto0@163.com
4	国顶有限公司	方小峰	0571-87465557	杭州市海淀区天府东街 30 号	rob0@163.com
5	通恒机械有限公司	黄国栋	0921-85791234	天津市南开区东园西甲 30 号	robme@163.com
6	森通科技有限公司	张孔苗	030-88300584	大连市沙河区常保阁东 80 号	yund@163.com
7	国皓科技有限公司	黄雅玲	0671-68788601	杭州市海淀区广发北路 10 号	yalin@163.com
8	迈多贸易科技有限公司	李丽珊	0533-87855522	天津市南开区临翠大街 80 号	lishan@163.com
9	祥通科技有限公司	姚苗波	0678-85912445	大连市沙河区花园东街 90 号	miaopo@163.com

图 3-1　销售管理数据库的客户表

每个 SQL Server 数据库可容纳多达 20 亿个表，每个表中至多可以有 1024 列，每一行最多允许有 8086 字节。在 SQL Server 中，表分为永久表和临时表两种。数据通常存储在永久表中,如果用户不手动删除,永久表和其中的数据将永久存在。临时表存储在 tempdb 数据库中,当不再使用时系统会自动删除临时表。创建表的过程就是定义列的过程,因此应先了解 SQL Server 2008 支持的数据类型和列的属性。

3.1.2 列数据类型

在 SQL Server 2008 中,每个列、局部变量、表达式和参数都具有一个相关的数据类型。数据类型是一种列的属性,用于指定对象可保存的数据的类型,主要类型有:精确数字、近似数字、字符串、Unicode 字符串、货币数据、日期和时间、二进制字符串和其他数据类型等。

1. 数字型

表 3-1 列出了 SQL Server 2008 支持的数字数据类型。

表 3-1 SQL Server 2008 支持的数字数据类型

数据类型	说 明
bigint	$-2^{63}(-1.8E19)\sim 2^{63}-1(1.8E19)$ 的整型数
int	$-2^{31}(-2147483648)\sim 2^{31}-1(2147483647)$ 的整型数
smallint	$-2^{15}(-32768)\sim 2^{15}-1(32767)$ 的整型数
tinyint	$0\sim 255$ 的整型数
float	浮点数数据,$1.79E+308$ 至 $-2.23E-308$,0 以及 $2.23E-308$ 至 $1.79E+308$
real	浮点精度数字数据,$-3.40E+38$ 至 $-1.18E-38$,0 以及 $1.18E-38$ 至 $3.40E+38$
bit	整数数据,值为 1 或 0
decimal(p,s)	固定精度和小数的数字数据,取值范围从 $-10^{38}+1$ 到 $10^{38}-1$。p 变量指定精度,取值范围为 $1\sim 38$。s 变量指定小数位数,取值范围为 $0\sim p$
numeric(p,s)	numeric 在功能上等价于 decimal

2. 货币型

表 3-2 列出了 SQL Server 2008 支持的货币数据类型。其中,money 和 smallmoney 数据类型精确到它们所代表的货币单位的万分之一。

表 3-2 SQL Server 2008 支持的货币数据类型

数据类型	范 围
money	$-922337203685477.5808\sim 922337203685477.5807$
smallmoney	$-214748.3648\sim 214748.3647$

3. 日期型

表 3-3 列出了 SQL Server 2008 支持的日期数据类型。

表 3-3 SQL Server 2008 支持的日期数据类型

数据类型	范　围	精确度
date	0001-01-01 到 9999-12-31,默认值 1900-01-01,只储存日期,不储存时间	1 天
datetime	1753 年 1 月 1 日到 9999 年 12 月 31 日	3.33 毫秒
datetime2	0001-01-01 到 9999-12-31 默认值 1900-01-01 00:00:00	100 纳秒
datetimeoffset	0001-01-01 到 9999-12-31,00:00:00 到 23:59:59.9999999,类型于 datetime2	100 纳秒
smalldatetime	1900 年 1 月 1 日到 2079 年 6 月 6 日	1 分钟
time	00:00:00.0000000 到 23:59:59.9999999,默认格式 hh:mm:ss [.nnnnnnn],n * 是 0 到 7 位数字,范围为 0 到 9999999,它表示秒的小数部分。只储存时间,不储存日期	用户指定小数位数

说明:在 SQL Server 2008 之前的版本中,日期时间类型只有 datetime 和 smalldatetime 两种类型。

4. 字符型

表 3-4 列出了 SQL Server 2008 支持的字符数据类型。

表 3-4 SQL Server 2008 支持的字符数据类型

数据类型	说　明
char [(n)]	固定长度的字符数据,长度为 n 字节,n 的取值范围为 1~8000
varchar [(n)]	可变长度的字符数据,长度为 n 字节,n 的取值范围为 1~8000
nchar [(n)]	固定长度的 Unicode 字符数据。n 的取值范围为 1~4000
nvarchar [(n)]	可变长度的 Unicode 字符数据。n 的取值范围为 1~4000
text	变长度字符数据,最多达到 2147483647 字节
ntext	变长度的 Unicode 字符数据。最多可达 1073741823 个字符

说明:

(1) n 的默认值均为 1。

(2) 对于一个 char 类型字段,不论用户输入的字符串有多长(不大于 n),长度均为 n 字节。当输入字符串的长度大于 n 时,SQL Server 自动截取 n 个长度的字符串;而变长字符型 varchar(n)的长度为输入的字符串的实际长度,而不一定是 n。

5. 二进制字符串

表 3-5 列出了 SQL Server 2008 支持的二进制字符串类型。

表 3-5 SQL Server 2008 支持的二进制字符串类型

数据类型	说　明
binary [(n)]	长度为 n 字节的固定长度二进制数据,其中 n 是从 1 到 8000 的值
varbinary [(n)]	可变长度二进制数据。n 可以取从 1 到 8000 的值
image	变长度二进制数据,最长为 2147483647 字节

6. 其他数据类型

表 3-6 列出了 SQL Server 2008 支持的其他数据类型。

表 3-6　SQL Server 2008 支持的其他数据类型

数据类型	说　　明
uniqueidentifier	唯一标识数字存储为 16 字节的二进制值
timestamp	当插入或者修改行时,自动生成的唯一的二进制数字的数据类型
cursor	允许在存储过程中创建游标变量,游标允许一次一行地处理数据,这个数据类型不能用作表中的列数据类
sql_variant	可包含除 text、ntex、timage 和 timestamp 之外的其他任何数据类型
table	一种特殊的数据类型,用于存储结果集以进行后续处理
xml	存储 XML 数据的数据类型。可以在列中或者 XML 类型的变量中存储 XML 实例
hierarchyid	表示树层次结构中的位置

3.1.3 列的属性

在数据表设计时,实际为设计列的属性,例如名称、数据类型、为空性和数据长度等,列的所有属性构成表中列的定义。

1. 列的为空性

数据表中的列值可以设置为接受空值 NULL,也可以设置为拒绝空值 NOT NULL。如果表的某一列的为空性被指定为 NULL 时,就允许在插入数据时省略该列的值。反之,如果表的某一列的为空性被指定为 NOT NULL 时,就不允许在没有指定列默认值的情况下插入省略该列值的数据行。

NULL 是一个特殊值,NULL 不同于空字符或 0。实际上,空字符是一个有效的字符,0 是一个有效的数字。例如,如图 3-2 所示,"会务部"部门主管列的值为 NULL,并不是部门主管的值为 0 或没有主管,而是"会务部"的部门主管未知或尚未确定。

图 3-2　部门表

2. IDENTITY 属性

IDENTITY 属性可以使表的列包含系统自动生成的数字,这种数字在表中可以唯一地标识表的每一行,即表中的每一行数据在指定为 IDENTITY 属性的列上的数字均不相同。IDENTITY 属性的表达格式如下:

```
IDENTITY [(s, i)]
```

其中,s(seed)表示起始值,i(increment)表示增量值,其默认值为 1。

只有整数数据类型的数据列可用于标识列。一个表只能有一个标识列,可以指定种子和增量,但不能更新列。

插入数据到含有 IDENTITY 列的表中时,初始值 s 在插入第一行数据时使用,以后就由 SQL Server 根据上一次使用的 IDENTITY 值加上增量 i 得到新的 IDENTITY 值。

3. 默认值

定义列的默认值是在插入数据时,如果不指定列值,则系统自动赋默认值。

3.1.4　数据完整性

数据完整性分为 4 类:实体完整性(Entity Integrity)、域完整性(Domain Integrity)、参照完整性(Referential Integrity)和用户定义的完整性(User-defined Integrity),如图 3-3 所示。

图 3-3　数据完整性

1. 实体完整性

实体完整性保证表中的每一行数据在表中是唯一的。

2. 域完整性

域完整性是指数据库表中的列必须满足某种特定的数据类型或约束。其中,约束又包括强制域完整性限制类型、限制格式或限制可能值的范围。

3. 参照完整性

参照完整性是指在输入或删除记录时,包含主关键字的主表和包含外关键字的从表的数据应对应一致,保证了表之间数据的一致性,防止了数据丢失或无意义的数据在数据库中扩散。在 SQL Server 中强制参照完整性时,SQL Server 将防止用户执行下列操作。

(1) 在主表中没有关联的记录时,将记录添加或更改到相关表中。

(2) 更改主表中的值,这会导致相关表中生成孤立记录。

(3) 从主表中删除记录,但仍存在与该记录匹配的相关记录。

例如,对于 CompanySales 数据库中的员工表 Employee 和部门表 Department,参照完整性基于 Employee 表中的外键(DepartmentID)与 Department 表中的主键(DepartmentID)之间的关系。如图 3-4 所示,此关系可以确保员工表部门编号引用部门表 Department 中存在的部门信息。

图 3-4　员工表 Employee 和部门表 Department 之间的关系

4. 用户定义完整性

用户定义不属于其他任何完整性类别的特定业务规则称为用户定义完整性。所有完整性类别都支持用户定义完整性。

3.1.5　销售管理数据库数据表结构

由于规划和设计销售管理数据库中的各数据表的过程将在第 12 章中介绍,在此按照第 12 章的例 12.14 设计的数据表的结构如表 3-7～表 3-13 所示。

表 3-7　Employee(员工)表

列　名	数据类型	宽度	为空性	说　明
EmployeeID	int			员工号,主键,标识列
EmployeeName	varchar	50		姓名
Sex	char	2		性别默认值为"男",取值为"男"或"女"
BirthDate	smalldatetime		√	出生年月
HireDate	smalldatetime		√	聘任日期
Salary	money		√	工资
DepartmentID	int			部门编号,来自于"部门"表的外键

表 3-8　Department(部门)表

列　名	数据类型	宽度	为空性	说　明
DepartmentID	int			部门编号,主键,标识列
DepartmentName	varchar	30		部门名称
Manager	char	8	√	部门主管
Depart_Discription	varchar	50	√	备注,有关部门的说明

表 3-9　Sell_Order(销售订单)表

列　　名	数据类型	宽度	为空性	说　　明
SellOrderID	int			销售订单号,主键,标识列
ProductID	int		√	商品编号,来自于"商品"表的外键
EmployeeID	int		√	员工号,来自于"员工"表的外键
CustomID	int		√	客户号,来自于"客户"表的外键
SellOrderNumber	int		√	订货数量
SellOrderDate	smalldatetime		√	订单签订的日期

表 3-10　Purchase_Order(采购订单)表

列　　名	数据类型	宽度	为空性	说　　明
PurchaseOrderID	int			采购订单号,主键,标识列
ProductID	int		√	商品编号,来自于"商品"表的外键
EmployeeID	int		√	员工号,来自于"员工"表的外键
PrividerID	int		√	供应商号,来自于"供应商"表外键
PurchaseOrderNumber	int		√	采购数量
PurchaseOrderDate	smalldatetime		√	订单签订的日期

表 3-11　Product(商品)表

列　　名	数据类型	宽度	为空性	说　　明
ProductID	int			商品编号,主键,标识列
ProductName	varchar	50		商品名称
Price	decimal(18,2)		√	单价
ProductStockNumber	int		√	现有库存量
ProductSellNumber	int		√	已经销售的商品量

表 3-12　Customer(客户)表

列　　名	数据类型	宽度	为空性	说　　明
CustomerID	int			客户编号,主键,标识列
CompanyName	varchar	50		公司名称
ContactName	char	8		联系人的姓名
Phone	varchar	20	√	联系电话
Address	varchar	100	√	客户的地址
EmailAddress	varchar	50	√	客户的 E-mail 地址

表 3-13　Provider(供应商)表

列　　名	数据类型	宽度	为空性	说　　明
ProviderID	int			供应商编号,主键
ProviderName	varchar	50		供应商名称
ContactName	char	8		联系人的姓名
ProviderPhone	varchar	15	√	供应商联系电话
ProviderAddress	varchar	100	√	供应商的地址
ProviderEmail	varchar	20	√	供应商的 E-mail 地址

3.2　创建销售管理数据库的数据表

　　由于规划和设计销售管理数据库中的各数据表的过程将在第 12 章中介绍,因此,在此按照第 12 章的例 12.14 设计的数据表的结构,创建各数据表。

3.2.1　使用 SSMS

　　【例 3.1】　在销售管理数据库中的客户表,如表 3-12 所示,利用 SSMS 创建客户表。

　　分析:使用 SSMS 创建数据表,即利用 SSMS 中的表设计器创建表的结构。表设计器是 SQL Server 2008 提供的可视化创建表的一个工具,主要部分是列管理。用户可以使用表设计器完成对表中所包含列的管理工作,包括创建列、删除列、修改数据类型、设置主键和索引等。

　　具体操作步骤如下。

　　(1) 在"对象资源管理器"对话框中,展开"数据库"→CompanySales→"表"节点。

　　(2) 右击"表"节点,在弹出的快捷菜单中选择"新建表"命令,出现如图 3-5 所示的表设计器。

图 3-5　表设计器

（3）在表设计器中，在"列名"单元格输入字段名"CustomerID"，在同一行的"数据类型"单元格设置该字段的数据类型为 int，并在"允许空"列选择是否允许该字段为空值。如果允许，则选中复选框，如果不允许，则取消选中复选框。

（4）设置列的属性。选中 CustomerID 行，在窗体的下半部分显示 CustomerID 列的属性。展开"标识规范"→"（是标识）"选项，选择"是"选项，设置"标识增量"和"标识种子"为 1。

（5）重复（3）步骤设置 CompanyName 列、ContactName 列、Phone 列、Address 列和EmailAddress 列。

（6）选择"文件"→"保存"命令或单击工具栏中的 ■ 按钮，在出现的对话框中输入表的名称"Customer"，新表的相关信息即会出现在对象资源管理器中。

说明：在此没有讲解创建主关键字，在后续例题中将讲解创建带主关键字约束的表。

3.2.2　使用 CREATE TABLE 语句

使用 CREATE TABLE 语句创建数据库的基本语法格式如下：

```
CREATE   TABLE    表名
(   列名 1    数据类型和长度 1   列属性 1,
    列名 2    数据类型和长度 2   列属性 2,
     ⋮
    列名 n    数据类型和长度 n   列属性 n
)
列属性::=[IDENTITY(seed,increment)] [NULL|NOT NULL] [{列约束}]
```

参数说明如下。

（1）[IDENTITY（seed,increment）]：指定为标识列，seed 为标示种子，increment 为递增量。

（2）[NULL|NOT NULL]：指定列的为空性，默认值为 NOT NULL。

【例 3.2】　在销售管理数据库中，利用 CREATE TABLE 语句，创建部门表和商品表的结构，如图 3-8 和图 3-11 所示。

在查询编辑器中执行如下的 Transact-SQL 语句。

```
USE   CompanySales
GO
--创建部门表
CREATE TABLE   Department
( DepartmentID   int IDENTITY(1,1)  NOT NULL,
   DepartmentName   varchar(30) NOT NULL,
   Manager char(8)   NULL,
   Depart_Description   varchar(50) NULL
)
GO
--创建商品表
```

```
CREATE TABLE  Product
(  ProductID  int  IDENTITY(1,1)  NOT NULL,
   ProductName varchar(50)  NOT NULL,
   Price  decimal(18, 2) NULL,
   ProductStockNumber  int NULL,
   ProductSellNumber  int NULL
)
GO
```

说明：在此创建的部门表和商品表，没有创建主键约束，不符合数据库设计要求，在后续的内容中将重新创建带主键约束的数据表。

3.2.3 使用模板

Microsoft SQL Server 2008 提供了多种模板。这些模板适用于解决方案、项目和各种类型的代码编辑器。模板可用于创建对象，如数据库、表、视图、索引、存储过程、触发器、统计信息和函数。

【例 3.3】 利用模板创建销售管理数据库的供应商表 Provider，表结构如表 3-13 所示。

操作步骤如下。

（1）单击"视图"→"模板资源管理器"菜单项，出现"模板资源管理器"窗口。

（2）展开"SQL Server 模板"→Table→Create Table 节点，如图 3-6 所示。

（3）将 Create Table 拖曳到查询编辑器中，在查询编辑器中自动生成如图 3-7 所示的代码。

图 3-6 模板资源管理器

图 3-7 创建数据表模板

（4）指定模板中的参数。

单击"查询"→"指定模板参数的值"菜单项，出现"指定模板参数的值"窗口，设定各参数的值,如图 3-8 所示,单击"确定"按钮,将替换各参数的值。

图 3-8   指定模板参数的值

(5) 单击工具栏中的 ! 执行(X)按钮,创建数据表。

说明: 由于在此创建表不带有主键约束,为了销售管理数据库的完整性,建议删除数据表,在后续的例题中将重新创建。

3.3   销售管理数据库的数据表管理

3.3.1   查看表结构

1. 查看数据表的属性

【例 3.4】   利用 SSMS 查看供应商表 Provider 的属性信息和 ProviderName 列的属性信息。

分析: 利用 SSMS 可以以图形方式查看数据表的结构。

具体的操作步骤如下。

(1) 在"对象资源管理器"窗口中,展开 CompanySales→"表"节点。

(2) 右击 Provider 数据表,在弹出的快捷菜单中选择"属性"命令,打开"表属性"窗口,如图 3-9 所示,可查看表的数据空间、记录数目、是否分区、创建日期、用户权限、扩展属性等。

(3) 再次展开 Provider→"列"节点,右击 ProviderName 列,在弹出的快捷菜单中选择"属性"命令,打开"列属性"窗口,如图 3-10 所示。在该窗口中可查看该列的数据类型、是否为主键、是否允许空。

2. 查看表结构

【例 3.5】   查看员工表 Employee 的表结构、约束、触发器等信息。

图 3-9 "表属性"窗口

图 3-10 "列属性"窗口

　　具体的操作步骤：展开 dbo.Employee 数据库中的"列"、"键"、"约束"、"触发器"和 "索引"等对象，即可看到相关信息，如图 3-11 所示。

　　说明：利用本书给定的销售管理数据库文件附加后，即可看到销售管理数据库中

图 3-11　表结构和对象信息

employee 表的信息。

3. 查看表中数据

【例 3.6】　查看员工表 Employee 的表中记录。

在 SSMS 中，右击 Employee 表节点，在弹出的快捷菜单中选择"打开表"命令，则会显示表中的所有数据。在该界面中可以查询、编辑表中的数据。

说明：表中数据的添加、删除和修改等操作将在后续章节中介绍。

3.3.2　修改数据表结构

在创建数据表之后，随着系统应用及用户需求的改变，有时还需要修改表的相关属性，例如，增加字段，删除字段，修改字段数据类型，修改主键或索引等。数据表的修改操作同样可以在表设计器中完成。

1. 使用 SSMS

【例 3.7】　查看在部门表 Department，在部门名称 DepartmentName 列之后，增加一个部门人数列，数据类型为整型。

分析：在 SSMS 中修改部门表。

具体的操作步骤如下。

（1）在 SSMS 中，展开 CompanySales→"表"节点。

（2）右击 Department 表节点，在弹出的快捷菜单中选择"修改"命令，则出现如图 3-12 所示的修改表结构工作界面。

图 3-12　修改 Department 表结构

（3）将光标定位到 Manager 列。右击，在弹出的快捷菜单中选择"插入列"命令，然后在列名输入"部门人数"，数据类型选择"int"。

说明：在表设计器中，用户修改列名、列的数据类型、允许空等属性，可以添加、删除列，也可以指定表的主关键字约束，右击表中的某列，可以选择其中的某项来编辑各种列属性。

（4）单击工具栏中的按钮，保存表结构的修改。

2. 使用 ALTER TABLE 语句

ALTER TABLE 语句可以添加或删除表的列约束，也可以禁用或启用已存在的约束或触发器，ALTER TABLE 语句的语法格式较为复杂，因而分为几种不同的修改类型，下面逐个进行介绍。

（1）添加列

添加列的语法格式如下：

```
ALTER TABLE  <表名>
  ADD  <列定义>  [, ...n]
```

【例 3.8】 在部门表 Department 中，增加两列：部门人数列 PersonNum，数据类型为整型，允许为空；办公地点列 Office，数据类型为 Varchar(50)，允许为空。

分析：在已有的表中增加列，使用 ALTER TABLE 语句。

在查询编辑器中执行如下的 Transact-SQL 语句。

```
ALTER TABLE Department
    ADD
        personNum int NULL,
        Office Varchar(50) NULL
```

（2）删除列

删除列的语法结构如下：

```
ALTER TABLE  <表名>
  DROP  COLUMN  <列名>[, ...n]
```

【例 3.9】 在部门表 Department 中，删除两列：部门人数列 PersonNum 和办公室列 Office。

分析：使用 ALTER TABLE 语句删除表中的列。

在查询编辑器中执行如下的 Transact-SQL 语句。

```
ALTER TABLE Department
  DROP  COLUMN personNum,Office
```

（3）修改列的定义

修改列的定义的语法格式如下：

```
ALTER TABLE  <表名>
    ALTER  COLUMN <列名>  <列属性>
```

【例3.10】 在部门表 Department 中，将部门经理列 Manager 的数据类型改为 Varchar(20)。

在查询编辑器中执行如下的 Transact-SQL 语句。

```
ALTER TABLE Department
    ALTER  COLUMN Manager varchar(20)
```

说明：在修改列的定义时，如果修改后的长度小于原来的定义的长度，或者修改数据类型的更改可能导致数据的更改，降低列的精度或减少小数位数可能导致数据截断。

（4）修改列名

使用系统存储过程 Sp_rename 修改列名，它的语法格式如下：

```
sp_rename  '表名.原列名',  '新列名',  'COLUMN'
```

【例3.11】 在部门表 Department 中，部门经理列 Manager 重命名为 ManagerName。

在查询编辑器中执行如下的 Transact-SQL 语句。

```
sp_rename 'Department.Manager','ManagerName','COLUMN'
```

说明：为了实现销售管理数据库的整体连续性，建议将修改后的部门经理列 ManagerName 重命名为 Manager。

3.3.3　删除数据表

1. 使用 SSMS

右击要删除的表，在弹出的快捷菜单中选择"删除"命令，在出现的"删除对象"窗口中，单击"确定"按钮，完成删除任务。

2. 使用 DROP TABLE 语句

使用 DROP TABLE 的语法格式如下：

```
DROP TABLE  <表名>
```

【例3.12】 删除部门表 Department。

在查询编辑器中执行如下的 Transact-SQL 语句。

```
USE CompanySales
GO
DROP TABLE Department
Go
```

3.3.4 重命名数据表

1. 使用 SSMS

使用 SSMS 修改表的名称，在指定的数据库中展开表，右击指定表，在弹出的快捷菜单中选择"重命名"命令，输入新表名即可。

2. 使用系统存储过程 Sp_rename

使用系统存储过程 Sp_rename 修改表名的语法格式如下：

```
Sp_rename    '原表名',  '新表名'
```

【例 3.13】 将商品表 Product 重命名为 newProduct，然后删除 newProduct 表。

分析：使用 sp_rename 语句将商品表重命名；使用 DROP TABLE 语句删除表。

在查询编辑器中执行如下的 Transact-SQL 语句。

```
USE CompanySales
GO
Sp_rename 'Product','newProduct'
Go
DROP TABLE newProduct
GO
```

3.4 销售管理数据库数据的约束

数据完整性是指数据的精确性和可靠性，主要用于保证数据库中数据的质量。它是为防止数据库中存在不符合语义规定的数据和防止因错误信息的输入输出造成无效操作或报错而提出的。

例如，如果输入了员工编号值为"123"的员工，则该数据库不允许其他员工使用具有相同值的员工编号。比如将员工性别列的值范围只能为"男"或"女"，数据库不接受其他值。比如员工表有一个存储员工部门编号列，则数据库应只允许接受有效的公司部门编号的值。

3.4.1 约束概述

1. 约束定义

约束（Constraint）是 Microsoft SQL Server 提供的自动保持数据库完整性的一种方法。约束就是限制，定义约束就是定义了可输入表或表的单个列中的数据的限制条件。

2. 约束分类

在 SQL Server 2008 中有 5 种约束：主关键字约束（Primary Key Constraint）、外关键字约束（Foreign Key Constraint）、唯一约束（Unique Constraint）、检查约束（Check Constraint）和默认约束（Default Constraint）。约束与完整性之间的关系如表 3-14 所示。

表 3-14　约束与完整性之间的关系

完整性类型	约束类型	描　述	约束对象
域完整性	Default	当使用 INSERT 语句插入数据时，若已定义默认值的列没有提供指定值，则将该默认值插入记录中	列
	Check	指定某一列可接受的值	
实体完整性	Primary Key	每行记录的唯一标识符，确保用户不能输入重复值，并自动创建索引，提高性能，该列不允许使用空值	行
	Unique	在列集内强制执行值的唯一性，防止出现重复值，表中不允许有两行的同一列包含相同的非空值	
参照完整性	Foreign Key	定义一列或几列，其值于本表或其他表的主键或 UNIQUE 列相匹配	表与表之间

3. 约束名

为了便于管理约束，在创建约束时，需创建约束的名称，约束名称必须符合标识符的命名规则。编者建议，使用约束类型和其完成任务的从句组合作为约束名。例如，对客户表的主键，使用 PK_Customer。

4. 创建约束的语法格式

创建约束的语法格式如下：

```
CREATE  TABLE  <表名>
(
    <列定义>[{,<列定义>|<表约束>}]
)
```

其中，参数说明如下。

(1) <表名>是合法标识符，最多可有 128 个字符，如 S、SC、C，不允许重名。

(2) <列定义>：格式如下。

```
<列名>  <数据类型>  [{<列约束>}]
```

在 SQL Server 2008 中，对于基本表的约束分为列约束和表约束。

(1) 列约束是对某一个特定列的约束，包含在列定义中，直接跟在该列的其他定义之后，用空格分隔，不必指定列名。

(2) 表约束与列定义相互独立，不包括在列定义中，通常用于对多个列一起进行约束，与列定义用","分隔，定义表约束时必须指出要约束的列的名称。

3.4.2 主键约束

主键约束(Primary Key Constraint)用于指定表的一列或几列的组合唯一标识表,即能在表中唯一地指定一行记录。这样的一列或列的组合称为表的主键(PK)。定义主键约束的列其值不可为空、不可重复;每个表中只能有一个主键。

1. 使用 SSMS 创建主键约束

【例 3.14】 在销售管理数据库中,创建如表 3-12 所示的客户表。

分析:在例 3.1 已经创建了客户表,但是没有设置主键约束,已经在以上例题中删除,在此,利用 SSMS 重新创建完整的客户表。

具体的操作步骤如下。

(1) 启动 SSMS。

(2) 在"对象资源管理器"对话框中,展开"数据库"→CompanySales→"表"节点,右击"表"节点,在弹出快捷菜单中选择"新建表"命令,出现表设计器。

(3) 在表设计器中,在"列名"单元格输入字段名"CustomerID",在同一行的"数据类型"单元格设置该字段的数据类型 int,并在"允许空"列选择是否允许该字段为空值。

(4) 重复(3)步骤设置 CompanyName 列、ContactName 列、Phone 列、Address 列和 EmailAddress 列。

(5) 将光标定位到 CustomerID 行。

(6) 单击 SSMS 工具栏中的 🔑 按钮,设置主键,CustomerID 行显示一个钥匙图标,如图 3-13 所示。

图 3-13 Customer 表结构

(7) 执行"文件"→"保存"命令或单击工具栏中的 💾 按钮,在出现的对话框中输入表的名称 "Customer",新表的相关信息即会出现在对象资源管理器中。

2. 在创建表时同时主键约束

(1) 创建的主键为单个列可采用列级约束,它的语法格式如下:

```
CREATE  TABLE  <表名>
(   <列名>  <数据类型和长度>  <列属性>  [CONSTRAINT  约束名]
    PRIMARY  KEY  [CLUSTERED|NONCLUSTERED])
```

(2) 多个列组合的主键约束,采用表级约束,它的语法格式如下:

```
CONSTRAINT  <约束名>
    PRIMARY  KEY  [CLUSTERED|NONCLUSTERED]  (列名 1,…,[列名 16])
```

其中,约束名在数据库中必须是唯一的;CLUSTERED|NONCLUSTERED 表示在创建主键时,自动创建的索引类别,CLUSTERED 为默认值;主关键字最多由 16 个列组成。

【例 3.15】　在销售管理数据库中,创建如表 3-8 所示的部门表。

分析：在例 3.2 创建的部门表,没有创建表中的主键约束,在此重新创建部门表。由于部门表的主键定义在单个列上,所以可以采取在列定义同时定义约束。在 DepartmentID 列上,创建一个主键约束。代码为 DepartmentID int NOT NULL Primary KEY;由于主键约束,包含了不允许为空性,所以代码改为 DepartmentID int Primary KEY。

在查询编辑器中执行如下的 Transact-SQL 语句。

```
CREATE TABLE  Department
(  DepartmentID  int  Primary KEY,
   DepartmentName  varchar(30) NOT NULL,
   Manager char(8)   NULL,
   Depart_Description  varchar(50) NULL
)
GO
```

说明：列约束包含在列定义中,直接跟在该列的其他定义之后,用空格分隔,不必指定约束名,系统自动给定约束名称。

【例 3.16】　在销售管理数据库中,创建如表 3-11 所示的商品表。

分析：在例 3.2 创建的商品表没有创建表中的主键约束,在此重新创建商品表。在 CustomerID 列上,可以采用表级约束或列级约束,在此采用表级约束,即在所有的列定义后,再定义约束。创建一个名称为 PK_Product 的主键约束,代码为

```
CONSTRAINT PK_Product PRIMARY KEY CLUSTERED(ProductID)
```

在查询编辑器中执行如下的 Transact-SQL 语句。

```
CREATE TABLE  Product
(  ProductID  int NOT NULL,
   ProductName varchar(50)  NOT NULL,
   Price  decimal(18, 2) NULL,
   ProductStockNumber  int NULL,
   ProductSellNumber   int NULL,
   CONSTRAINT PK_Product PRIMARY KEY CLUSTERED(ProductID)
)
GO
```

说明：采用表约束时,必须指明约束名称,表约束与列定义相互独立。

【例 3.17】　在销售管理数据库中,创建一个以商品编号和商品名称组合作为主键的新商品表,然后删除此表。

分析：由于创建的组合主键约束,所以只能采用表级约束,约束代码为

```
CONSTRAINT PK_P_Name PRIMARY KEY CLUSTERED (PID,PName)
```

在查询编辑器中执行如下的 Transact-SQL 语句。

```
CREATE TABLE  new_Product
(  PID   int NOT NULL,
   PName varchar(50)  NOT NULL,
```

```
    Price   decimal(18, 2) NULL,
    PSNumber   int NULL,
    PSNumber   int NULL,
    CONSTRAINT PK_P_Name PRIMARY KEY CLUSTERED(PID,PName)
)
GO
DROP TABLE new_Product
GO
```

说明：

(1) 创建多个列组合的约束(比如组合主键)时，只能将其定义为表级约束。例如：

```
CONSTRAINT PK_P_Name PRIMARY KEY CLUSTERED (PID,PName)
```

而不可以将其定义为列级约束：

```
PID int NOT NULL PRIMARY KEY,PName varchar(50) NOT NULL PRIMARY KEY,
```

(2) 定义时必须指出要约束的那些列的名称，与列定义用","分隔。

(3) 此表仅为举例说明组合主键使用，不属于销售管理数据库中的数据表。

3. 在一张现有表上添加主键约束

(1) 使用 SSMS 添加约束

在 SSMS 中，右击要添加约束的表，在弹出的快捷菜单中选择"修改"命令，利用表设计器添加约束。

(2) 利用 ALTER TABLE 语句

ALTER TABLE 语句不仅可以修改列的定义，而且可以添加和删除约束。它的语法格式如下：

```
ALTER TABLE   <表名>
    ADD  CONSTRAINT 约束名 PRIMARY KEY(列名[,...n])
```

【例 3.18】 在例 3.3 中创建供应商表 Provider 的 ProviderID 上，添加主键约束。

分析： 在例 3.3 创建的供应商表不带主键约束，在此添加约束，修改表定义，使用 ALTER TABLE 语句。

在查询编辑器中执行如下的 Transact-SQL 语句。

```
ALTER  TABLE  Provider
    ADD  Constraint  PK_Provider PRIMARY KEY(ProviderID)
```

4. 删除约束

删除 PRIMARY KEY 约束的语法格式如下：

```
ALTER  TABLE   <表名>
    DROP  CONSTRAINT   约束名 [,...n]
```

3.4.3 外键约束

两个表中如果有共同列,利用外键与主键将两个表关联起来。例如,部门表和员工表利用它们的共同列 DepartmentID 关联起来,在部门表中的 DepartmentID 列定义为主关键字,在员工表中利用定义 DepartmentID 列为外关键字,将部门表和员工表关联。当在定义主关键字约束的部门表中更新列值时,员工表中有与之相关联的外关键字约束的表中的外关键字列也将被相应地作相同的更新。当向含有外关键字的员工表插入数据时,如果部门表的列中没有与插入的外关键字列值相同的值时,系统会拒绝插入数据。

1. 使用 SSMS 创建外键约束

【例 3.19】 在销售管理数据库中,创建员工表结构,如图 3-7 所示。

分析:在员工表的结构中,有主关键字 EmployeeID 列,有外关键字 DepartmentID 列,可以使用 SSMS 创建员工表。

具体的操作步骤如下。

(1)启动 SSMS,展开"对象资源管理器"→CompanySales→"表设计器"。

(2)在表设计器中,输入"列名"、"数据类型"、"允许空"和"默认值"各项的内容。完成设置 EmployeeName 列、Sex 列、BirthDate 列、HireDate 列、Salary 列和 DepartmentID 列。

(3)将光标定位到 EmployeeID 行,单击 SSMS 工具栏中的 按钮设置主键,EmployeeID 行显示一个钥匙图标。

(4)将光标定位到 DepartmentID 行,单击工具栏中的 按钮,打开"外键关系"对话框,如图 3-14 所示。

图 3-14 外键关系

(5)单击"表和列规范"文本框右侧的按钮 **...**,打开"表列"对话框,选择 Department 作为主键表,其主键为 DepartmentID,系统默认选择 Employee 作为外键表,并将 DepartmentID 作为外键,如图 3-15 所示,单击"确定"按钮。

经过设置外键约束后,Employee 表和 Department 表之间的关系如图 3-16 所示。Employee 表的 DepartmentID 列是外键,引用了 Department 表的主键 DepartmentID 列。Employee 表依赖 Department 表。

图 3-15　表和列

图 3-16　外键约束关系

说明:在后续的例题中添加"性别"列的取值范围限定为"男"或"女"。

2. 使用 Transact-SQL 语句定义外键

(1) 在创建表中定义列时,同时定义外键,它的语法格式如下。

```
CREATE  TABLE  <表名>
(    列名  数据类型  列属性
     FOREIGN  KEY  REFERENCES ref_table(ref_column)
)
```

其中,参数说明如下。

① REFERENCES:参照。

② ref_table:主键表名,要建立关联的被参照表的名称。

③ ref_column:主键列名。

【例 3.20】　在销售管理数据库中,创建销售订单表结构如表 3-15 所示。

表 3-15　Sell_Order(销售订单)表

列　名	数据类型	宽度	为空性	说　明
SellOrderID	int			销售订单号,关键字
ProductID	int	50	√	商品编号描述该订单订购的商品,参考"商品表"的外键
EmployeeID	int		√	员工号,描述签订订单的员工,参考"员工表"的外键
CustomID	int		√	客户号,描述该签订订单的客户,参考"客户表"的外键
SellOrderNumber	int		√	订货数量
SellOrderDate	smalldatetime		√	订单签订的日期

分析：销售订单表中，在 SellOrderID 列上有主键约束，代码为 SellOrderID int NOT NULL PRIMARY KEY，有 3 个列上有外键约束。

在查询编辑器中执行如下的 Transact-SQL 语句。

```
USE CompanySales
GO
CREATE TABLE Sell_Order
(
    SellOrderID int NOT NULL PRIMARY KEY,
    ProductID int NULL FOREIGN KEY REFERENCES Product(ProductID),
    SellOrderNumber int NULL,
    employeeID int NULL FOREIGN KEY REFERENCES Employee(EmployeeID),
    CustomerID int NULL FOREIGN KEY REFERENCES customer(CustomerID),
    SellOrderDate smalldatetime NULL
)
```

（2）在创建表中，定义与列定义无关的表级外键约束，它的语法格式如下：

```
CONSTRAINT   约束名
    FOREIGN KEY column_name1[, column_name2,...,column_name16]
    REFERENCES ref_table [ref_column1[,ref_column2,..., ref_column16]]
```

其中，参数说明如下。

①column_name：外键列名；②REFERENCES：参照；③ref_table：主键表名，要建立关联的被参照表的名称；④ref_column：主键列名。

【例 3.21】 利用表级约束形式，创建例 3.20 中的销售订单表。

在查询编辑器中执行如下的 Transact-SQL 语句。

```
USE CompanySales
GO
CREATE TABLE dbo.Sell_Order
(
    SellOrderID int NOT NULL PRIMARY KEY,
    ProductID int NULL,
    SellOrderNumber int NULL,
    employeeID int NULL,
    CustomerID int NULL,
    SellOrderDate smalldatetime NULL,
    CONSTRAINT FK_Sell_Order_customer FOREIGN KEY(CustomerID)
        REFERENCES dbo.customer(CustomerID),
    CONSTRAINT FK_Sell_Order_Employee FOREIGN KEY(employeeID)
        REFERENCES dbo.Employee(EmployeeID),
    CONSTRAINT FK_Sell_Order_Product FOREIGN KEY(ProductID)
        REFERENCES dbo.Product(ProductID)
)
GO
```

【例 3.22】 在销售管理数据库中，创建采购订单如表 3-16 所示。

表 3-16　Purchase_Order(采购订单)表

列　　名	数据类型	宽度	为空性	说　　明
PurchaseOrderID	int			采购订单号,关键字
ProductID	int	50	√	商品编号,来自于"商品"关系的外部关键字,描述该订单采购商品
EmployeeID	int		√	员工号,来自于"员工"关系的外部关键字,描述该订单由哪位员工签订
PrividerID	int		√	供应商号,来自于"供应商"关系的外部关键字,描述该订单与哪位供应商签订
PurchaseOrderNumber	int		√	采购数量
PurchaseOrderDate	smalldatetime		√	订单签订的日期

在查询编辑器中执行如下的 Transact-SQL 语句。

```
USE CompanySales
GO
CREATE TABLE  Purchase_order
(
    PurchaseOrderID int NOT NULL,
    ProductID int NULL,
    PurchaseOrderNumber int NULL,
    employeeID int NULL,
    ProviderID int NULL,
    PurchaseOrderDate smalldatetime NULL,
    CONSTRAINT PK_Porder PRIMARY KEY(PurchaseOrderID),
    CONSTRAINT FK_Porder_Em FOREIGN KEY(employeeID)
        REFERENCES  Employee(EmployeeID),
    CONSTRAINT FK_Porder_pr FOREIGN KEY(ProductID)
        REFERENCES  Product(ProductID),
    CONSTRAINT FK_Porder_Prv FOREIGN KEY(ProviderID)
        REFERENCES dbo.Provider(ProviderID)
)
GO
```

3.4.4　唯一约束

唯一性约束指定非主键的一个列或多个列的组合的值具有唯一性,以防止在列值中输入重复的值,也就说如果一个数据表已经设置了主键约束,但该表中还包含其他的非主键列也必须具有唯一性,为避免该列中的值出现重复输入的情况,就必须为该列创建唯一约束(一个数据表不能包含两个或两个以上的主键约束)。

唯一约束与主键约束的区别如下。

(1) 唯一性约束指定的列可以有 NULL 属性,但主键约束所在的列则不允许。

(2) 一个表中可以包含多个唯一约束,而主键约束则只能有一个。

创建表的同时创建 UNIQUE 约束的语法如下:

```
CREATE TABLE  表名
(  列名  数据类型  列属性  UNIQUE  [, ...n]  )
```

定义唯一性约束的语法如下：

```
CONSTRAINT 约束名 UNIQUE  [CLUSTERED|NONCLUSTERED]
    column_name1[, column_name2,...,column_name16]
```

【例 3.23】　在销售管理数据库中的部门表，为部门名称列添加唯一约束，保证部门名称的不重复。创建后使用 Transact-SQL 语句删除此约束。

在查询编辑器中执行如下的 Transact-SQL 语句。

```
USE CompanySales
GO
ALTER TABLE  Department
    ADD  CONSTRAINT un_departName UNIQUE(DepartmentName)
GO
ALTER TABLE  Department
    DROP CONSTRAINT un_departName
GO
```

3.4.5　检查约束

检查约束(CHECK 约束)实际上是验证字段输入内容的规则，表示一个字段的输入内容必须满足 CHECK 约束的条件，若不满足，则数据无法正常输入。可以对每个列设置 CHECK 约束。

1. 使用 SSMS

【例 3.24】　在销售管理数据库的员工表中，为"性别"列添加 CHECK 约束，保证"性别"列的输入值为"男"或"女"。

操作步骤如下。

(1) 启动 SSMS，在"对象资源管理器"对话框中，展开"数据库"→CompanySales→"表"节点。

(2) 右击 Employee 表节点，在弹出的快捷菜单中选择"修改"命令，出现表设计器。

(3) 将光标定位到 Sex 字段，右击，在弹出的快捷菜单中选择"CHECK 约束"命令，如图 3-17 所示。

(4) 出现"CHECK 约束"对话框，单击"添加"按钮，在窗体的右侧的"表达式"栏中输入逻辑表达式"sex='男' OR sex='女'"。在"名称"栏中输入 CHECK 约束的名称"CK_Employee_sex"，设置完毕后如图 3-18 所示。

(5) 单击"关闭"按钮，关闭"CHECK 约束"对话框。

(6) 单击工具栏中的█按钮，保存设置。

图 3-17 表设计

图 3-18 创建 CHECK 约束

2. 使用 Transact-SQL 语句

创建 CHECK 约束的语法格式如下：

```
CONSTRAINT 约束名 CHECK (logical_expression) [,...n]
```

其中,CHECK 为检查;logical_expression 为指定逻辑条件表达式,返回值为 TRUE 或 FALSE。

【例 3.25】 在销售管理数据库中的商品表中,为了保证数据的质量,确保商品的价格为大于 0 的数,库存量和已销售量数据为非负数。

分析：在已经创建的商品表中,为保证数据为非负数,在表中添加 CHECK 约束。库存量的列名为 ProductStockNumber;已销售量的列名为 ProductSellNumber,则逻辑表达式为((price>0) and (ProductStockNumber>=0) and (ProductSellNumber>=0))。

在查询分析器中执行如下的 Transact-SQL 语句。

```
ALTER TABLE Product
    ADD CONSTRAINT CK_PTN CHECK((price>0) AND(ProductStockNumber>=0)
    AND(ProductSellNumber>=0))
```

【例 3.26】 在销售管理数据库中的客户表中,为了保证客户 E-mail 地址的正确性,在客户 E-mail 地址符合 E-mail 地址格式,比如在地址中有"@"字符。

分析:在客户表的 E-mail 地址列为 E-mailAddress,地址中有"@"字符的逻辑表达式为"EmailAddress like '%@%'"。

在查询分析器中执行如下的 Transact-SQL 语句。

```
ALTER TABLE  customer
    ADD  CONSTRAINT  CK_customer  CHECK  ((EmailAddress  like '%@%'))
```

3.4.6 默认值约束

默认值约束(DEFAULT)用于确保域完整性,它提供了一种为数据表中任何一列提供默认值的手段。默认值是指使用 INSERT 语句向数据表插入数据时,如果没有为某一列指定数据,DEFAULT 约束提供随新记录一起存储到数据表中该列的默认值。例如,在员工信息表 Employee 的性别列定义了一个 DEFAULT 约束为"男",则每当添加新员工时,如果没有为其指定性别,则默认为"男"。

在使用 DEFAULT 约束时,用户需注意以下几点。

(1) DEFAULT 约束只能应用于 INSERT 语句,且定义的值必须与该列的数据类型和精度一致。

(2) 每一列上只能有一个 DEFAULT 约束。如果有多个 DEFAULT 约束的话,系统将无法确定在该列上使用哪一个约束。

(3) DEFAULT 约束不能定义在指定 IDENTITY 属性或数据类型为 timestamp 的列上,因为对于这些列,系统会自动提供数据,使用 DEFAULT 约束是没有意义的。

(4) DEFAULT 约束值允许使用一些系统函数提供的值。

1. 使用 SSMS 创建默认值

【例 3.27】 在销售管理数据库的员工表中,为"性别"列设定默认值"男"。

操作步骤如下。

(1) 启动 SSMS,在"对象资源管理器"对话框中,展开"数据库"→CompanySales→"表"节点。

(2) 右击 Employee 表节点,在弹出快捷菜单中选择"设计"命令,出现表设计器。

(3) 将光标定位到 Sex 字段,右击,在出现的快捷菜单中选择"CHECK 约束"命令,在"列属性"下的"默认值或绑定"栏中输入"'男'",如图 3-19 所示。

(4) 单击工具栏中的🖫按钮,保存设置。

图 3-19 创建 DEFAULT 约束

2. 使用 Transact-SQL 语句创建默认值定义

创建 DEFAULT 定义的语法格式如下：

```
CONSTRAINT   约束名
    DEFAULT   constant_expression   FOR 列名
```

其中,DEFAULT 为默认值;constant_expression 是用作列的默认值的常量、NULL 或系统函数。

【例 3.28】 在销售管理数据库的员工表中,如果不指定新员工的工作部门,则新员工全部到"销售部"工作。

分析：在部门表中,"销售部"的部门编号值为 1。新员工如果不到特定部门工作的话,新员工全部到"销售部"工作,也就是说,新员工数据输入时,部门编号 DepartmentID 列的默认值为 1。为员工表的部门编号 DepartmentID 列创建添加一个默认值约束。约束代码为

```
CONSTRAINT def_DepartID DEFAULT (1) FOR DepartmentID
```

在查询编辑器中执行如下的 Transact-SQL 语句。

```
USE CompanySales
GO
ALTER TABLE employee
    ADD   CONSTRAINT def_DepartID   DEFAULT(1) FOR DepartmentID
```

3.4.7 默认值和规则

1. 默认值

与默认值约束类似,使用默认值(DEFAULT)也可以实现当用户向数据表中插入数据行时,如果没有为某列输入值时,则由 SQL Server 自动为该列赋予默认值。默认值与默认值约束不同的是默认值是一种数据库对象。数据库中创建默认值对象后,可以被绑定到多个数据表的一个或多个列应用;默认值约束只能应用于约束一个表中的列。

当默认值绑定到列或用户定义数据类型时,如果插入数据时没有为被绑定的对象明确提供值,默认值便指定一个值,并将其插入对象所绑定的列中(在用户定义数据类型的情况下,插入所有列中)。

使用默认值对象的方法：使用 CREATE DEFAULT 语句创建默认对象,然后使用系统存储过程 sp_bindefault 将其绑定到列上。

(1) 创建默认值对象

创建默认值对象的语法格式如下：

```
CREATE   DEFAULT   default_name   AS   表达式
```

其中, default_name 为默认值对象名称,表达式为默认值的常数表达式。

（2）默认值绑定

系统存储过程 sp_bindefault 将默认值绑定到列或用户定义的数据类型，它的语法格式如下：

```
sp_bindefault  default_name,  object_name
```

其中，参数 object_name 为被绑定默认值的列名或用户定义数据类型。

【例 3.29】 在销售管理数据库中，创建一个默认值对象 DF_SYSDATE，值为系统的当前日期，并将其绑定到员工表 employee 的雇用日期列 HireDate、销售订单表 Sell_Order 的销售日期列 SellOrderDate、采购订单表 Purchase_order 的采购日期列 PurchaseOrderDate。

分析：员工表 employee 的雇用日期列 HireDate、销售订单表 Sell_Order 的销售日期列 SellOrderDate、采购订单表 Purchase_order 的采购日期列 PurchaseOrderDate 均为日期型数据，所以可以设定默认值必须为日期型数据。

为了实现以上的目的，可以通过使用默认值约束的形式，分别创建 3 个表的默认值约束；也可以通过使用一个默认值对象的形式，并将默认值绑定到 3 个不同表的不同列上。

使用系统函数 getdate() 得到计算机的当前日期，代码为 CREATE DEFAULT DF_SYSDATE AS getdate()。

在查询编辑器中执行如下的 Transact-SQL 语句。

```
USE CompanySales
GO
--创建默认值对象
CREATE  DEFAULT  DF_SYSDATE
    AS  getdate()
GO
--绑定默认值对象
EXEC  sp_bindefault  'DF_SYSDATE','employee.hireDate'
EXEC  sp_bindefault  'DF_SYSDATE','Sell_Order.SellOrderDate'
EXEC  sp_bindefault  'DF_SYSDATE', 'Purchase_order. PurchaseOrderDate'
GO
```

【例 3.30】 使用 SSMS 查看默认值对象 DF_SYSDATE 和 Employee 的雇用日期列 HireDate 的绑定情况。

操作步骤如下。

（1）启动 SSMS，在"对象资源管理器"对话框中，展开"数据库"→CompanySales 节点。

（2）展开"可编程性"→"默认值"节点，可以查看 DF_SYSDATE 默认值节点。

（3）展开"表"→Employee→"列"节点，右击 HireDate 列，在弹出的快捷菜单中选择"属性"命令，如图 3-20 所示，在"默认值绑定"框中，显示绑定到"DF_SYSDATE"默认值。

【例 3.31】 删除默认值对象 DF_SYSDATE。

操作步骤如下。

（1）启动 SSMS。

（2）在"对象资源管理器"对话框中，展开"数据库"→CompanySales→"可编程性"→

图 3-20 列属性中显示绑定默认值对象

"默认值"→DF_SYSDATE 默认值节点。

(3) 右击，在弹出的快捷菜单中选择"删除"命令，出现"删除对象"窗口，如图 3-21 所示。

图 3-21 删除默认对象

(4) 单击"确定"按钮，出现如图 3-22 所示窗口，出现删除错误提示。单击"消息"框，显示"无法删除默认值'dbo. DF_SYSDATE'，因为它已绑定到一个或多个列"的提示。

图 3-22　删除默认值对象错误提示

说明：如果默认值对象已经绑定到数据对象，无法直接删除，必须先解除绑定然后再删除默认值对象。

删除默认值对象的正确方法为：首先解除所有的绑定，然后再删除默认值对象。

（1）在查询编辑器中执行如下的语句解除绑定。

```
USE CompanySales
GO
EXEC    sp_unbindefault    'employee.hireDate'
EXEC    sp_unbindefault    'Sell_Order.SellOrderDate'
EXEC    sp_unbindefault    'Purchase_order .PurchaseOrderDate'
GO
```

执行结果如图 3-23 所示。

图 3-23　解除绑定

（2）在查询编辑器中执行如下的语句删除默认值对象。

```
USE CompanySales
GO
DROP DEFAULT DF_SYSDATE
GO
```

2. 规则

规则(Rule)就是对存储在表中列或用户自定义数据类型的取值范围规定或限制。规则是一种数据库对象。规则与其作用的表或用户自定义数据类型是相互独立的。

规则和约束可以同时使用,表中的列可以有一个规则及多个 CHECK 约束,规则与 CHECK 约束很相似。相比之下,使用在 ALTER TABLE 或 CREATE TABLE 命令中的 CHECK 约束是更标准的限制列值的方法,但 CHECK 约束不能直接作用于用户自定义数据类型。

在当前数据库中使用 CREATE RULE 命令创建规则,其语法格式如下:

```
CREATE  RULE  规则名称  AS  condition_expression
```

其中,condition_expression 是规则的定义。condition_expression 子句可以用于 WHERE 条件子句中的任何表达式,它可以包含算术运算符、关系运算符和谓词(如 IN、LIKE、BETWEEN 等)。

【例3.32】 创建一个日期规则 RL_Date,即一个员工的雇用日期在 1980-1-1 和系统的当前日期之间。

在查询编辑器中执行如下的 Transact-SQL 语句。

```
USE CompanySales
GO
CREATE RULE  RL_DATE  AS  @date>='1980-1-1' and@date<=getdate()
GO
```

说明:每个局部变量的前面都有一个@符号。在创建规则时,可以使用任何名称或符号表示值,但第一个字符必须是@符号。

【例3.33】 将规则 RL_Date 绑定到员工表的雇用日期列上。

分析:使用系统存储过程 sp_bindrule 将规则绑定到列或用户定义的数据类型。它的语法格式如下:

```
sp_bindrule '规则名称', 'object_name'
```

其中,object_name 参数绑定了规则的表和列或用户定义的数据类型。

在查询编辑器中执行如下 Transact-SQL 语句。

```
USE CompanySales
GO
EXEC  sp_bindrule  'RL_DATE','employee.hireDate'
GO
```

【例3.34】 删除 RL_Date 规则。

分析:删除规则同删除默认值对象类似。如果规则当前绑定到列或别名数据类型,则需先解除绑定才能删除该规则。使用 sp_unbindrule 解除绑定。

(1)解除绑定

在查询编辑器中执行如下 Transact-SQL 语句。

```
USE CompanySales
GO
EXEC  sp_unbindrule  'employee.hireDate'
GO
```

执行结果如图 3-24 所示。

（2）删除规则

在查询编辑器中执行如下 Transact-SQL 语句。

```
USE CompanySales
GO
DROP RULE RL_Date
GO
```

图 3-24　解除规则绑定

说明：规则被删除后，在以前受规则约束的列中输入的新数据时将不受规则的约束。现有数据不受任何影响。

3.5　销售管理数据库数据表中数据的操作

在 SQL Server 2008 中，经过创建表确定基本结构以后，接着就是表中的数据处理：添加、修改和删除数据。数据操作有两种方法：一是使用 SSMS 的可视化工具；二是使用 Transact-SQL 语句操作数据行。

【**例 3.35**】　在销售管理数据库中，对部门表 Department 进行添加、修改和删除数据。

操作步骤如下。

（1）打开对象资源管理器，展开 CompanySales→"表"节点。右击 Department 节点，在弹出的快捷菜单中选择"编辑前 200 行"命令。

（2）出现如图 3-25 所示列表，在表中可以添加、修改和删除记录。

DepartmentID	DepartmentName	Manager	Depart_Description
1	销售部	王丽丽	主管销售
2	采购部	李嘉明	主管公司的产品采购
3	人事部	蒋柯南	主管公司的人事关系
4	后勤部	张绵荀	主管公司的后勤工作
5	保安部	贺妮玉	主管公司的安全问题
NULL	NULL	NULL	NULL

图 3-25　编辑 Department 表数据行

下面介绍利用 Transact-SQL 语句，对数据表进行插入、删除和修改操作。

3.5.1　插入记录

INSERT 语句提供添加数据的功能。INSERT 语句通常有两种形式：一种是插入一条记录;另一种是插入子查询的结果,一次可以插入多条记录。

INSERT 语句语法格式如下:

```
INSERT [INTO]  表名  [(column_list)]
    VALUES({DEFAULT|NULL|expression}[,...n])
```

其中,各参数说明如下。

(1) INTO:用在 INSERT 关键字和目标表之间的可选关键字。

(2) column_list:指定要插入数据的列,列名之间用逗号隔开。

(3) DEFAULT:指定 SQL Server 使用为此列指定的默认值

(4) expression:指定一个常数变量或表达式。

1. 通过指定所有列插入记录

【例 3.36】 在销售管理数据库中,对部门表 Department 添加一条记录。

操作步骤如下。

(1) 展开 CompanySales→"表"节点,右击 Department 表节点,在弹出的快捷菜单中选择"编写表脚本为"→"INSERT 到"→"新查询编辑器窗口"命令,如图 3-26 所示,在窗口右侧的查询编辑器中,提供使用 INSERT 语句插入记录代码的默认基本框架。

图 3-26 在 Department 表中添加一条记录

说明:默认显示的代码可以分为两部分,前半部分(INSERT INTO 部分)显示的是要插入的列名,后半部分(VALUES 部分)是要插入的具体列值,它们与前面的列一一对应,如果该列为空值,可使用",,"来表示,而不能删除。在 VALUES 代码部分还具体有该列的数据属性,提示用户输入合适的数据。

(2) 修改代码。打开"指定模板参数的值"对话框,输入值,如图 3-27 所示,单击"确定"按钮。单击工具栏中的 执行(X) 按钮,添加记录。

(3) 打开 Department 表,验证插入的结果,如图 3-28 所示。

图 3-27   指定模板参数的值

LISA\SQLEXP...o.Department			
DepartmentID	DepartmentName	Manager	Depart_Description
1	销售部	王丽丽	主管销售
2	采购部	李嘉明	主管公司的产品采购
3	人事部	蒋柯南	主管公司的人事关系
4	后勤部	张绵荀	主管公司的后勤工作
5	保安部	贺妮玉	主管公司的安全问题
6	会务组	李尚彪	主管公司的会务和接待工作
*	NULL	NULL	NULL	NULL

图 3-28   插入数据后的 Department 表

说明：由于 DepartmentID 是标识列，自动编号，即该数据是随着数据的插入而自动
插入的，所以并不出现在 INSERT 语句中。

2. 通过指定部分列插入记录

如果创建的数据表字段允许为空，则利用 INSERT 语句插入数据时，可以不指定该
数据列。

【例 3.37】   在销售管理数据库中，对客户表 Customer 添加一条记录：公司名称为
"奥康集团"，联系人为"项宜行"。

分析：使用 INSERT INTO 语句添加一条记录。由于客户表 Customer 有 6 个字段，
CustomerID 列为标识列，无须给出值，但仍需给出 5 个字段的值，根据提议其余的 3 个字
段为 NULL 值。

在查询编辑器中执行如下的 Transact-SQL 语句。

```
INSERT Customer(CompanyName,ContactName,Phone,Address,EmailAddress)
    VALUES('奥康集团','项宜行',NULL,NULL,NULL)
```

检查执行的结果，如图 3-29 所示。

【例 3.38】   在销售管理数据库中，对客户表 Customer 添加一条记录：公司名称为

图 3-29　插入 NULL 值执行结果

"人民低压电器"，联系人为"南辉"。

分析：使用 INSERT INTO 语句添加一条记录。由于客户表 Customer 有 6 个字段，CustomerID 列为自动编号列，但此处给出两个字段的值，所以根据给出的值进行部分列插入记录。

在查询编辑器中执行如下的 Transact-SQL 语句。

```
INSERT customer(CompanyName,ContactName)
    VALUES('人民低压电器','南辉')
```

检查执行的结果，如图 3-30 所示。

图 3-30　插入部分列执行结果

3. 通过默认值插入记录

在 SQL 语句中，可以通过 DEFAULT VALUES 子句插入数据表的系统默认值（自动编号）和用户自定义的字段默认值。

【例 3.39】 在销售管理数据库中，利用默认值向员工表添加一条记录。

在查询编辑器中执行如下的 Transact-SQL 语句。

```
USE CompanySales
GO
INSERT Employee  DEFAULT VALUES
GO
```

检查执行的结果，如图 3-31 所示。

说明：如果数据表中有不允许为空的列，而且该字段没有默认值，则不能通过默认值插入记录。

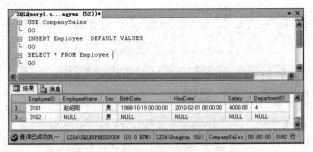

图 3-31　插入默认值执行结果

3.5.2　插入多行记录

1. 利用 VALUES 插入多行数据记录

利用 VALUES 插入多行数据的语法格式如下：

```
INSERT   [INTO] 表名 [(column_list)]
    VALUES(expression1),(expression2),...(expressionn)
```

其中，各参数说明如下。

（1）INTO：用在 INSERT 关键字和目标表之间的可选关键字。

（2）column_list：指定要插入数据的列，列名之间用逗号隔开。

（3）expression：指定一个常数变量或表达式。

【例 3.40】　在销售管理数据库中，向员工表 Customer 连续插入 3 条记录。在查询编辑器中执行如下的 Transact-SQL 代码。

```
INSERT INTO Product(ProductName,Price,ProductStockNumber,
                  ProductSellNumber)
    VALUES
        ('学习机',580,200,0),
        ('电子词典',448,100,0),
        ('掌上电脑',580,200,0)
GO
```

执行结果如图 3-32 所示。

图 3-32　利用 VALUES 插入多行数据结果

2. 利用 INSERT SELECT 插入多行数据

INSERT 语句中使用 SELECT 子查询可以同时插入多行。INSERT 语句结合 SELECT 子查询可用于将一个或多个表或视图中的值添加到另一个表中。插入子查询的 INSERT 语句格式如下：

```
INSERT  [INTO]  表名  [(column_list)]
    [SELECT column_list  FROM  table_list  WHERE search_condition]
```

【例 3.41】 在销售管理数据库中，对每日销售数据进行统计，并存储在统计表中。

分析：在销售管理数据库中没有统计，为了此处练习，创建一个统计表。代码为 "CREATE TABLE day_total(销售日期 smalldatetime, 销售数量 Int)"，然后将销售表的销售数据统计插入到统计表中。

在查询编辑器中执行如下的 Transact-SQL 代码。

```
USE CompanySales
GO
CREATE TABLE  day_total(销售日期  smalldatetime, 销售数量 Int)
GO
INSERT INTO day_total
    SELECT SellOrderDate,Count(*)
        FROM sell_order
        GROUP BY SellOrderDate
GO
```

说明：此处创建一个统计表，仅为练习，删除 day_total 表。后续的章节将详细介绍 SELECT 语句。

3.5.3 更新记录

在表更新数据时，可以用 UPDATE 语句来实现，其语法结构如下：

```
UPDATE   表名
SET   列名 1=value [,列名 2=value]
    [FROM  table_name]
    [WHERE  condition]
```

其中，各参数说明如下。

(1) value：指出要更新的表的列应取的值。有效值可以是表达式、列名和变量。

(2) FROM table_name：指出 UPDATE 语句使用的表。

(3) condition：指定修改行的条件。

说明：如果不指定条件的话，则会修改所有的记录。

【例 3.42】 在销售管理数据库中，将商品表中所有的商品的价格上调 20%。

分析：要调整价格即为修改数据。使用 UPDATE 语句实现修改商品表的数据。

在查询编辑器中执行如下的 Transact-SQL 语句。

```
USE CompanySales
GO
UPDATE  Product  SET  Price = Price * 1.2
GO
```

【例 3.43】　将商品表 Product,所有库存量小于 10 商品的库存量置清为 0。

分析: 使用 UPDATE 语句修改商品表的数据。

在查询编辑器中执行如下的 Transact-SQL 语句。

```
USE CompanySales
GO
UPDATE  Product
SET   ProductStockNumber = 0
    WHERE ProductStockNumber <= 10
GO
```

3.5.4　删除记录

在表删除数据时,可以用 DELETE 语句来实现,其语法格式如下。

```
DELETE  [FROM]  表名
    [WHERE  condition]
```

其中,condition 指定删除行的条件。

【例 3.44】　删除商品表 Product 中所有库产量为 0 的商品。

在查询编辑器中执行如下的 Transact-SQL 语句。

```
USE companySales
GO
DELETE  Product
    WHERE  ProductStockNumber = 0
GO
```

习　　题

一、选择题

1. SQL 语言中,删除表中数据的命令是( )。
   A. DELETE　　　　　B. DROP　　　　　C. CLEAR　　　　　D. REMOVE
2. SQL Server 2008 中表更新数据的命令是( )。
   A. USE　　　　　　　B. SELECT　　　　C. UPDATE　　　　D. DROP
3. 以下关于外键和相应的主键之间的关系的描述,正确的是( )。
   A. 外键并不一定要与相应的主键同名

B. 外键一定要与相应的主键同名

C. 外键一定要与相应的主键同名而且唯一

D. 外键一定要与相应的主键同名,但并不一定唯一

4. 在 Transact-SQL 语言中,修改表结构时应使用的命令是( )。

A. UPDATE   B. INSERT   C. ALTER   D. MODIFY

5. 限制输入到列的值的范围,应使用( )约束。

A. CHECK   B. PRIMARY KEY

C. FOREIGN KEY   D. UNIQUE

二、思考题

1. 什么是数据的完整性? 数据完整性有哪些分类?

2. 数据约束有哪几种? 分别实现何种数据的完整性?

3. 默认值对象和默认约束有何区别?

4. 规则是什么? 规则的作用是什么?

5. 什么是 NULL 值? 它与数值 0 有何区别?

6. 如何删除默认值对象?

实 训

【实训目的】

(1) 掌握数据表的创建方法。

(2) 掌握数据表的约束的使用。

(3) 掌握数据表的数据操作。

【实训内容】

(1) 创建数据库 library。

(2) 在 library 数据库中,创建读者信息表 readers,表结构如表 3-17 所示。

表 3-17 读者表(readers)

列 名	数据库类型	长度	允许空	说 明
BorrowerID	int	默认	×	借阅卡编号,主键,标识增量为1,标识种子为1
GradeID	int	默认	√	年级编号
ReaderName	varchar	50	√	借阅者姓名
StudentNum	char	10	×	借阅者学号
Sex	char	2	√	借阅者性别,默认值为"男"
TeleNum	char	20	√	借阅者电话号码
BorrowBookNum	int		√	已借书数目,默认值为0

（3）在 library 数据库中，创建图书信息表 books，表结构如表 3-18 所示。

表 3-18　图书表（books）

列　名	数据库类型	长度	允许空	说　明
BookID	int	默认	×	书刊编号，主键，标识增量为 1，标识种子为 1
Title	varchar	50	√	书名
Author	varchar	100	√	作者
TypeID	varchar	50	√	该书所属的类型
Kuchunliang	int	默认	√	该书的库存量，默认值为 5 本

（4）在 library 数据库中，创建图书借阅信息表 borrow，表结构如表 3-19 所示。

表 3-19　图书借阅表（borrow）

列　名	数据库类型	长度	允许空	说　明
BookID	int	默认	×	借阅书刊编号，组合主键，外键
BorrowerID	int	默认	×	借该书的借阅卡 ID，组合主键，外键
Loan	char	4	√	状态，默认值为初借
BorrowerDate	datetime	默认	√	该书被借阅的时间

（5）在图书表 books，增加一个"书的价格"和"出版社"字段，结构如表 3-20 所示。

表 3-20　字段的结构

列　名	数据库类型	长度	允许空	说　明
Price	money	默认	√	书的价格
Publisher	varchar	50	√	书的出版社信息

（6）将 readers 表的 readerName 字段的所属数据类型改为 varchar(30)，并且加上 not null 约束。

（7）在图书信息表 books 中，增加输入书的价格列的值必须大于 10 元的一个约束。

（8）在读者表，增加一个默认约束，年级编号默认值为 1。

（9）在读者 readers 数据表，增加一个唯一约束，读者学号为唯一。

销售管理数据库的数据查询

技能目标

在销售管理系统数据库中,能按照指定的要求灵活、快速地查询相关信息。

知识目标

掌握 SELECT 语句语法格式;掌握最基本的查询技术;掌握条件查询技术;掌握多重条件查询技术;掌握连接查询技术;掌握嵌套查询。

4.1 SELECT 语句

使用数据库和数据表的主要目的是存储数据,以便在需要时进行检索、统计或组织输出。通过 Transact-SQL 语句可以从表或视图中迅速、方便地检索数据。在众多的 Transact-SQL 语句中,SELECT 语句使用频率最高。

4.1.1 SELECT 语法格式

查询使用的最基本方式是 SELECT 语句。SELECT 语句按照用户给定的条件从 SQL Server 数据库中取出数据,并将数据通过一个或多个结果集返回给用户。SELECT 语句的语法格式如下:

```
SELECT<输出列表>
    [INTO  <新表名>]
    FROM  数据源列表
    [WHERE  <查询条件表达式>]
    [GROUP BY  <分组表达式>  [HAVING  <过滤条件>]]
    [ORDER BY  <排序表达式>  [ASC|DESC]]
```

其中,SQL 查询子句为顺序 SELECT、INTO、FROM、WHERE、GROUP BY、HAVING 和 ORDER BY 等子句,其中 SELECT 子句和 FROM 子句是必需的,其余的子句均可省略,而 HAVING 子句只能和 GROUP BY 子句搭配起来使用。

每个子句都有各自的用法和功能,具体功能如下。

(1) SELECT 子句:指定查询返回的列。

(2) INTO 子句:将检索结果存储到新表或视图中。

（3）FROM 子句：用于指定查询列所在的表和视图。

（4）WHERE 子句：指定用于限制返回的行的搜索条件。

（5）GROUP BY 子句：指定用来放置输出行的组。并且如果 SELECT 子句
＜SELECT LIST＞中包含聚合函数，则计算每组的汇总值。

（6）HAVING 子句：指定组或聚合的搜索条件。HAVING 子句通常与 GROUP
BY 子句一起使用。

（7）ORDER BY 子句：指定结果集的排序。

说明：

（1）SELECT 语句中的子句必须按规定的顺序书写。

（2）对数据库对象的每个引用都不得引起歧义，必要时在被引用对象名称前标示其
对象。

（3）SELECT 语句的执行过程：①根据 WHERE 子句条件，从 FROM 子句指定的源
表中选择满足条件的行，再按 SELECT 子句指定的列及其顺序；②若有 GROUP 子句，
则将查询结果按分组列相同的值分组；③若 GROUP 子句后有 HAVING 子句，则只保
留满足 HAVING 条件的行；④若选择列表含聚合函数则计算各组汇总值；⑤若有
ORDER 子句，则将查询结果按排序列值排序。

4.1.2 SELECT 语句的执行方式

SQL Server 2008 提供了查询编辑器，用于编辑和运行查询代码。

【例 4.1】 查询所有员工的信息。

操作的具体步骤如下。

（1）启动 SSMS(SQL Server Management Studio)。

（2）在对象资源管理器中，单击工具栏的"新建查询"按钮，打开查询编辑器。

（3）在查询编辑器中，输入如下代码。

```
SELECT * FROM Employee
```

（4）单击工具栏中的 ✔ 按钮，进行语法分析。结果如图 4-1 所示。在"结果"选项卡
中出现"命令已成功完成"的消息，表示当前的查询语句没有语法错误。

图 4-1 语法分析结果

（5）单击 **执行(X)** 按钮，在当前数据库中执行查询语句。结果如图 4-2 所示。

图 4-2　在当前数据库中执行查询语句

说明：在"消息"选项卡中出现"消息 208，级别 16，状态 1，第 1 行　对象名'Employee' 无效。"的信息，表示在当前数据库 master 中没有 Employee 数据表。

（6）修改当前数据库为数据库 CompanySales。在工具栏中，使用下拉菜单选择 CompanySales，或使用 USE CompanySales 语句，将当前数据库修改为 CompanySales 数据库。单击 **执行(X)** 按钮，执行查询语句，结果如图 4-3 所示。

图 4-3　执行查询语句

4.2　简单查询

简单查询就是指在一个表或一个视图中，进行查询信息。

4.2.1   SELECT 子句

SELECT 子句指定查询返回的列。SELEC 子句是 SELECT 语句中不可或缺的部分。SELECT 子句的语法格式如下:

```
SELECT  [ALL|DISTINCT] [TOP n  [PERCENT] 列名 1[,列名 2,...列名 n]
    FROM  表名或视图名
```

其中,参数说明如下。

(1) ALL:表示输出所有的记录,包括重复记录,ALL 是默认设置。

(2) DISTINCT:表示输出无重复的所有记录,即去掉重复的行。

(3) TOP n [PERCENT]:指定只从查询结果集中输出 n 行。如果还指定了PERCENT,则只从结果集中输出前 $n\%$ 行。

1. 查询所有的列

SELECT 子句中,在选择列表处使用通配符" * ",表示选择指定表或视图中所有的列。服务器会按用户创建表格时声明列的顺序来显示所有的列。

【例 4.2】 从商品表中查询所有商品的信息。

分析:商品表名称为 Product,要查询所有的信息,也就查询所有的列的信息,所以使用" * "来表达。SELECT 子句为"SELECT * ",FROM 子句为 FROM Product。

在查询编辑器中执行如下的 T-SQL 语句。

```
USE  CompanySales
GO
SELECT * FROM  Product
GO
```

执行结果如图 4-4 所示,将 Product 商品表中所有的信息显示出来。

图 4-4   查询所有商品信息

2. 查询指定的列

【例 4.3】 从客户表中检索所有客户的公司名称和地址。

分析：客户表为 Customer，客户的公司名称列名为 CompanyName；地址列名为 Address。SELECT 子句为 SELECT CompanyName，Address，FROM 子句为 FROM Customer。

在查询编辑器中执行如下的 T-SQL 语句。

```
USE  CompanySales
GO
SELECT  CompanyName, Address                /＊列名之间用半角英文的逗号隔开＊/
    FROM  Customer
GO
```

执行结果如图 4-5 所示，将 Customer 客户表中所有客户的公司名称和地址显示出来。

图 4-5　在客户表查询指定的列

3. 使用 TOP 关键字

在 SQL Server 2008 中提供了 TOP 关键字，让用户指定只返回一定数量行的数据。语法格式如下：

```
SELECT  [TOP n|TOP n PERCENT] 列名表  FROM 表名
```

其中，参数说明如下。

(1) TOP n：表示返回最前面的 n 行数据。

(2) TOP n PERCENT：表示返回最前面 n％行数据。

【例 4.4】 检索客户表中前 5 位客户的公司名称、联系人姓名和地址。

分析：本题只要求显示前 5 名客户信息，所以 SELECT 子句改为

```
SELECT TOP 5 CompanyName, ContactName, Address
```

在查询编辑器中执行如下的 T-SQL 语句。

```
USE  CompanySales
GO
SELECT  TOP 5  CompanyName, ContactName, Address
    FROM  Customer
GO
```

执行结果如图 4-6 所示,只显示 Customer 客户表中前 5 位客户的公司名称、联系人姓名和地址,共 5 行。

图 4-6   使用 TOP n 关键字查询

【例 4.5】   从客户表中检索所有的客户的公司名称、联系人姓名和地址。只要求显示前 5% 客户信息。

分析:本题语句与例 4.4 相似,只是 SELECT 子句改为

```
SELECT TOP 5 percent CompanyName, ContactName, address
```

在查询编辑器中执行如下的 T-SQL 语句。

```
USE  CompanySales
GO
SELECT  TOP 5 PERCENT  CompanyName, ContactName, Address
    FROM  Customer
GO
```

执行结果如图 4-7 所示,只显示 Customer 客户表中前 5% 共 2 条客户信息,具体信息包括公司名称、联系人姓名和地址。客户表共有 37 条客户信息,37 条的 5% 为 1.9 条,SQL Server 2008 使用 TOP n PERCENT 时,自动转变为整型为 2。

图 4-7   使用 TOP n PERCENT 查询

4. 使用 DISTINCT 关键字

在查询中经常会出现重复的记录,使用 DISTINCT 关键字可以去掉查询结果中重复

出现的行,语法格式如下:

```
SELECT [DISTINCT|ALL] 列名表   FROM 表名或视图名
```

其中,各参数说明如下。

(1) DISTINCT:消去结果中的重复行。

(2) ALL:允许重复行的出现,为默认的关键字。

【例4.6】 从员工表中查询所有员工的部门编号信息,并消去重复记录。

分析:员工表位 Employee,与部门相关的列名为部门编号 DepartmentID,SELECT 子句为 SELECT DepartmentID,FROM 子句为 FROM Employee。由于本题要求消去重复的行,所以 SELECT 子句增加 DISTINCT 关键字,改为 SELECT DISTINCT DepartmentID。

在查询编辑器中执行如下的 Transact-SQL 语句。

```
USE  CompanySales
GO
SELECT  DISTINCT  DepartmentID  FROM  Employee
GO
```

执行结果如图 4-8(a)所示,从结果集与右图相比较可以看到,重复的数据已经被过滤掉,结果集中包含了表 Employee 中所有有效部门编号的数据,只显示不同部门编号。

图 4-8   使用 DISTINCT 关键字

5. 更改列标题

若没有特别指定,使用 SELECT 语句返回结果中的列标题与表或视图中的列名相同,而有些数据表设计经常使用英文,为了增加结果的可读性,可以为每个列指定列标题。可以采用以下 3 种方法来改变列标题。

(1) 采用"列标题=列名"的格式。

(2) 采用"列名 列标题"的格式。

(3) 采用"列名 AS 列标题"的格式。

说明:改变的只是查询结果列标题,并没有改变数据表中的列名。

（1）采用"列标题＝列名"的格式

【例4.7】 查询每个员工的姓名和性别，并在每人的姓名标题上显示"员工姓名"。

分析： 所有员工的信息保存在员工表Employee中，员工姓名列的列名为EmployeeName，员工性别列的列名为Sex，因而SELECT子句为"SELECT EmployeeName，Sex"，FROM子句为FROM Employee。本题要求姓名列的列标题显示为"员工姓名"，SELECT子句改为"SELECT 员工姓名＝EmployeeName，Sex"。

在查询编辑器中执行如下的T-SQL语句。

```
USE  CompanySales
GO
SELECT  员工姓名=EmployeeName, Sex FROM  Employee
GO
```

执行结果如图4-9所示，显示员工的姓名和性别，但是由于更改了EmployeeName列的列标题，所以列标题发生变化。由于没有更改Sex性别列标题，所以保持不变。

图4-9 更改列标题

（2）采用"列名 列标题"的格式

【例4.8】 查询每个员工的姓名和性别，并在每人的姓名列标题显示为"员工姓名"，性别列标题为"性别"。

分析： 本例与例4.8基本类似，只是增加一个性别列的标题修改。所以SELECT子句改为"SELECT 员工姓名＝EmployeeName，Sex 性别"。

在查询编辑器中执行如下的T-SQL语句。

```
USE  CompanySales
GO
SELECT  员工姓名=EmployeeName, Sex   性别
    FROM  Employee
GO
```

执行结果将同时更改员工的姓名和性别列的标题。

（3）采用"列名 AS 列标题"的格式

【例 4.9】 查询每个员工的姓名和性别,并在每人的姓名标题上显示"员工姓名",性别列标题为"性别"。

分析：与例 4.8 相同,可以采用不同的语句表达。

在查询编辑器中执行如下的 T-SQL 语句。

```
USE  CompanySales
GO
SELECT  EmployeeName  AS 员工姓名, Sex AS 性别
    FROM  Employee
GO
```

执行结果相同。

6. 使用计算列

在查询中经常需要对查询结果数据进行再次计算处理。在 SQL Server 2008 中允许直接在 SELECT 子句中列进行计算。运算符号包括：＋（加）、－（减）、×（乘）、/（除）和％（取模）。计算列并不存在于表格所存储的数据中,它是通过对某些列的数据进行演算得来的结果。

【例 4.10】 查询所有员工的姓名和年龄。

分析：所有员工的信息保存在员工表 Employee 中,员工姓名的列名为 EmployeeName,没有年龄列,但是可以通过出生年月 BirthDate,计算得到年龄,因而 SELECT 子句为 "SELECT EmployeeName，YEAR（GETDATE（））－YEAR（BirthDate）",FROM 子句为 FROM Employee。

在查询编辑器中执行如下的 Transact-SQL 语句。

```
USE  CompanySales
GO
SELECT  员工姓名=EmployeeName, YEAR(GETDATE())-YEAR(BirthDate) 年龄
    FROM Employee
GO
```

执行结果如图 4-10 所示,显示员工的姓名、年龄信息。

图 4-10　使用计算列

说明：

（1）如果没有为计算列指定列名，则返回的结果上看不到它的名字，以无列名为标题。

（2）此处使用的 YEAR()和 GETDATE()函数将在后续的章节中介绍。

7. 使用聚合函数

在 SELECT 子句中可以使用聚合函数进行运算，运算结果作为新列出现在结果集中。在聚合运算的表达式中，可以包括列名、常量以及由算术运算符连接起来的函数。常用的聚合函数如表 4-1 所示。

表 4-1   常用的聚合函数

函数名	具 体 用 法	功　　能
AVG	AVG（［ALL|DISTINCT]<列名>）	计算组中各值的平均值
SUM	SUM（［ALL|DISTINCT]<列名>）	计算表达式中所有值的和
COUNT	COUNT（［ALL|DISTINCT]＊）	计算表中的总行数
COUNT	COUNT（［ALL|DISTINCT]<列名>）	统计满足条件的记录数
MIN	MIN（［ALL|DISTINCT]<列名>）	计算表达式的最小值
MAX	MAX（［ALL|DISTINCT]<列名>）	计算表达式的最大值

格式如下：

```
函数名（［ALL|DISTINCT]<表达式>）
```

其中，参数说明如下。

（1）ALL：对所有的值进行聚合函数运算。ALL 是默认值。

（2）DISTINCT：只在每个值的唯一实例上执行，而不管该值出现了多少次。

【例 4.11】 统计公司有多少名员工。

分析： 员工信息保存在 Employee 中，统计员工数即统计表中的记录数，SELECT 子句为 SELECT COUNT(＊)。

在查询编辑器中执行如下的 T-SQL 语句。

```
USE CompanySales
GO
SELECT  COUNT(*) FROM  Employee
GO
```

执行结果如图 4-11 所示。

图 4-11   统计职工人数

【例 4.12】 查询所有员工的最高和最低工资信息。

分析： 员工信息保存在 Employee 中，员工的工资列名为 Salary，使用 MAX()和 MIN()函数查询最高和最低工资，SELECT 子句为"SELECT max(Salary)最高工资，min(Salary)最低工资"。

在查询编辑器中执行如下的 Transact-SQL 语句。

```
USE CompanySales
GO
SELECT  max(Salary) 最高工资,min(Salary) 最低工资
    FROM Employee
GO
```

执行结果如图 4-12 所示。

图 4-12   查询最高和最低工资

4.2.2   INTO 子句

INTO 子句用于将查询的结果插入新表中,其语法格式如下:

```
INTO   新表名
```

【例 4.13】 使用 INTO 子句创建一个包含员工姓名和工资,并命名为 new_Employee 的新表。

分析:所有员工的信息保存在员工表 Employee 中,员工姓名列的列名为 EmployeeName,员工工资列的列名为 Salary,因而 SELECT 子句为"SELECT EmployeeName,Salary",FROM 子句为 FROM Employee。本题要查询的结果保存 new _Employee 表中,所以增加一个 INTO 子句 INTO new_Employee。

在查询编辑器中执行如下的 Transact-SQL 语句。

```
USE CompanySales
GO
SELECT  EmployeeName,Salary
    INTO new_Employee
    FROM  Employee
GO
```

4.2.3   WHERE 子句

使用 WHERE 子句的目的是为了从表格的数据集中过滤出符合条件的行。其语法格式如下:

```
SELECT  <输出列表>
    [INTO  <新表名>]
    FROM  <数据源列表>
    [WHERE<查询条件表达式>]
```

WHERE 子句中常用的查询条件如表 4-2 所示。

表 4-2　WHERE 子句中常用的查询条件

查 询 条 件	运 算 符 号
比较	＝、＞、＜、＞＝、＜＝、＜＞、!＝、!＞、!＜
范围	BETWEEN、NOT BETWEEN
列表	IN、NOT IN
字符串匹配	LIKE、NOT LIKE
空值	IS NULL、IS NOT NULL
逻辑运算条件	AND、OR、NOT

1. 使用算术表达式

使用算术表达式作为搜索条件的一般表达形式如下：

<表达式 1>　<算术操作符>　<表达式 2>

其中允许的算术操作符包括：＝(等于)、＜(小于)、＞(大于)、＜＞(不等于)、!＞(不大于)、!＜(不小于)、＞＝(大于等于)、＜＝(小于等于)和!＝(不等于)。

【例 4.14】 查询员工"蔡慧敏"的工资。

分析：员工的所有信息保存在员工表 Employee 中，工资列的列名为 Salary，为了增加可读性，更改列标题为"工资"，所以 SELECT 子句为"SELECT Salary 工资"，FROM 子句为 FROM Employee。本题指定姓名为"蔡慧敏"的员工，姓名列为 EmployeeName，WHERE 子句为"WHERE EmployeeName＝'蔡慧敏'"。

在查询编辑器中执行如下的 Transact-SQL 语句。

```
USE CompanySales
GO
SELECT  Salary  工资
    FROM  Employee
    WHERE  EmployeeName='蔡慧敏'
GO
```

图 4-13　工资查询

查询得到的工资，结果如图 4-13 所示。

说明：对于 char、varchar、text、datetime 和 smalldatetime 类型的值，要用单引号括起来。

【例 4.15】 在 CompanySales 数据库的员工表(Employee)中，查询工资大于 3000 元的员工信息。

分析：所有员工的信息保存在员工表 Employee 中，因为没有指定列，可以认定查询所有列信息，所以 SELECT 子句为"SELECT * "，FROM 子句为 FROM Employee。本题指定过滤的条件为工资大于 3000 元的员工，工资列为 Salary，WHERE 子句为 WHERE Salary＞3000。

在查询编辑器中执行如下的 T-SQL 语句。

```
USE CompanySales
GO
SELECT *
    FROM  Employee
    WHERE Salary>3000
GO
```

查询结果如图 4-14 所示,列出的 Salary 列大于 3000 的员工信息。

图 4-14　比较查询

2. 使用逻辑表达式

在 T-SQL 里的逻辑表达式共有以下 3 个。

(1) NOT：非,对表达式的否定。

(2) AND：与,连接多个条件,所有的条件都成立时为真。

(3) OR：或,连接多个条件,只要有一个条件成立就为真。

【例 4.16】　在 CompanySales 数据库的员工表(Employee)中,查询工资在 3400 元以下的女性员工姓名和工资信息。

分析：与例 4.15 题目要求相近,本题的条件两个,其一为女性员工,其二为工资在 3400 元以下。两个条件同时满足,采用 AND 连接两个条件。性别列名为 Sex,所以 WHERE 子句改为"WHERE Sex＝'女' AND Salary＜3400"。

在查询编辑器中执行如下的 T-SQL 语句。

```
USE CompanySales
GO
SELECT  EmployeeName 姓名,Salary 工资
    FROM  Employee
    WHERE Sex='女'and  Salary<3400
GO
```

3. 使用搜索范围

Transact-SQL 支持范围搜索,使用关键字 BETWEEN…AND,即查询介于两个值之间的记录信息。语法格式如下：

```
<表达式>  [NOT]  BETWEEN  <表达式 1>  AND  <表达式 2>
```

【例 4.17】　查询 CompanySales 数据库的员工表(Employee)中,工资在 5000 元到

7000 元的员工信息。

分析：与例 4.15 题目要求相近，本题的条件改为工资在 5000 元到 7000 元，属于范围搜索，所以 WHERE 子句改为 WHERE Salary BETWEEN 5000 AND 7000。

在查询编辑器中执行如下的 Transact-SQL 语句。

```
USE CompanySales
GO
SELECT  *
    FROM  Employee
    WHERE Salary between 5000 and 7000
GO
```

说明：WHERE 子句，也可以使用逻辑表达式

```
WHERE  Salary>=5000 and Salary<=7000
```

查询结果如图 4-15 所示。

	EmployeeID	EmployeeName	Sex	BirthDate	HireDate	Salary	DepartmentID
1	44	李利明	男	1964-03-03 00:00:00	1988-03-03 00:00:00	5300.00	1
2	45	贾振旺	女	1975-04-05 00:00:00	2006-04-05 00:00:00	5000.00	2
3	46	王百静	男	1998-04-26 22:17:00	2010-02-01 00:00:00	5000.00	1
4	47	吴剑波	男	1995-04-30 22:01:00	2010-02-01 00:00:00	6443.00	1

查询已成功执…　LISA\SQLEXPRESS2008 (10.0 RTM)　LISA\Dongyun (52)　CompanySales　00:00:00　4 行

图 4-15　工资范围查询

【**例 4.18**】　查询库存量在 1000 到 3000 的商品信息。

分析：有关库存量信息保存在商品表 Product 中，没有指定特定的列，SELECT 子句为"SELECT * "，FROM 子句为 FROM Product。查询条件为范围条件，库存量列名为 ProductStockNumber，所以 WHERE 子句为 WHERE ProductStockNumber BETWEEN 1000 AND 3000。

在查询编辑器中执行如下的 Transact-SQL 语句。

```
USE CompanySales
GO
SELECT *
    FROM  product
    WHERE  ProductStockNumber between 1000 and 3000
```

查询结果如图 4-16 所示。

	ProductID	ProductName	Price	ProductStockNumber	ProductSellNumber
1	2	果冻	1.00	2000	1000

图 4-16　商品库存量范围查询

4. 使用 IN 关键字

同 BETWEEN 关键字一样,IN 的引入也是为了更方便地限制检索数据的范围,灵活使用 IN 关键字,可以用简洁的语句实现结构复杂的查询。IN 关键字给出表达式的取值范围。

语法格式为:

表达式 [NOT] IN (值 1,值 2,…,值 n)

【例 4.19】 在 CompanySales 数据库的销售订单表(Sell_Order)中,查询员工编号为 1、5 和 7 的员工接受订单信息。

分析:订单信息保存在 Sell_Order 表中,FROM 子句为 FROM Sell_Order,SELECT 子句为"SELECT *"。员工编号列名为 EmployeeID,本题只查询员工编号为 1、5 和 7 的员工,WHERE 子句为 WHERE EmployeeID in (1,5,7)。

在查询编辑器中执行如下的 Transact-SQL 语句。

```
USE CompanySales
GO
SELECT *
    FROM Sell_Order
    WHERE EmployeeID IN(1,5,7)
GO
```

说明:WHERE 子句,也可以使用逻辑表达式 WHERE(EmployeeID = 1) OR (EmployeeID=5) OR(EmployeeID=7),使用 IN 关键字变得更加简单和易读。

执行结果如图 4-17 所示。

	SellOrderID	ProductID	SellOrderNumber	employeeID	CustomerID	SellOrderDate
1	4	1	200	5	5	2005-09-05 00:00:00
2	17	5	67	1	1	2006-05-07 00:00:00
3	20	5	334	7	3	2006-03-04 00:00:00
4	22	8	40	5	13	2006-04-05 00:00:00
5	28	12	30	5	4	2007-12-06 00:00:00
6	32	6	40	5	21	2006-01-01 00:00:00
7	35	1	100	1	1	2008-04-30 00:00:00
8	37	7	890	7	4	2008-04-30 00:00:00

图 4-17 使用 IN 关键字查询

【例 4.20】 在 CompanySales 数据库的销售订单表(Sell_Order)中,查询不是员工编号为 1、5 和 7 的员工接受订单信息。

分析:SELECT 子句和 FROM 子句与例 4.19 相同,条件变为不是员工编号为 1、5 和 7 的员工,WHERE 子句改为 WHERE EmployeeID NOT IN (1,5,7)。

在查询编辑器中执行如下的 Transact-SQL 语句。

```
USE CompanySales
GO
SELECT *
```

```
FROM Sell_Order
WHERE EmployeeID NOT  IN(1,5,7)
GO
```

说明：WHERE 子句，也可以使用逻辑表达式 WHERE(EmployeeID<>1) AND (EmployeeID <>5) AND(EmployeeID<>7)，使用 IN 关键字变得更加简单和易读。

5. 使用模糊匹配

在对数据库中的数据进行查询时，往往需要使用到模糊查询。所谓模糊查询就是查找数据库中与用户输入关键字相近或相似的所有记录信息，在 Transact-SQL 中，使用 LIKE 关键字实现这一功能，LIKE 子句格式如下：

```
<表达式>  [NOT]  LIKE  <模式字符串>
```

其中，<模式字符串>指定表达式中的检索模式字符串。LIKE 子句通常与通配符一起使用。使用通配符可以检索任何被视为文本字符串的列。<模式字符串>可以包含下列有效 SQL Server 通配符。SQL Server 2008 提供了如表 4-3 所示的 4 种通配符。

表 4-3　通配符的含义

符　　号	含　　义
%（百分号）	表示从 0～N 个任意字符
_（下画线）	表示单个的任意字符
[]（封闭方括号）	表示方括号里列出的任意一个字符
[^]	任意一个没有在方括号里列出的字符

例如，如下的通配符示例。

(1) LIKE 'AB%'：匹配以"AB"开始的任意字符串。

(2) LIKE '%AB'：匹配以"AB"结束的任意字符串。

(3) LIKE '%AB%'：匹配包含"AB"的任意字符串。

(4) LIKE '_AB'：匹配以"AB"结束的 3 个字符的字符串。

(5) LIKE '[ACB]%'：匹配以"A"、"C"或"B"开始的任意字符串。

(6) LIKE '[A-T]ing'：匹配 4 个字符的字符串，以"ing"结束，首字符的范围为 A 到 T。

(7) LIKE 'M[^A]%'：匹配以"M"开始，第二个字符不是"A"的任意长度的字符串

【例 4.21】 找出所有姓"章"的员工信息。

分析：通过分析 SELECT 子句和 FROM 子句为"SELECT * FROM Employee"，条件为姓"章"的员工，也就是姓名的第一个汉字为"章"的员工，后面的字符不定，所以匹配字符串为"章%"，姓名列为 EmployeeName，WHERE 子句为"WHERE EmployeeName LIKE '章%'"。

在查询编辑器中执行如下的 Transact-SQL 语句。

```
USE CompanySales
```

```
GO
SELECT *
    FROM Employee
    WHERE  EmployeeName LIKE   '章%'
GO
```

执行结果如图 4-18 所示。

	EmployeeID	EmployeeName	Sex	BirthDate	HireDate	Salary	DepartmentID
1	1	章宏	男	1969-10-28 00:00:00	1993-10-28 00:00:00	3100.00	1
2	23	章明铁	女	1958-02-24 00:00:00	1996-02-24 00:00:00	3400.00	4
3	153	章璐	女	1990-02-15 00:00:00	2010-02-01 00:00:00	1500.00	4
4	1182	章龙俊	男	1988-06-01 00:00:00	2010-02-01 00:00:00	1500.00	2
5	1204	章瑾	女	1988-04-28 00:00:00	2008-04-28 00:00:00	1500.00	1
6	1325	章顺	男	1990-09-28 00:00:00	2010-02-01 00:00:00	1500.00	1
7	1385	章蕾	女	1990-08-26 00:00:00	2010-02-01 00:00:00	1500.00	2
8	1840	章华林	男	1986-08-01 00:00:00	2010-02-01 00:00:00	1500.00	2
9	2627	章梦婷	女	1990-08-25 00:00:00	2010-02-01 00:00:00	2200.00	2

查询已成功执… LISA\SQLEXPRESS2008 (10.0 RTM) LISA\Dongyun (52) CompanySales 00:00:00 9 行

图 4-18 查询姓"章"的员工信息

【例 4.22】 找出所有姓"李"和姓"章"的员工信息。

分析：与例 4.19 相似,查询条件改为姓"李"和姓"章"的员工,也就是姓名的第一个汉字为"李"或"章"的员工,后面字符串不定,所以匹配字符串为"[李,章]%",姓名列为 EmployeeName,WHERE 子句改为"WHERE EmployeeName LIKE '[李,章]%'"。

在查询编辑器中执行如下的 Transact-SQL 语句。

```
USE CompanySales
GO
SELECT *
    FROM Employee
    WHERE EmployeeName LIKE  '[李,章]%'
GO
```

【例 4.23】 找出所有姓"李"的,名为一个汉字的员工信息。

分析：与例 4.21 相似,条件为姓"李"的员工,也就是姓名的第一个汉字为"李"的员工,名为一个汉字,所以匹配字符串为"李_",姓名列为 EmployeeName,WHERE 子句为"WHERE EmployeeName LIKE '李_'"。

在查询编辑器中执行如下的 Transact-SQL 语句。

```
USE CompanySales
GO
SELECT *
    FROM Employee
    WHERE  EmployeeName LIKE   '李_'
GO
```

【例 4.24】 找出所有不姓"李"的员工信息。

分析：条件为不姓"李"的员工,也就是姓名的第一个汉字为不是"李"的员工,所以匹配字符串为"[^李]%",姓名列为 EmployeeName,WHERE 子句为"WHERE EmployeeName LIKE '[^李]%'"。

在查询编辑器中执行如下的 T-SQL 语句。

```
USE CompanySales
GO
SELECT   *
    FROM Employee
    WHERE   EmployeeName LIKE   '[^李]%'
GO
```

6. 空或非空性

空是 NULL,非空位 NOT NULL。空和非空的判断准则是 IS NULL 和 IS NOT NULL。二者可以在任意类型的字段中使用。

【例 4.25】 在销售管理数据库中,查找目前有哪些主管位置为不空。

分析: 有关部门的主管信息保存在部门表 Department 中,要查找部门主管位置为不空,只需判断部门表中的对应的主管列 Manager 列值不为空即可。

在查询编辑器中执行如下的 T-SQL 语句。

```
USE   CompanySales
GO
SELECT   DepartmentName,Manager
    FROM   Department
    WHERE manager IS NOT   NULL
GO
```

图 4-19   各部门主管信息

执行结果如图 4-19 所示。

4.2.4   ORDER BY 子句

SELECT 语句获得的数据一般是没有排序的。为了方便阅读和使用,最好对查询的结果进行一次排序操作。SQL Server 2008 中,使用 ORDER BY 子句对结果进行排序,它的语法格式如下:

```
ORDER BY  <排序项>[ASC|DESC] [,<排序项>[ASC|DESC][,...n]]
```

其中,各参数说明如下。

(1) <排序项>:是指用于排序的列,可以是一个或多个表达式。通常表达式为列名,也可以是计算列。如果是多个表达式,彼此之间用逗号分隔。排序时,首先按第一个表达式的值的升序或降序进行排列,在值相同时再按第二个表达式值的升序或降序进行排列,以此类推直至整个排列完成。

(2) ASC|DESC:指定排列方式,ASC 是升序,DESC 是降序。省略排序方式则按升序(ASC)排列。

（3）没有指定 ORDER BY 子句,查询结果无序显示。

【例 4.26】 按工资降序查询员工的姓名和工资信息。

分析：员工的姓名和工资信息保存员工表 Employee 中,经过分析 SELECT 子句为"SELECT EmployeeName 姓名,Salary 工资"。由于没有查询条件,也就没有 WHERE 子句。排序条件为按工资降序,所以 ORDER BY 子句为"ORDER BY Salary DESC"。

在查询编辑器中执行如下的 Transact-SQL 语句。

```
USE CompanySales
GO
SELECT  EmployeeName 姓名, Salary  工资
    FROM Employee
    ORDER BY Salary  DESC
GO
```

执行结果如图 4-20 所示。

图 4-20　排序查询

4.2.5　GROUP BY 子句

在大多数情况下,使用统计函数返回的是所有行数据的统计结果。如果需要按某一列数据的值进行分类,在分类的基础上再进行查询,就要使用 GROUP BY 子句,它的语法格式如下：

```
GROUP  BY  <组合表达式>
```

其中,<组合表达式>可以是普通列名或一个包含 SQL 函数的计算列,但不能是字段表达式。当指定 GROUP BY 时,输出列表中任一非聚合表达式内的所有列都应包含在<组合列表>中,或与输出列表表达式完全匹配。

【例 4.27】 查询男女员工的平均工资。

分析：按员工的性别分组查询,所以需在查询前对员工按性别进行分组,然后计算各组的平均值,SELECT 子句为"SELECT AVG(Salary) 平均工资"。分组 GROUP BY 子句为 GROUP BY Sex。

在查询编辑器中执行如下的 Transact-SQL 语句。

```
USE CompanySales
GO
```

```
SELECT   Sex 性别, AVG(Salary) 平均工资
    FROM Employee
    GROUP BY Sex
GO
```

执行结果如图 4-21 所示。

【例 4.28】 在销售表 Sell_Order 表中,统计目前各种商品的订单总数。

分析:查询各种商品的订单总数,需在查询前,对商品按商品编号进行分组,然后计算各组的总和,SELECT 子句为 SELECT ProductID, SUM (SellOrderNumber)。分组 GROUP BY 子句为"GROUP BY ProductID"。

在查询编辑器中执行如下的 Transact-SQL 语句。

```
USE CompanySales
GO
SELECT   ProductID   商品编号, SUM(SellOrderNumber) 订单总数
    FROM Sell_Order
    GROUP BY ProductID
GO
```

执行结果如图 4-22 所示。

图 4-21   查询男女员工的平均工资   图 4-22   统计商品订单总数

4.2.6   HAVING 子句

指定组或聚合的搜索条件。HAVING 只能与 SELECT 语句一起使用。HAVING 通常在 GROUP BY 子句中使用。如果不使用 GROUP BY 子句,则 HAVING 的行为与 WHERE 子句一样,它的语法格式如下:

```
HAVING 搜索条件
```

【例 4.29】 在销售表 Sell_Order 中,查询目前订单总数超过 1000 的商品订单信息。

分析:查询各种商品的订单总数,需在查询前,对商品按商品编号进行分组,然后计算各组商品的订单总数,SELECT 子句为 SELECT ProductID, SUM(SellOrderNumber)。分组 GROUP BY 子句为 GROUP BY ProductID。本题的搜索条件为订单总数超过 1000, WHERE 子句为 WHERE SUM(SellOrderNumber)>1000。

在查询编辑器中执行如下的 Transact-SQL 语句。

```
USE CompanySales
GO
SELECT   ProductID   商品编号, SUM(SellOrderNumber) 订单总数
    FROM Sell_Order
    WHERE SUM(SellOrderNumber)>1000
    GROUP BY ProductID
    HAVING SUM(SellOrderNumber)>1000
GO
```

执行时发生错误,错误提示如图 4-23 所示。

图 4-23 语法错误

错误分析:此为聚合的搜索条件,聚合不应出现在 WHERE 子句中。采用 HAVING 子句为 SUM(SellOrderNumber)>1000。

在查询编辑器中执行如下的修改后的 Transact-SQL 语句。

```
USE CompanySales
GO
SELECT   ProductID   商品编号, SUM(SellOrderNumber) 订单总数
    FROM Sell_Order
    GROUP BY ProductID
    HAVING SUM(SellOrderNumber)>1000
GO
```

执行结果如图 4-24 所示。

从逻辑上来看,执行顺序如下。

(1)执 行 FROM Sell_Order 子 句, 把 Sell_Order 表中的数据全部检索出来。

(2)对上一步中的数据进行按 GROUP BY ProductID 分组,计算每一组的统计订单总额。

	商品编号	订单总数
1	3	1442
2	4	1606
3	5	1211
4	7	1142
5	10	3190
6	15	8000
7	29	2000

图 4-24 查询订单超过 1000
的商品订货信息

(3)执行 HAVING SUM(SellOrderNumber)>1000 子句,对上一步中的分组数据进行过滤,只有商品订单总额超过 1000 的数据才能出现在最终的结果集中。

(4)按照 SELECT 子句指定的样式显示结果集。

说明:WHERE 对表中的原始数据进行过滤,而 HAVING 对查询结果,按照聚合的

条件进行过滤。

【例4.30】   在销售表 Sell_Order 表中,查询订购 2 种以上商品的客户编号。

分析:经分析 SELECT 子句为 SELECT CustomerID 客户编号。有关查询的相关信息均在 Sell_Order 表中,FROM 子句 FROM Sell_Order。要确定客户订购商品的种类,要用 GROUP BY 子句按照客户编号进行分组,再用聚合函数 COUNT 对每一组中不同的商品编号进行计数。然后进行数据过滤处理,所以 GROUP BY Customer ID。数据结果聚合后,只有满足条件的组才会被选出来。采用 HAVING 子句,HAVING 子句为 HAVING count(DISTINCT ProductID)>2。

在查询编辑器中执行如下的 Transact-SQL 语句。

```
USE CompanySales
GO
SELECT CustomerID 客户编号,count(DISTINCT  ProductID) 订购商品种类
    FROM  Sell_Order
    GROUP BY  CustomerID
    HAVING count(DISTINCT  ProductID)>2
GO
```

执行结果如图 4-25 所示。

	客户编号	订购商品种类
1	1	5
2	2	3
3	3	3
4	4	5
5	5	4

查询已成功执行。   LISA (9.0 RTM) LISA\Dongyun (52) CompanySales 00:00:00 8 行

图 4-25   查询订购商品超过 2 种的客户编号信息

4.2.7 COMPUTE 子句

COMPUTE 子句可以用于 SELECT 语句既查看明细行,又查看汇总行。可以计算分组的汇总值,也可以计算整个结果集的汇总值。它的语法格式如下:

```
COMPUTE   {聚合函数名(列名)}[, ...n]   [BY  表达式[, ...n]
```

BY 表达式是在结果集内生成控制中断和分类汇总。如果使用 COMPUTE BY,则必须也使用 ORDER BY 子句。表达式必须与在 ORDER BY 后列出的子句相同或是其子集,并且必须按相同的序列。

【例4.31】   查询员工表 Employee 中的部门编号为 5 的员工工资,并对 5 号部门工资总额汇总。

分析:员工的工资信息存在 Employee 表中,SELECT 子句为"SELECT * ";FROM 子句为 FROM Employee。部门编号为 5 的员工,WHERE 子句为 WHERE

DepartmentID＝5。计算工资汇总需要聚合函数 SUM()，同时查询明细和汇总需要
COMPUTE 子句，COMPUTE 子句为 COMPUTE SUM(Salary)。

在查询编辑器中执行如下的 Transact-SQL 语句。

```
USE CompanySales
GO
SELECT *
    FROM Employee
    WHERE DepartmentID=5
COMPUTE SUM(Salary)
GO
```

执行结果如图 4-26 所示，结果集中有两个表格。第 1 个表格中是明细数据，而第 2
个表格中是汇总数据。

	EmployeeID	EmployeeName	Sex	BirthDate	HireDate	Salary	DepartmentID
1	4	余杰	男	1973-07-11 00:00:00	2004-07-11 00:00:00	3315.00	5
2	7	姚晓力	女	1969-08-14 00:00:00	1997-08-14 00:00:00	3313.80	5
3	21	吴晓松	男	1969-12-28 00:00:00	2007-12-28 00:00:00	3282.50	5
4	43	童金星	男	1958-02-02 00:00:00	1993-02-02 00:00:00	3300.20	5
5	58	马晶晶	女	1988-08-13 00:00:00	2010-02-01 00:00:00	1500.00	5
6	69	黄文文	女	1987-10-13 00:00:00	2010-02-01 00:00:00	1500.00	5
7	71	吴康	男	1990-01-07 00:00:00	2010-02-01 00:00:00	1500.00	5
8	159	罗茜	女	1990-11-24 00:00:00	2010-02-01 00:00:00	1500.00	5

	sum
1	29711.50

查询已成功执行。　LISA\SQLEXPRESS2008 (10.0 RTM)　LISA\Dongyun (52)　CompanySales　00:00:00　15 行

图 4-26　使用 COMPUTE 查询

【例 4.32】　查询 Employee 表中部门编号为 1 或 2 的员工工资并按部门计算平均
工资。

分析：员工的工资信息存在 Employee 表中，SELECT 子句为"SELECT * "；FROM
子句为 FROM Employee。由于查询部门编号(DepartmentID)为 1 和 2 的员工信息，所
以 WHERE 子句为 WHERE DepartmentID IN(1,2)。计算平均工资需要聚合函数
AVG()，同时按部门编号，查询明细和汇总需要 COMPUTE BY 子句，COMPUTE 子句
为 COMPUTE AVG(Salary) BY DepartmentID。

在查询编辑器中执行如下的 Transact-SQL 语句。

```
USE CompanySales
GO
SELECT *
    FROM Employee
    WHERE DepartmentID IN(1,2)
COMPUTE AVG(Salary) BY DepartmentID
GO
```

执行语句出现出错信息，如图 4-27 所示。

图 4-27　按部门编号查询错误信息

　　错误分析：COMPUTE BY 子句必须与 ORDERBY 子句一起使用，且 COMPUTE
BY 中指定的列必须与 ORDER BY 子句中指定的列相同，因此增加 ORDER BY 子句。
　　在查询编辑器中执行修改后的 Transact-SQL 语句。

```
USE CompanySales
GO
SELECT *
    FROM Employee
    WHERE DepartmentID IN(1,2)
    ORDER BY DepartmentID
COMPUTE AVG(Salary) BY DepartmentID
GO
```

　　执行结果如图 4-28 所示。

图 4-28　按部门编号查询工资明细和汇总

4.3 连 接 查 询

4.3.1 连接概述

简单查询介绍了在一张表或一个视图中进行查询。在实际查询中,例如,查询各个客户订购商品的明细表,包括商品名称、商品的数量、价格、客户名称和客户地址等信息,就需要在两张或两张以上的表之间进行查询,这时需要利用连接查询。实现从两个或两个以上表中查询数据且结果集中出现的列来自于两个或两个以上表中的检索操作被称为连接查询。

连接的类型分为内连接、外连接和交叉连接。其中外连接包括左外连接、右外连接和全外连接。连接的格式有如下两种。

格式一:

```
SELECT<输出列表>
    FROM  <表 1>  <连接类型><表 2>[ON(<连接条件>)]
```

格式二:

```
SELECT  <输出列表>
    FROM   <表 1>,<表 2>
    [WHERE  <表 1>.<列名>  <连接操作符>  <表 2>.<列名>]
```

其中,参数说明如下。

(1) <输出列表>中使用多个数据表来源且有同名字段时,就必须明确定义字段所在的数据表名称。

(2) 连接操作符可以是=、>、<、>=、<=、!=、<>、!>、!<。当操作符是=时表示等值连接。

(3) 连接类型指定所执行的连接类型:内连接(INNER JOIN)、外连接(OUT JOIN)或交叉连接(CROSS JOIN)。

4.3.2 交叉连接

交叉连接又称笛卡儿积,返回两个表的乘积。例如,表 A 有 10 行数据,表 B 有 20 行数据,那么表 A 和表 B 交叉连接的结果记录集有 200 行(10×20)数据。交叉连接使用 CROSS JOIN 关键字来创建。交叉连接只是用于测试一个数据库的执行效率,在实际应用中是无意义的。交叉连接的使用是比较少的,交叉连接不需要连接条件。

【例 4.33】 查询员工表与部门表的所有组合。

分析:员工表为 Employee,部门表为 Department。查询所有的组合 SELECT 子句为"SELECT Employee.＊,Department.＊",FROM 子句 FROM Employee CROSS

JOIN Department。

在查询编辑器中执行如下的 Transact-SQL 语句。

```
USE CompanySales
GO
SELECT Employee.*, Department.*
    FROM Employee CROSS JOIN Department
GO
```

执行结果如图 4-29 所示。Employee 表中有 3161 条记录，Department 表有 6 条记录，查询结果有 3161×6＝18966 行。即 Employee 表中的每一条与 Department 表中 6 条记录组合得到如图 4-29 所示的结果。显而易见，其中的大部分行是没有实际意义的。

图 4-29　查询笛卡儿积运算的结果

4.3.3　内连接

内连接是组合两个表的常用方法。内连接把两个表中的数据通过相同的列连接生成第 3 个表，仅包含那些满足连接条件的数据行。内连接分为等值连接、非等值连接和自然连接。

当连接操作符为"＝"时，该连接操作称为等值连接，使用其他运算符的连接运算称为非等值连接。当等值连接中的连接字段相同，并且在 SELECT 语句中去除了重复字段时，该连接操作为自然连接。

【例 4.34】　查询已订购了商品的客户的公司名称，联系人姓名，所订商品编号和订购数量。

分析：有关客户的信息存放在客户表 Customer 中，销售订单信息保存在 Sell_Order 表中，本题的查询涉及客户表 Customer 和销售订单表 Sell_Order，这两张表之间通过共同的属性客户编号 CustomerID 连接起来，所以 FROM 子句为 FROM Customer INNER JOIN Sell_Order ON Customer. CustomerID＝Sell_Order. CustomerID。

本题查询客户的公司名称，联系人姓名和所订商品编号和订购数量，由于查询的列表来自不同的表，在 SELECT 子句中需写明表名，所以 SELECT 子句为

```
SELECT Customer.CompanyName,cantactname,Sell_Order.ProductID,
Sell_Order.SellOrderNumber
```

在查询编辑器中执行如下的 Transact-SQL 语句。

```
USE CompanySales
GO
SELECT Customer. CustomerID,Customer.CompanyName, Contactname,
    Sell_Order.ProductID, Sell_Order. SellOrderNumber
    FROM Customer INNER JOIN Sell_Order
    ON Customer. CustomerID=Sell_Order. CustomerID
GO
```

说明：在多表查询中，Select 子句或 Where 子句中的列名前都加上了表名作为前缀，这样可避免来自不同表中相同属性名发生混淆。

执行结果如图 4-30 所示。

图 4-30 内连接查询

从逻辑上讲，执行该连接查询的过程如下。

（1）在 Customer 表中找到第 1 条记录，然后从头开始扫描 Sell_Order 表，从中找到 CustomerID 与值相同的记录，然后与 Customer 中的第 1 个记录拼接起来，形成查询结果中的第 1 个记录。继续扫描 Sell_Order 表，组合记录，直至扫描完成。

（2）在 Customer 表中找到第 2 个记录，然后再从头开始扫描 Sell_Order 表，从中找到与 CustomerID 值相同的记录，然后与 Customer 中的第 2 个记录拼接起来，形成查询结果中的第 2 个记录。

（3）以此类推，直到处理完 Customer 表中的所有记录。

（4）按照 SELECT 子句的要求，显示列表。

【例 4.35】 查询"国皓科技有限公司"的订单信息。

分析：有关"国皓科技有限公司"的客户信息在客户表 Customer 中，商品订购的信息在 Sell_Order 表中，本题查询涉及两张表，所以利用表的连接技术，两张表有共同的属性为 CustomerID。

在查询编辑器中执行如下的 Transact-SQL 语句。

```
USE CompanySales
GO
SELECT  Customer.companyName,Sell_Order.*
FROM Customer INNER JOIN Sell_Order
```

```
ON Customer. CustomerID=Sell_Order. CustomerID
WHERE Customer.companyName='国皓科技有限公司'
GO
```

执行结果如图 4-31 所示。

	companyName	SellOrderID	ProductID	SellOrderNumber	employeeID	CustomerID	SellOrderDate
1	国皓科技有限公司	19	4	400	6	7	2006-09-04 00:00:00
2	国皓科技有限公司	33	4	500	6	7	2006-12-02 00:00:00
3	国皓科技有限公司	50	29	2000	6	7	2008-05-03 00:00:00
4	国皓科技有限公司	51	3	344	6	7	2008-05-08 00:00:00

图 4-31   查询客户订单信息

【例 4.36】   查询"国皓科技有限公司"的订购的商品信息,包括商品名称、商品价格和订购的数量。

分析:有关"国皓科技有限公司"的客户信息在客户表 Customer 中,商品订购的信息在 Sell_Order 表中,有关商品名称和商品价格信息保存在商品表 Product,本题查询涉及3 张表,所以利用表的连接技术,首先连接两张表 Customer 和 Sell_Order,它们有共同的属性为 CustomerID,构成新表;然后又构成新表与 Product 表连接,有共同的属性ProductID。

在查询编辑器中执行如下的 Transact-SQL 语句。

```
USE CompanySales
GO
SELECT product.productName,product.price, Sell_Order.SellOrderNumber
    FROM   Customer inner join Sell_Order
    ON Customer.CustomerID=Sell_Order.CustomerID         /* 两张表连接 */
    JOIN product
    ON Sell_Order.ProductID=product.ProductID            /* 连接第三张表 */
    WHERE Customer.companyName='国皓科技有限公司'
GO
```

执行结果如图 4-32 所示。

	productName	price	sellOrderNumber
1	墨盒	80.00	400
2	墨盒	80.00	500
3	白板	24.00	2000
4	打印纸	20.00	344

图 4-32   查询"国皓科技有限公司"的订购的商品信息

说明:由于多次使用到表的名称,为了便于阅读和书写,可以利用表的别名形式。如果某个属性在数据库的所有表中是唯一的,不会产生歧义的,可以不需表名。本题修改后的 T-SQL 语句如下:

```
USE CompanySales
```

```
GO
SELECT  P.productName,price,S.SellOrderNumber
    FROM  Customer C inner join Sell_Order  AS S
    ON C.CustomerID=S.CustomerID
    JOIN product  P
    ON S.ProductID=P.ProductID
    WHERE C.companyName='国皓科技有限公司'
GO
```

其中，Customer C 表示 Customer 表的别名为 C；Sell_Order AS S 表示 Sell_Order 表的别名为 S，为别名的另外一种表示法；product P 表示 product 表的别名为 P。另外，由于 price 属性在数据库中是唯一的，所以不加表名。

4.3.4　外连接

在内连接中，只有在两个表中匹配的记录才能在结果集中出现。而在外连接中可以只限制一个表，而对另外一个表不加限制（即所有的行都出现在结果集中）。外连接分为左外连接、右外连接和全外连接。如果只包括左表的所有行，不包括右表的不匹配行的外连接叫左外连接；如果只包括右表的所有行，不包括左表的不匹配行的外连接叫右外连接。既包括左表不匹配的行，也包括右表不匹配的行的连接叫全外连接。

1. 左外连接

左外连接的语法如下：

```
SELECT<选择列表>
    FROM  左表名  LEFT  [OUTER] JOIN 右表名
    ON 连接条件
```

包括左表（出现在 LEFT JOIN 子句的最左边）中的所有行。不包括右表中的不匹配行。

【例 4.37】　查询是否所有的员工均接收了销售订单，包括员工的姓名和订单信息。

分析：所有员工的信息在员工表 Employee 中，销售订单的信息在 Sell_Order 表中，有关员工接收到的销售订单，涉及两张表，由于要查询所有员工的信息，所以所有员工的信息都要出现在结果中，采用左外连接，左表为 Employee。使用的左外连接的 FROM 子句为"FROM Employee LEFT JOIN Sell_Order on Employee. EmployeeID＝Sell_Order. EmployeeID"。

在查询编辑器中执行如下的 Transact-SQL 语句。

```
USE CompanySales
GO
SELECT  Employee.Employeename,Sell_Order.*
    FROM Employee LEFT JOIN Sell_Order
    ON Employee.EmployeeID=Sell_Order.EmployeeID
GO
```

执行结果如图 4-33 所示。共有 80 行,部分员工没有接收到订单,例如第 35、36、40 和 45 行的员工没有接收订单,有关订单的信息为 NULL。

	employeename	SellOrderID	ProductID	SellOrderNumber	employeeID	CustomerID	SellOrderDate
32	姚晓力	38	4	88	7	5	2008-04-30 00:00:00
33	姚晓力	43	5	90	7	15	2008-04-28 00:00:00
34	姚晓力	47	4	300	7	6	2008-05-02 00:00:00
35	宋振辉	NULL	NULL	NULL	NULL	NULL	NULL
36	刘丽	NULL	NULL	NULL	NULL	NULL	NULL
37	姜玲娜	53	20	400	10	38	2009-09-05 16:28:00
38	崔军利	45	3	300	11	24	2008-05-01 00:00:00
39	金林皎	10	4	20	12	5	2006-11-23 00:00:00
40	唐军芳	NULL	NULL	NULL	NULL	NULL	NULL
41	郑阿齐	6	3	600	14	20	2006-11-05 00:00:00
42	刘启芬	5	2	100	15	8	2006-09-01 00:00:00
43	吴昊	44	15	8000	16	5	2008-04-30 00:00:00
44	何文华	24	7	40	17	15	2006-03-05 00:00:00
45	李萍	NULL	NULL	NULL	NULL	NULL	NULL
46	宋广科	25	9	69	19	17	2006-07-08 00:00:00

图 4-33　查询员工的接收订单信息

2. 右外连接

右外连接的语法如下:

```
SELECT  <选择列表>
    FROM  左表名  RIGHT [OUTER] JOIN 右表名
    ON  连接条件
```

包括右表(出现在 JOIN 子句的最右边)中的所有行,不包括左表中的不匹配行。

【例 4.38】　查询所有的供应商提供的商品情况。

分析:采购订单的信息在 Purchase_order 表中,所有供应商的信息在 Provider 中,有关供应商供应商品信息涉及两张表。由于要查询所有供应商的信息,所以采用右外连接,左表为供应商表 Provider。

在查询编辑器中执行如下的 Transact-SQL 语句。

```
USE CompanySales
GO
SELECT  Purchase_order.*,provider.providerName
    FROM  Purchase_order RIGHT JOIN  provider
    ON  Purchase_order.providerID=provider.providerID
GO
```

3. 全外连接

全外连接的语法如下:

```
SELECT  <选择列表>
    FROM  左表名 FULL  [OUTER]  JOIN  右表名
    ON  连接条件
```

包括所有连接表中的所有记录,不论它们是否匹配。

【例 4.39】 使用全外连接查询客户和商品的订购信息,包括客户名称、联系人姓名、订购的商品名称、订购的数量和订购日期。

分析:本题要查询的 SELECT 子句为 SELECT CompanyName,Contactname,productName,SellOrderNumber,SellOrderDate,来自 3 张表中。

首先连接客户表 Customer、销售订单表 Sell_Order,由于使用全外连接,客户表 Customer、销售订单表 Sell_Order 中的哪个放在连接操作符 FULL JOIN 的左侧或右侧都无关紧要。

在查询编辑器中执行如下的语句。

```
USE CompanySales
GO
SELECT C.CompanyName,C.Contactname,P.productName, S.SellOrderNumber,
      S.SellOrderDate
   FROM  Customer C FULL JOIN Sell_Order S
   ON C.CustomerID=S.CustomerID
   FULL JOIN Product  P
   ON P.ProductID=S.ProductID
GO
```

执行的结果如图 4-34 所示,共 84 行。部分客户订购了商品,第 64 行"清华大学出版社"已经订购了牛奶;第 68、69、70 行的商品目前没有被订购。如果利用内连接的话,就会去掉值为 NULL 的不匹配的行,无法显示出所有客户订货信息。利用全连接可以显示出客户订购的商品信息,包括没有任何订购信息的客户,如第 65、66、67 行显示的客户没有订购任何的商品;同样也显示没有被订购的商品信息,如第 68、69、70 行显示出的商品没有被订购。

	CompanyName	Contactname	productName	sellOrderNumber	SellOrderDate
61	建资房产有限公司	赵凯	NULL	NULL	NULL
62	温州中学	李德奇	牙刷	50	2007-12-06 00:00:00
63	均晖航空公司	何燕	NULL	NULL	NULL
64	清华大学出版社	李明明	牛奶	560	2008-05-08 00:00:00
65	北京秦峰昕鑫商贸有限公司	李俊峰	NULL	NULL	NULL
66	深圳市金丰达科技有限公司	董小姐	NULL	NULL	NULL
67	上海友谊卷笔刀有限公司	马颖达	NULL	NULL	NULL
68	NULL	NULL	无线鼠标	NULL	NULL
69	NULL	NULL	实践报告本	NULL	NULL
70	NULL	NULL	圆规	NULL	NULL

图 4-34 使用全外连接

4.4 嵌 套 查 询

在实际应用中,经常要用到多层查询。在 SQL 中,将一条 SELECT 语句作为另一条 SELECT 语句的一部分称为嵌套查询。外层的 SELECT 语句称为外部查询或父查询,内层的 SELECT 语句称为内部查询或子查询。嵌套查询语法如下:

```
SELECT  <语句>                              /*外层查询或父查询*/
    FROM    <语句>
    WHERE  <表达式>  IN
        (  SELECT<语句>                      /*内层查询或子查询*/
            FROM<语句>
            WHERE<条件>)
```

嵌套查询的逻辑执行步骤是由里向外处理,即先处理子查询,然后将结果用于父查询的查询条件。SQL 允许使用多层嵌套查询,即子查询中还可以嵌套其他子查询。

4.4.1　单值嵌套

单值嵌套就是通过子查询返回一个单一的数据。当子查询返回的是单值,可以使用>、<、=、<=、>=、!=或<>等比较运算符参加相关表达式的运算。

【例 4.40】 查找员工"姚安娜"所在的部门名称。

分析:员工的相关信息在员工表 Employee 中,但是 Employee 表中只有部门编号,没有部门名称,有关部门信息保存在部门表 Department。利用 Employee 表和 Department 表有一个共同的属性为部门编号 DepartmentID,完成查询工作。

(1) 查询员工"姚安娜"所在的部门编号。

```
SELECT  DepartmentID
    FROM  Employee
    WHERE EmployeeName='姚安娜'
```

得到的结果为 3。

(2) 查询部门编号为 3 的部门名称。

```
SELECT  DepartmentName
    FROM  Department
    WHERE  DepartmentID=3
```

得到结果为"人事部"。

利用嵌套查询原理,组合以上的两个步骤成一个查询语句。将步骤 1 作为步骤的子查询,修改后的查询语句如下:

```
USE CompanySales
GO
SELECT  DepartmentName  部门名称
    FROM  Department
    WHERE  DepartmentID=(SELECT  DepartmentID
                            FROM  Employee
                            WHERE EmployeeName='姚安娜')
GO
```

执行以上语句的结果如图 4-35 所示。

图 4-35 单值嵌套

说明：在进行子查询时，如果子查询后面的操作符为＞、＜、＝、＜＝、＞＝、！＝或
＜＞或者子查询使用表达式，那么子查询取得的数据必须是唯一的，不能返回多值，否则
运行将出现错误。

【例 4.41】 查找年龄最小的员工姓名、性别和工资。

分析：本题的 SELECT 子句和 FROM 子句很容易写出，SELECT 子句为"SELECT
EmployeeName 姓名，Sex 性别，BirthDate 出生年月，Salary 工资"；FROM 子句为 FROM
Employee。条件语句较为复杂。年龄最小就意味着出生年月最大。利用嵌套查询，查询
最大出生年月，作为 WHERE 子句的子查询即可。查询最大出生年月的语句为 SELECT
MAX(BirthDate) FROM Employee。

在查询编辑器中执行如下的 Transact-SQL 语句。

```
USE CompanySales
GO
SELECT EmployeeName 姓名，Sex 性别，BirthDate 出生年月，Salary 工资
    FROM  Employee
    WHERE BirthDate=(SELECT  MAX(BirthDate)
                     FROM  Employee
                 )
GO
```

执行结果如图 4-36 所示。

图 4-36 查找年龄最小的员工信息

【例 4.42】 查询比平均工资高的员工的姓名和工资。

分析：要查询比平均工资高的员工，首先要查询平均工资，然后将平均工资作为条件
查询员工的姓名和工资。

在查询编辑器中执行如下的 Transact-SQL 语句。

```
USE CompanySales
GO
SELECT EmployeeName 姓名，Salary 工资
    FROM  Employee
    WHERE  Salary>(SELECT  avg(Salary)
                   FROM  Employee)
GO
```

4.4.2 多值嵌套

子查询的返回结果是一列值的嵌套查询称为多值嵌套查询。多值嵌套查询经常使用 IN、ANY 和 ALL 操作符。

1. 使用 IN 操作符嵌套

IN 操作符可以测试表达式的值是否与子查询返回集中的某一个相等，NOT IN 恰好与其相反。IN 操作符使用的格式如下：

```
<表达式>[NOT] IN(子查询)
```

【例 4.43】 查询已经接收销售订单的员工姓名和工资信息。

分析：在销售订单信息表 Sell_Order 表中保存有关员工接收订单的信息，若该员工接收订单，则此员工编号就会出现在 Sell_Order 表。利用嵌套查询，在 Sell_Order 表中查询所有的已经接收销售订单的员工编号，然后利用员工编号到员工表 Employee 中查询对应姓名和工资信息。

在查询编辑器中执行如下的 Transact-SQL 语句。

```
USE CompanySales
GO
SELECT   EmployeeName 姓名,Salary  工资
    FROM    Employee
    WHERE   EmployeeID  IN(SELECT EmployeeID
                            FROM Sell_Order)
GO
```

执行结果如图 4-37 所示。

图 4-37 查询接收销售订单的员工信息

【例 4.44】 查询目前没有接收销售订单的员工姓名和工资信息。

分析：与例 4.43 相反，只要员工编号不出现在销售订单表中即可。

在查询编辑器中执行如下的 Transact-SQL 语句。

```
USE CompanySales
GO
SELECT   EmployeeName 姓名,Salary 工资
    FROM    Employee
```

```
WHERE    EmployeeID   NOT IN (SELECT EmployeeID
                              FROM Sell_Order)
GO
```

执行结果如图 4-38 所示。

图 4-38 查询没有接收销售订单的员工信息

【例 4.45】 查询订购牛奶的客户的名称和联系地址。

分析：有关客户的信息存放在客户表 Customer 中，但有关客户订购商品的信息保存在 Sell_Order 销售订单表中，在 Sell_Order 表中没有保存商品名称，仅保存商品编号，所以要利用子查询，到保存商品信息的 product 表中查询"牛奶"的商品编号；然后利用商品编号到销售订单表中查询订购了"牛奶"的客户编号；最后利用查到的客户编号，到客户表中查询其名称和联系地址。在此，利用 3 层嵌套查询。

在查询编辑器中执行如下的 Transact-SQL 语句。

```
USE CompanySales
GO
SELECT companyName 公司名称, address 地址
    FROM   Customer
    WHERE   CustomerID in (SELECT   CustomerID
                           FROM   Sell_Order
                           WHERE ProductID=(SELECT   ProductID
                                            FROM product
                                            WHERE productName='牛奶'
                                           )
                          )
GO
```

执行结果如图 4-39 所示。

	公司名称	地址
1	光明杂志社	上海市黄石路 50 号
2	清华大学出版社	北京市朝阳路23号

LISA (9.0 RTM)   LISA\Dongyun (52)   CompanySales   00:00:00   2 行

图 4-39 订购牛奶的客户信息

说明：大部分的嵌套查询可以改为连接查询，本题的修改连接查询的语句如下。

```
USE CompanySales
```

```
GO
SELECT companyName 公司名称, address 地址
    FROM   Customer JOIN Sell_Order
    ON Customer.CustomerID=Sell_Order.CustomerID
    JOIN product
    ON  product.ProductID=Sell_Order.ProductID
    WHERE    product.productName='牛奶'
GO
```

2. 使用带有 ANY、SOME 和 ALL 操作符嵌套

ANY、SOME 和 ALL 操作符使用时必须与比较运算符一起使用,语法格式如下:

<字段>　<比较运算符>[ANY|SOME|ALL]　<子查询>

其中,ANY 和 SOME 是等效的。ANY 和 ALL 操作符的用法和具体含义如表 4-4 所示。

表 4-4　ANY 和 ALL 操作符的用法和具体含义

用　法	含　义
>ANY	大于子查询结果中的某个值
>ALL	大于子查询结果中的所有值
<ANY	小于子查询结果中的某个值
<ALL	小于子查询结果中的所有值
>=ANY	大于等于子查询结果中的某个值
>=ALL	大于等于子查询结果中的所有值
<=ANY	小于等于子查询结果中的某个值
<=ALL	小于等于子查询结果中的所有值
=ANY	等于子查询结果中的某个值
=ALL	等于子查询结果中的所有值(通常没有实际意义)
!=ANY 或<>ANY	不等于子查询结果中的某个值
!=ALL 或<>ALL	不等于子查询结果中的任何一个值

【例 4.46】　查询其他部门比 3 号部门的某一个员工工资低的员工的姓名和工资。

分析:有关员工的信息存放在员工表 Employee 中,所以找 3 号部门所有员工的工资构成子查询,然后进行比较。

在查询编辑器中执行如下的 Transact-SQL 语句。

```
USE CompanySales
GO
SELECT  EmployeeName 姓名, Salary 工资,DepartmentID
    FROM    Employee
    WHERE   Salary  <ANY (SELECT  Salary
                          FROM Employee
                          WHERE DepartmentID=3)
```

```
              AND    DepartmentID<>3
```

【例 4.47】　查询其他部门比 3 号部门的所有员工工资都低的员工的姓名和工资。

在查询编辑器中执行如下的 Transact-SQL 语句。

```
USE CompanySales
GO
SELECT    EmployeeName 姓名, Salary 工资,DepartmentID
    FROM     Employee
    WHERE    Salary  <ALL(SELECT   Salary
                            FROM Employee
                            WHERE DepartmentID=3)
          AND   DepartmentID<>3
```

本例也可以使用以下代码。

```
USE CompanySales
GO
SELECT    EmployeeName 姓名, Salary 工资,DepartmentID
    FROM     Employee
    WHERE    Salary< (SELECT   MIN(Salary)
                        FROM Employee
                        WHERE DepartmentID=3)
          AND   DepartmentID<>3
```

说明：用聚集函数实现子查询通常比直接用 ALL 或 ANY 的效率高。

4.4.3　相关子查询

相关子查询不同嵌套子查询,相关子查询的查询条件依赖于外层查询的某个值。其执行过程如下。

（1）先取外层表中的第一行。

（2）根据取出的行与内层查询相关的列值进行内层查询,若内层子查询的任何一行与外层行的相关值匹配,外层查询就返回这一行。

（3）取外层查询的下一行。

（4）重复步骤（2）,直到处理完所有外层查询的行。

（5）得到一个数据行集,再对这个数据集进行输出操作。

在相关子查询中会用到关键字 EXISTS 引出子查询。EXISTS 用于测试子查询的结果集中是否存在行。如果 EXISTS 操作符后查询的结果集不为空,则产生逻辑真值 true,否则产生逻辑假值 false。其格式如下:

```
[NOT]   EXISTS   (子查询)
```

EXISTS 前无列名、常量和表达式,在子查询中的输出列表中通常用 * 号。

【例 4.48】　利用相关子查询,查询已经接收销售订单的员工姓名和工资信息。

分析：题意与例 4.43 相同,在销售订单信息表 Sell_Order 表中保存有关员工接收订单的信息,若该员工接收订单,则此员工编号就会出现在 Sell_Order 表。利用相关子查询,在 Sell_Order 表中查询所有的已经接收销售订单的员工编号,然后利用员工编号到员工表 Employee 中查询对应信息。

在查询编辑器中执行如下的 Transact-SQL 语句。

```
USE CompanySales
GO
SELECT   Employee.*
    FROM      Employee
    WHERE    EXISTS (SELECT *
                        FROM Sell_Order
                        WHERE Sell_Order.EmployeeID=Employee.EmployeeID)
GO
```

执行结果如图 4-40 所示。

	EmployeeID	EmployeeName	Sex	BirthDate	HireDate	Salary	DepartmentID
1	1	章宏	男	1969-10-28 00:00:00	2005-04-30 00:00:00	3100.00	1
2	2	李立三	女	1980-05-13 00:00:00	2003-01-20 00:00:00	3460.20	1
3	3	王孔若	女	1974-12-17 00:00:00	2000-08-11 00:00:00	3800.80	1
4	4	余杰	男	1973-07-11 00:00:00	2002-09-23 00:00:00	3315.00	1
5	5	蔡慧敏	男	1957-08-12 00:00:00	2001-07-22 00:00:00	3453.70	1
6	6	孔高铁	男	1974-11-17 00:00:00	2000-09-10 00:00:00	3600.50	1
7	7	姚晓力	男	1969-08-14 00:00:00	2001-07-18 00:00:00	3313.80	1
8	10	姜玲娜	女	1980-08-02 00:00:00	2006-08-09 00:00:00	3200.00	1
9	11	崔军利	男	1966-07-23 00:00:00	2003-12-19 00:00:00	3392.00	1
10	12	金林皎	男	1968-08-22 00:00:00	2001-11-05 00:00:00	3366.00	1
11	14	郑阿齐	男	1960-08-04 00:00:00	2004-02-07 00:00:00	3409.80	1
12	15	刘启芬	男	1970-11-19 00:00:00	2001-09-19 00:00:00	3432.50	1
13	16	吴昊	男	1963-09-13 00:00:00	2002-12-23 00:00:00	3361.30	1
14	17	何文华	女	1965-01-13 00:00:00	2002-12-19 00:00:00	3306.20	1
15	19	宋广科	男	1965-06-29 00:00:00	2003-08-07 00:00:00	3384.50	1

查询已成功执行。   LISA (9.0 RTM)   LISA\Dongyun (52)   CompanySales   00:00:00   25 行

图 4-40   相关子查询

4.4.4   集合查询

SQL 支持集合的并运算(UNION)、交运算(INTERSECT)和差运算(EXCEPT),即可以将两个 SELECT 语句的查询结果通过并、交和差运算合并成一个查询结果。语法结构如下:

```
SELECT feildname1 FROM 表 1
操作符
SELECT feildname2 FROM 表 2
```

其中,各参数的含义如下。

(1) feildname1:表示查询表 1 数据表中的数据字段。

(2) feildname2:表示查询表 2 数据表中的数据字段。

(3) 操作符:可以为 UNION、INTERSECT 和 EXCEPT 等联合查询运算符。

使用联合查询时需要注意以下几点。

（1）两个查询语句具有相同的字段个数，并且对应字段的值要初中同一值域，即具有相同的数据类型和取值范围。

（2）最后结果集中的列名来自第一个 SELECT 语句的列名。

（3）在需要对集合查询结果进行排序时，必须使用第一个查询语句中的列名。

1. 集合的并运算

UNION 是集合查询中应用最多的一种运算符。通过使用 UNION 运算符可以从多个表中将多个查询的结果组合为单个结果集,该结果集中包含集合查询中所有查询的全部行。

【例 4.49】 查询各部门的主管信息。

在查询编辑器中执行如下的 Transact-SQL 语句。

```
USE CompanySales
GO
SELECT DepartmentID, DepartmentName
    FROM  Department
    UNION  SELECT  DepartmentID, Manager FROM  Department
GO
```

执行结果如图 4-41 所示。

	DepartmentID	DepartmentName
1	1	王丽丽
2	1	销售部
3	2	采购部
4	2	李嘉明
5	3	蒋柯南
6	3	人事部
7	4	后勤部
8	4	张绵荀
9	5	保安部
10	5	贺妮玉
11	6	会务组
12	6	李尚彪

LISA\SQLEXPRESS2008 (10.0 RTM) | LISA\Dongyun (52) | CompanySales | 00:00:00 | 12 行

图 4-41 集合查询

2. INTERSECT 语句查询

INTERSECT 语句的作用是查询两个数据表的"公共"数据,即查询两个数据表中的"交叉"数据信息。INTERSECT 语句将返回 INTERSECT 运算符左侧和右侧查询的所有非重复的值。

3. EXCEPT 语句查询

EXCEPT 语句的作用是查询两个数据表中除"公共"数据以外的数据信息,即查询两个数据表中的"除外"数据信息。

习　题

一、选择题

1. T-SQL 语言中,条件为"年龄 BETWEEN 15 AND 35"表示年龄在 15 岁至 35 岁,且(　　)。

　　A. 包括 15 岁和 35 岁　　　　　　B. 不包括 15 岁和 35 岁

　　C. 包括 15 岁但不包括 35 岁　　　D. 包括 35 岁但不包括 15 岁

2. 下列聚合函数中正确的是(　　)。

　　A. SUM(＊)　　　B. MAX(＊)　　　C. COUNT(＊)　　　D. AVG(＊)

3. 查询员工工资信息时,结果按工资降序排列,正确的是(　　)。

　　A. ORDER BY 工资　　　　　　　B. ORDER BY 工资 DESC

　　C. ORDER BY 工资 ASC　　　　　D. ORDER BY 工资 DISTINCT

4. SQL 中,下列涉及通配符的操作范围最大的是(　　)。

　　A. name like 'abc#'　　　　　　B. name like 'abc_d%'

　　C. name like 'abc%'　　　　　　D. name like '%abc%'

5. SQL 语句"Select 工号 FROM 员工表 WHERE 工资＞1250"命令的功能是(　　)。

　　A. 查询工资大于 1250 的记录

　　B. 查询 1250 号记录后的记录

　　C. 检索所有的职工号

　　D. 从[职工]关系中检索工资大于 1250 元的职工号

二、思考题

1. SELECT 语句中可以存在哪几个子句? 它们的作用分别是什么?

2. 表与表之间可以使用哪几种连接方式? 它们各自有何特点?

3. LIKE 匹配字符有哪几个?

4. 有几种连接表的方法? 它们之间有什么区别?

5. GROUP BY 子句的作用是什么? HAVING 子句与 WHERE 子句中的条件有什么不同?

6. 嵌套查询与相关子查询有何区别?

实　训

【实训目的】

(1) 掌握 SELECT 语句的语法格式。

(2) 掌握简单查询和多表查询。

【实训内容】

在销售管理数据库 CompanySales 中完成下列的查询操作。

(1) 按照如表 4-5 所示的格式,列出所有员工的姓名和薪水。

表 4-5 雇员的姓名和薪水表

雇员的姓名	雇员的薪水

(2) 查询所有工资在 2000～3000 元之间的员工的姓名和雇用日期,并按雇用日期的先后排列。

(3) 查询已订购了商品的公司名称,联系人姓名和所订的商品名称和数量。

(4) 查询所有订购了"鼠标"的公司名称和联系方式。

(5) 查询客户名称为"通恒机械有限公司"的公司的订购信息。

(6) 查询工资超过平均水平的员工的姓名。

(7) 查询年龄最大的员工的工资。

(8) 查询每一种商品的订购情况。

(9) 查找订购了"打印纸"的客户订购的全部产品的信息。

(10) 如果订单表中的订购的总数量超过 400,则显示顾客表中的客户的信息。

销售管理数据库的编程实现

技能目标

学会使用 Transact-SQL 语言对销售管理数据库进行应用编程,以提供数据库应用系统的开发能力。

知识目标

正确理解和掌握使用 SQL Server 变量;掌握 SQL Server 函数的使用;掌握流程控制语句;掌握编写顺序结构、选择结构和循环结构的程序。

5.1 Transact-SQL 语言的基本知识

Transact-SQL 语言是使用 SQL Server 的核心。在 SQL Server 2008 中,与 SQL Server 实例通信的所有应用程序都通过将 Transact-SQL 语句发送到服务器,实现数据的检索、操纵和控制等功能。因此 Transact-SQL 是 SQL Server 与应用程序之间的语言,是 SQL Server 的应用程序开发接口。每一条 Transact-SQL 语句都包含一系列元素,比如标识符、数据类型、运算符、表达式、函数和注释等,下面对这些元素的具体情况进行说明。

5.1.1 Transact-SQL 语言的分类

Transact-SQL 语言分为五大类,各类语言及其作用如下。

(1) 数据定义语言 DDL:用来创建数据库和数据库对象的命令,绝大部分以 CREATE 开头,如 CREATE TABLE 等。有关的 DDL 语言已经在前面章节介绍。

(2) 数据操作语言 DML:用来操作数据库中各种对象,对数据进行修改和检索。DML 语言主要有 4 种:SELECT(查询)、INSERT(插入)、UPDATE(更新)和 DELETE(删除)。有关的 DML 语言已经在前面章节介绍。

(3) 数据控制语言 DCL:用来控制数据库组件的存取许可、权限等命令,如 GRANT、REVOKE 等。

(4) 事务管理语言 TML:用于管理数据库中的事务的命令,包括 COMMIT、ROLLBACK 等。

（5）其他语言元素：如标识符、数据类型、流程控制和函数等。

5.1.2 标识符

标识符就是指用来定义服务器、数据库、数据库对象和变量等的名称。标识符可分为常规标识符和分隔标识符。

1. 常规标识符

常规标识符符合标识符的格式规则。在 Transact-SQL 语句中使用常规标识符时不用将其分隔。

【例 5.1】 指出下列语句中的常规标识符。

```
SELECT  *  FROM  Customer  WHERE  CustomerID=14
```

标识符 Customer 和 CustomerID 为常规标识符。

2. 分隔标识符

分隔标识符包含在双引号("")或者方括号([])内。符合标识符格式规则的标识符可以分隔，也可以不分隔；不符合所有标识符规则的标识符必须进行分隔。

例如，例 5.1 也可以写成

```
SELECT  *  FROM  [Customer]  WHERE  [CustomerID]=14
```

或

```
SELECT  *  FROM  "Customer"  WHERE  "CustomerID"=14
```

【例 5.2】 在销售管理数据库中，将客户编号为 14 的相关信息保存在 my table 数据表中。

分析：由于将 my table 作为数据表的名称不符合标识符的格式规则，所以使用分隔标识符[my table]。

在查询编辑器中执行如下的 Transact-SQL 语句。

```
SELECT  * INTO [my table] FROM  [Customer]  WHERE [CustomerID]=14
```

由于[my table]必须使用分隔标识符，因为 my 和 table 之间有一个空格，如果不进行分隔，SQL Server 会把它们看到是两个标识符，从而出现错误。

5.1.3 数据类型

在 SQL Server 数据库中保存和处理数据时，需要区分不同类型的数据，如二进制数据、字符串数据等，具体参见 3.1.2 小节。

5.1.4 运算符和表达式

表达式是标识符、值和运算符的组合，SQL Server 2008 可以对其求值以获取结果。在 SQL Server 2008 中有 7 类运算符。

1. 算术运算符

算术运算符用于两个表达式执行数学运算，这两个表达式可以是数值数据类型类别的一个或多个数据类型，如表 5-1 所示。

表 5-1　算术运算符

运算符	含　　义
+（加）	加
—（减）	减
*（乘）	乘
/（除）	除
%（取模）	返回一个除法运算的整数余数。例如，12％5＝2，这是因为 12 除以 5，余数为 2

2. 赋值运算符

等号（＝）是唯一的 Transact-SQL 赋值运算符。

3. 位运算符

位运算符在两个表达式之间执行位操作，这两个表达式可以为整数数据类型类别中的任何数据类型。位运算符如表 5-2 所示。

表 5-2　位运算符

运算符	含　　义	运算符	含　　义
&（位与）	逻辑与运算（两个操作数）	^（位异或）	位异或（两个操作数）
|（位或）	位或（两个操作数）		

4. 比较运算符

比较运算符测试两个表达式是否相同。除了 text、ntext 或 image 数据类型的表达式外，比较运算符可以用于所有的表达式。比较运算符的结果有 3 个值：TRUE（真）、FALSE（假）和 UNKNOWN（未知）。比较运算符如表 5-3 所示。

5. 逻辑运算符

逻辑运算符用于对某些条件进行测试，以获得其真实情况。逻辑运算符和比较运算符一样，返回带有 TRUE 或 FALSE 值。逻辑运算符如表 5-4 所示。

表 5-3　比较运算符

运　算　符	含　　义	运　算　符	含　　义
＝（等于）	等于	＜＞（不等于）	不等于
＞（大于）	大于	!=（不等于）	不等于（非 SQL-92 标准）
＜（小于）	小于	!＜（不小于）	不小于（非 SQL-92 标准）
＞＝（大于等于）	大于或等于	!＞（不大于）	不大于（非 SQL-92 标准）
＜＝（小于等于）	小于或等于		

表 5-4　逻辑运算符

运　算　符	含　　义
ALL	如果一组的比较都为 TRUE,那么就为 TRUE
AND	如果两个布尔表达式都为 TRUE,那么就为 TRUE
ANY	如果一组的比较中任何一个为 TRUE,那么就为 TRUE
BETWEEN	如果操作数在某个范围之内,那么就为 TRUE
EXISTS	如果子查询包含一些行,那么就为 TRUE
IN	如果操作数等于表达式列表中的一个,那么就为 TRUE
LIKE	如果操作数与一种模式相匹配,那么就为 TRUE
NOT	对任何其他布尔运算符的值取反
OR	如果两个布尔表达式中的一个为 TRUE,那么就为 TRUE
SOME	如果在一组比较中,有些为 TRUE,那么就为 TRUE

6. 字符串串联运算符

加号（＋）是字符串串联运算符,将字符串串联起来。例如,“'采购部主管：'＋'张立'”的结果就是“'采购部主管：张立'”。

7. 一元运算符

一元运算符只对一个表达式执行操作,该表达式可以是 numeric 数据类型类别中的任何一种数据类型。一元运算符如表 5-5 所示。

表 5-5　一元运算符

运算符	含　义	运算符	含　义
＋（正）	数值为正	～（位非）	返回数字的非
－（负）	数值为负		

8. 运算符优先级

当一个复杂的表达式有多个运算符时,运算符优先级决定运算符的先后顺序。在较低级别的运算符之前先对较高级别的运算符进行求值。运算符的优先级别如表 5-6 所示。

表 5-6　运算符优先级

级别	运 算 符
1	～（位非）
2	＊（乘）、/（除）、%（取模）
3	＋（正）、－（负）、＋（加）、（＋ 连接）、－（减）、&（位与）
4	＝、＞、＜、＞＝、＜＝、＜＞、!＝、!＞、!＜（比较运算符）
5	^（位异或）、|（位或）
6	NOT
7	AND
8	ALL、ANY、BETWEEN、IN、LIKE、OR、SOME
9	＝（赋值）

5.1.5　常量

　　在程序运行过程中，其值不变的符号称为常量。常量格式取决于它所表示值的数据类型。根据常量值的不同类型，常量分为字符串常量、二进制常量、整型常量、实数常量、日期时间常量、货币常量和唯一标识常量，如表 5-7 所示。

表 5-7　常量的类型及说明

常 量 类 型	常量表示说明	示　例
字符串常量	用单引号（' '）引起来	'China'、'学生'
Unicode 字符串	N 前缀必须是大写字母	N'Michl'
实型常量	有定点表示和浮点表示两种方式	897.111、19E24、－83E2
二进制常量	只能由 0 或 1 构成，并且不使用引号	1011、11101011
十进制整型常量	使用不带小数点的十进制数据表示	1234、654、＋2008、－123
十六进制整型常量	使用前缀 0x 后跟十六进制数字串表示	0x1F00、0xEEC、0X19
日期常量	使用单引号（' '）将日期时间字符串括起来	'July 12, 2009 '、'2008/01/09 '、'08-12-99'、'2004 年 5 月 1 日'
货币常量	以前缀为可选的小数点和可选的货币符号的数字字符串来表示	$432、$98.12、－$17.6
全局唯一标识符	16 字节 GUID	6F9619FF-8B86-D011-B42D-00C04FC964FF

5.1.6　变量

　　变量在编程中占有重要的地位。利用变量可以存储临时性数据。SQL Server 2008提供两种变量：用户自己定义的局部变量和系统提供的全局变量。

1. 局部变量

用户自己定义的变量称为局部变量。局部变量用于保存特定类型的单个数据值的对象。在 Transact-SQL 中,局部变量必须先定义,后可以使用。

(1) 局部变量的定义

格式如下:

```
DECLARE  局部变量名  数据类型  [,...n]
```

其中,局部变量名必须以@开头,以与系统全局变量的区别。局部变量名必须符合有关标识符的规则。用一个 DECLARE 语句可以同时声明多个变量,变量之间用逗号进行分隔。

【例 5.3】 定义一个整型变量。

```
--定义一个整型变量@Number
DECLARE  @Number  int
```

【例 5.4】 定义 3 个 varchar 类型变量和一个整型变量。

```
/*定义可变长度字符型变量@name,长度为 8,
   可变长度的字符型变量@sex,长度为 2,
   小整型变量@age
   可变长度的字符型变量@Address,长度为 50*/
DECLARE  @name  varchar(8),@sex varchar(2),@age smallint
DECLARE  @Address varchar(50)
```

(2) 局部变量的赋值

用 SET 或 SELECT 语句为局部变量赋值,它的语法格式如下:

```
SET  @局部变量名=表达式[,...n]
SELECT  @局部变量名=表达式[,...n] [FROM 子句] [WHERE 子句]
```

其中,使用 SELECT 语句给变量赋值时,如果省略了 FROM 子句和 WHERE 子句的话,就等同于 SET 语句赋值。如果有 FROM 子句和 WHERE 子句,如果 SELECT 语句返回多个值,则将返回的最后一个值赋给局部变量。

【例 5.5】 打印"采购部主管"姓名。

```
DECLARE  @name  VARCHAR(10)            --定义可变长度字符型的变量
SELECT@name='张立'                     --给@name 赋值
PRINT  '采购部主管:'+@name             --显示@name 的内容
GO                                     --批处理结束 GO
```

执行结果如图 5-1 所示。

【例 5.6】 以消息的方式返回销售管理数据库中员工人数。

分析:以消息的形式,则使用 PRINT 语句。利用查询语句 SELECT,查询公司的员工数,然后将数据赋值给一个变量,最后使用 PRINT 语句显示变量的值。

在查询编辑器中执行如下的语句。

图 5-1　打印"采购部主管"姓名

```
USE CompanySales
GO
DECLARE  @Number  int
SELECT  @Number=count(*) FROM Employee
PRINT  '公司员工数:'
PRINT  @Number
GO
```

执行结果如图 5-2 所示。

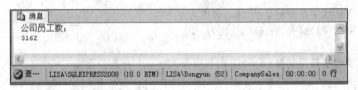

图 5-2　查询公司的员工数

2. 全局变量

全局变量由系统定义和维护的变量,用于记录服务器活动状态的一组数据。全局变量名由@@符号开始。用户不能建立全局变量,也不可能使用 SET 语句去修改全局变量的值。在 SQL Server 2008 中,全局变量以系统函数的形式在使用。

例如,@@version 全局变量返回当前 SQL Server 服务器的版本和处理器类型。@@language 全局变量返回当前 SQL Server 服务器的语言。

5.1.7　注释

在 Transact-SQL 中,注释语句有"－－"(双减号)或"/ * "和" * /"两种表示方法。

(1) 嵌入行内的注释语句

－－(双减号)创建了单行文本注释语句。

【例 5.7】　创建单行文本注释语句。

```
--选择员工信息
SELECT * FROM Employee
```

（2）块注释语句

在注释文本的起始处输入"/＊"，在注释语句的结束处输入"＊/"，就可以把两个符号间的所有字符变成注释语句，从而可以创建包含多行的块注释语句。

"/＊"和"＊/"一定要配套使用，否则将会出现错误。并且"/"必须和"＊"紧密连在一起，中间不能出现空格。

【例 5.8】 /＊…＊/注释。

```
SELECT CompanyName 公司名称, Address 地址
    FROM   Customer
    /*  WHERE   CustomerID IN (SELECT  CustomerID
                                FROM  sell_Order
    */
```

其中，WHERE 子句被注释，不再起作用。

5.1.8 续行

很多情况下，Transact-SQL 语句都写的很长，可以将一条语句在多行中进行编写，Transact-SQL 会忽略空格和行尾的换行符号，这样数据开发人员不需要使用特殊的符号就可以编写长达数行的 Transact-SQL 语句，显著地提高了 Transact-SQL 语句的可读性。

例如：

```
SELECT CompanyName 公司名称, Address 地址
    FROM   Customer
    WHERE   CustomerID IN (SELECT  CustomerID
                            FROM  sell_Order
                            WHERE ProductID=(SELECT   ProductID
                                FROM Product
                                WHERE ProductName='牛奶'
                        )
```

以上的 SELECT 语句可以利用一行来表达，也可以使用多行。

5.1.9 Transact-SQL 语法格式约定

Transact-SQL 语法使用的约定如表 5-8 所示。

表 5-8 Transact-SQL 语法约定

语 法 约 定	说　明
大写	Transact-SQL 关键字
斜体	用户提供的 Transact-SQL 语法的参数
粗体	数据库名、表名、列名、索引名、存储过程、实用工具、数据类型名以及必须按所显示的原样键入的文本
下画线	当语句中省略了包含带下画线的值的子句时应用的默认值

续表

语 法 约 定	说　　明
|（竖线）	分隔括号或大括号中的语法项。只能选择其中一项
[]（方括号）	可选语法项。不要输入方括号
{ }（大括号）	必选语法项。不要输入大括号
[,...n]	指示前面的项可以重复 n 次。每一项由逗号分隔
[...n]	指示前面的项可以重复 n 次。每一项由空格分隔
[;]	可选的 Transact-SQL 语句终止符。不要输入方括号
<标签>::=	语法块的名称。此约定用于对可在语句中的多个位置使用的过长语法段或语法单元进行分组和标记

5.1.10 数据库对象命名

在 SQL Server 2008 中，所有对数据库对象名可以是由 4 部分组成的名称，格式如下：

```
[   服务器名称.[数据库名称].[架构名称].
    |数据库名称.[架构名称].
    |架构名称.
]
对象名称
```

当引用某个特定对象时，不必总是为 SQL Server 指定标识该对象的服务器、数据库和所有者，可以省略中间级节点，而使用句点表示这些位置。对象名的有效格式如表 5-9 所示。

表 5-9　对象名的有效格式

对象引用格式	说　　明
server. database. schema. object	4 个部分的名称
server. database.. object	省略架构名称
server.. schema. object	省略数据库名称
server... object	省略数据库和架构名称
database. schema. object	省略服务器名
database.. object	省略服务器和架构名称
schema. object	省略服务器和数据库名称
object	省略服务器、数据库和架构名称

【例 5.9】　一个用户名为 Saleadm 的用户登录到 LISA 的服务器，并使用 Sales 数据库，创建一个 MyTable 表。

如果用户 Saleadm 的默认架构是 dbo，则表 MyTable 的全称如下：

```
LISA. Sales.dbo.MyTable。
```

5.2　流程控制语句

流程控制语句主要用于控制程序的顺序。下面逐个介绍 SQL Server 2008 提供的流程控制语句。

1. BEGIN...END 语句

BEGIN...END 语句用于将多个 Transact-SQL 语句组合为一个逻辑块,相当于一个单一语句,达到一起执行的目的。它的语法格式如下:

```
BEGIN
    语句 1
    语句 2
    …
END
```

SQL Server 2008 允许 BEGIN...END 语句嵌套使用。

2. IF...ELSE 语句

IF...ELSE 语句实现程序选择结构,其语法格式如下:

```
IF   逻辑表达式
{  语句块 1}
[ELSE
{  语句块 2}
]
```

其中,语句块可以是单个语句或语句组。

IF...ELSE 语句的执行过程为:如果逻辑表达式的值为 TRUE,执行语句块 1;如果有 ELSE 语句的话,逻辑表达式的值为 FALSE 的话,则执行语句块 2。SQL Server 2008 中允许嵌套使用 IF...ELSE 语句。

【**例 5.10**】　在销售管理数据库中,查询员工的平均工资是否超过 5000 元,并显示相关信息。

分析:首先定义一个局部变量@avg_sal 来存储平均工资,然后查询员工的平均工资。查询代码 SELECT 语句为 SELECT @avg_sal=AVG(Salary) FROM Employee,然后根据查询结果@avg_sal 与 5000 进行比较,得到比较的结果。

在查询编辑器中执行如下的 Transact-SQL 语句。

```
USE CompanySales
GO
DECLARE@ avg_sal MONEY            /*定义局部变量@avg_sal用于存储平均工资*/
SELECT  @avg_sal=AVG(salary) FROM Employee      /*查询平均工资*/
IF  @avg_sal>5000                        /*判断数值大小*/
```

```
    PRINT '员工的平均工资超过 5000 元'                    /＊条件为真执行＊/
ELSE
    PRINT '员工的平均工资不超过 5000 元'                  /＊条件为假执行＊/
GO
```

执行结果如图 5-3 所示。

图 5-3 查询员工的平均工资结果

说明：如果条件有多个，可以使用嵌套 IF…ELSE 语句。当嵌套使用时，一定要注意 IF 和 ELSE 的配对，但是一般嵌套最好不要超过 3 层，否则会降低程序的可读性。

3. CASE 语句

CASE 表达式实现程序的多分支结构。虽然使用 IF…ELSE 语句也能够实现多分支结构，但是 CASE 表达式程序可读性更强。在 SQL Server 2008 中，CASE 表达式有两种格式。

（1）简单 CASE 表达式

计算条件列表并返回多个可能结果表达式之一。它的语法格式如下：

```
CASE 输入表达式
    WHEN 表达式 1   THEN 结果表达式 1
    WHEN 表达式 2   THEN 结果表达式 2
    [...n]
    [ELSE 其他结果表达式]
END
```

简单 CASE 表达式的执行过程是将"输入表达式"与各 WHEN 子句后面的"表达式"比较，如果相等，则返回对应的"结果表达式"的值，然后跳出 CASE 语句，不再执行后面的语句；如果没有"输入表达式"与相等 WHEN 子句的"表达式"，则返回 ELSE 子句后面的"其他结果表达式"的值。

【例 5.11】 查询所有的员工姓名、性别、出生年月和所在部门信息。

分析：员工信息存放在 Employee 表，FROM 子句为 FROM Employee。要显示员工的姓名和部门信息，SELECT 子句为

```
SELECT EmployeeName 姓名, Sex 性别, BirthDate 出生年月,部门名称=DepartmentID
```

执行 SELECT 语句时，部门名称的值根据 DepartmentID 来确定，当 DepartmentID 的值为 1，则显示"销售部"；当 DepartmentID 的值为 2，则显示"采购部"；当 DepartmentID 的值为 3，则显示"人事部"；否则显示"其他部门"。使用 CASE 语句完成此功能。

```
CASE DepartmentID
```

```
        WHEN 1 THEN '销售部'
        WHEN 2 THEN '采购部'
        WHEN 3 THEN '人事部'
        ELSE '其他部门'
END
```

在查询编辑器中完成如下的 Transact-SQL 语句。

```
USE CompanySales
GO
USE   CompanySales
GO
SELECT   EmployeeName  姓名, Sex   性别,   BirthDate 出生年月,部门名称=
        CASE   DepartmentID
            WHEN 1 THEN '销售部'
            WHEN 2 THEN '采购部'
            WHEN 3 THEN '人事部'
        ELSE '其他部门'
        END
    FROM Employee
GO
```

执行结果如图 5-4 所示。

图 5-4 查询员工信息

（2）搜索类型的 CASE 语句

语法格式如下：

```
CASE
    WHEN   逻辑表达式 1    THEN   结果表达式 1
    WHEN   逻辑表达式 2    THEN 结果表达式 2
    [...n]
    [ELSE 其他结果表达式]
END
```

搜索类型的 CASE 语句的执行过程是按计算对第一个 WHEN 子句后面的"逻辑表达式 1"的值，如果值为真，则 CASE 表达式的值为"结果表达式 1"的值。如果为假，则按顺序计算 WHEN 子句的"逻辑表达式"的值，返回计算结果为 TRUE 的第一个"逻辑表达式"的"结果表达式"的值。在"逻辑表达式"的计算结果都不为 TRUE 的情况下，如果指定了 ELSE 子句则返回"其他结果表达式"的值，如果没有指定 ELSE 子句则返回 NULL。

4. WHILE、CONTINUE 和 BREAK 语句

WHILE 语句实现循环结构。如果指定的条件为真，就重复执行语句块，直到逻辑表达式为假。它的语法格式如下：

```
WHILE   逻辑表达式
  BEGIN
     语句块 1
     [CONTINUE]
     [BREAK]
     语句块 2
  END
```

其中，各参数说明如下。

（1）BREAK：无条件地退出 WHILE 循环。

（2）CONTINUE：结束本次循环，进入下次循环，忽略 CONTINUE 后面的任何语句。

【例 5.12】　计算并输出 $1+2+3+\cdots+100$ 表达式的和。

在查询编辑器中执行如下的 Transact-SQL 语句。

```
DECLARE@ i int,@ sum int
SELECT@ sum=0
SELECT@ i=1
WHILE@ i<=100
    BEGIN
        SET@ sum=@ sum+@ i
        SET@ i=@ i+1
    END
PRINT@ sum
```

执行结果为 5050。

【例 5.13】　求 $1\sim100$ 之间的奇数的和。

```
DECLARE@ i int,@ sum int
SELECT@ sum=0
SELECT@ i=1
WHILE   @ i>=0
    BEGIN
        SET@ i=@ i+1
        IF   @ i>100
            BEGIN
                SELECT '1~100 之间的奇数和'=@ sum
                BREAK
            END
        IF(@ i%2)=0
            CONTINUE
        ELSE
            SELECT@ sum=@ sum+@ i
```

```
END
```

执行结果为 2499。

5. 批处理语句

批处理是一条或多条 SQL 语句构成的。SQL Server 2008 从批中读取所有语句,并把它们编译成可执行的单元(执行计划),然后,SQL Server 就一次执行计划中的所有语句。用关键字 GO 作为一个批处理的结束信息。

【**例 5.14**】 打印"采购部主管"姓名。

```
DECLARE   @name   VARCHAR(10)
SELECT@name='张立'
PRINT   '采购部主管: '+@name
GO
```

6. GOTO 语句

GOTO 语句用于让执行流程跳转到 SQL 代码中的指定标签处,即跳过 GOTO 之后的语句,在标签处继续执行。它的语法格式如下:

```
…
GOTO 标签名
     语句组 1
标签名:
     语句组 2
```

当程序执行到 GOTO 语句时,直接跳到定义的标签名处,执行语句组 2,而忽略语句组 1。

【**例 5.15**】 利用 GOTO 语句,求 5 的阶乘。

```
        DECLARE@i int,@jc int
        SELECT@jc=1
        SELECT@i=1
Label1:
        SET@jc=@jc*@i
        SET@i=@i+1
        IF@i<=5
            GOTO LABEL1
        SELECT '5 的阶乘'=@jc
```

执行结果为 120。

7. RETURN 语句

RETURN 语句实现从查询或过程中无条件退出的功能。RETURN 之后的语句是不执行的。它的语法格式如下:

```
RETURN [整数表达式]
```

8. WAITFOR 语句

WAITFOR 语句实现语句延缓一段时间或延迟到某特定的时间执行。它的语法格式如下:

```
WAITFOR {DELAY time|TIME time}
```

其中,各参数说明如下。

(1) DELAY:指示一直等到指定的时间过去,最长可达 24 小时。

(2) time:要等待的时间。可以按 datetime 数据可接受的格式指定 time,也可以用局部变量指定此参数。

(3) TIME:指示 SQL Server 等待到指定时间。

【例 5.16】 等待 30 秒后执行 select 语句。

```
WAITFOR  DELAY  '00:00:30'
SELECT  *  FROM Employee
```

【例 5.17】 等到 11 点 12 分后才执行 select 语句。

```
WAITFOR  time  '11:12:00'
SELECT * FROM Employee
```

9. PRINT 语句

PRINT 语句用于向客户端返回用户信息。PRINT 语句只允许显示常量、表达式或变量。不允许显示列名。它的语法格式如下:

```
PRINT  字符串|变量|字符串的表达式
```

【例 5.18】 查询是否有"牛奶"的订单,并显示相关信息。

分析:在销售订单表 Sell_Order 中保存有关订单信息,但是订单表没有保存商品名称,所以利用嵌套查询,按照牛奶的商品编号在订单表中查询牛奶的订购记录。如果存在订购记录的话,那就输出"目前有牛奶订单!"信息,否则输出"目前没有牛奶订单!"。

在查询编辑器中完成如下的 Transact-SQL 语句。

```
IF EXISTS (SELECT *
        FROM  sell_order
        WHERE ProductID= (SELECT ProductID
                    FROM Product
                    WHERE ProductName='牛奶')
     )
  PRINT '目前有牛奶订单!'
ELSE
  PRINT '目前没有牛奶订单!'
```

执行结果如图 5-5 所示。

图 5-5　查询"牛奶"订单信息

10. TRY...CATCH 语句

对 Transact-SQL 实现类似于 C♯ 和 C++ 语言中的异常处理的错误处理。使用 TRY...CATCH 构造来处理 Transact-SQL 代码中的错误。TRY...CATCH 构造包括两部分：一个 TRY 块和一个 CATCH 块。如果在 TRY 块中所包含的 Transact-SQL 语句中检测到错误条件，控制将被传递到 CATCH 块（可在此块中处理该错误）。它的语法格式如下：

```
BEGIN TRY
    语句|语句块
END TRY
BEGIN CATCH
    语句|语句块
END CATCH
```

5.3　函　　数

在 Transact-SQL 编程语言中提供丰富的函数。函数可分系统定义函数和用户定义函数。本节介绍的是系统定义函数中最常用的数学函数、字符串函数、日期时间函数、聚合函数、系统函数和系统统计函数的最常用的部分。

5.3.1　聚合函数

聚合函数对一组数据执行某种计算并返回一个结果。聚合函数经常在 SELECT 语句的 GROUP BY 子句中使用。如表 5-10 所示，分别对聚合函数进行简要说明。

表 5-10　常用的聚合函数

函 数 名	功　　能
AVG	返回一组值的平均值
COUNT	返回一组值中项目的数量（返回值为 int 类型）
COUNT_BIG	返回一组值中项目的数量（返回值为 bigint 类型）
MAX	返回表达式或者项目中的最大值
MIN	返回表达式或者项目中的最小值
SUM	返回表达式中所有项的和，或者只返回 DISTINCT 值。SUM 只能用于数字列
STDEV	返回表达式中所有值的统计标准偏差
STDEVP	返回表达式中所有值的统计标准偏差
VAR	返回表达式中所有值的统计标准方差

聚合函数只能在以下位置作为表达式使用：SELECT 语句的选择列表（子查询或外部查询）；COMPUTE 或 COMPUTE BY 子句；HAVING 子句。

由于常用的聚合函数已经在第 4 章中讲解，此处不再详细介绍。

5.3.2 数学函数

数学函数对数字表达式进行数学运算并返回运算结果。数学函数对 SQL Server 2008 系统提供的数字数据进行运算：decimal、integer、float、real、money、smallmoney、smallint 和 tinyint。常用的数学函数如表 5-11 所示。

表 5-11 常用的数学函数

类 别	函 数	功 能
三角函数	SIN(float 表达式)	返回指定角度（以弧度为单位）的三角正弦值
	COS(float 表达式)	返回指定角度（以弧度为单位）的三角余弦值
	TAN(float 表达式)	返回指定角度（以弧度为单位）的三角正切值
	COT(float 表达式)	返回指定角度（以弧度为单位）的三角余切值
反三角函数	ASIN(float 表达式)	返回指定角度（以弧度为单位）的三角反正弦值
	ACOS(float 表达式)	返回指定角度（以弧度为单位）的三角反余弦值
	ATAN(float 表达式)	返回指定角度（以弧度为单位）的三角反正切值
	ATN2(float 表达式 1,float 表达式 2)	返回两个值的反正切值
角度弧度转换	DEGREES(数值表达式)	返回弧度值相对应的角度值
	RADINANS(数值表达式)	返回一个角度的弧度值
幂函数	EXP(float 表达式)	返回指定的 float 表达式的指数值
	LOG(float 表达式)	计算以 2 为底的自然对数
	LOG10(float 表达式)	计算以 10 为底的自然对数
	POWER(数值表达式,Y)	幂运算,其中 Y 为数值表达式进行运算的幂值
	SQRT(float 表达式)	返回指定的 float 表达式平方根
	SQUARE(float 表达式)	返回指定的 float 表达式平方
	ROUND(float 表达式)	对一个小数进行四舍五入运算,使其具备特定的精度
边界函数	FLOOR(数值表达式)	返回小于等于一个数的最大的整数（也称地板函数）
	CEILING(数值表达式)	返回大于或等于指定数值表达式的最小整数（也称天花板函数）
符号函数	ABS(数值表达式)	返回一个数的绝对值
	SIGN(float 表达式)	根据参数是正还是负,返回-1、+1 和 0
随机函数	RAND ([seed])	返回 float 类型的随机数,该数的值在 0~1 之间,seed 为提供种子值的整数表达式
PI 函数	PI()	返回以浮点数表示的圆周率

【例 5.19】 求 sin3 和|-13|的值。

```
SELECT   SIN(3), ABS(-13)
```

【例 5.20】 求大于或等于 141.128 的最小整数;求小于或等于 141.128 的最大整数。

```
SELECT CEILING(141.128) 最小整数,FLOOR(141.128) 最大整数
```

【例 5.21】 产生 3 个在 10 以内的随机整数数。

分析:随机函数 RAND 的语法格式为 RAND([seed])产生随机数。由于必须在 10 以内所以使用 ceiling(RAND() * 10)得到 10 以内的随机整数。

在查询编辑器中执行如下的 Transact-SQL 语句。

```
SELECT ceiling(RAND() * 10)      随机种子值
SELECT ceiling(RAND() * 10)      随机种子值
SELECT ceiling(RAND() * 10)      随机种子值
```

执行结果如图 5-6 所示。

图 5-6　使用不指定种子值的 RAND 函数

如果用同一种子值调用 RAND()函数,将返回同一生成值。

```
SELECT ceiling(RAND(3) * 10)      指定种子值
SELECT ceiling(RAND(3) * 10)      指定种子值
SELECT ceiling(RAND(3) * 10)      指定种子值
```

执行结果如图 5-7 所示。

图 5-7　使用指定同一种子值的 RAND 函数

5.3.3　字符串函数

常用的字符串函数如表 5-12 所示。

表 5-12　常用的字符串函数

函　　数	功　　能
ASCII(字符表达式)	返回字最左侧的字符的 ASCII 码值
CHAR(整型表达式)	将 int ASCII 代码转换为字符
LEFT(字符表达式,整数)	返回从左边开始指定个数的字符串
RIGHT(字符表达式,整数)	截取从右边开始指定个数字符串
SUBSTRING(字符表达式,起始点,n)	截取从起始点开始 n 个
CHARINDEX(字符表达式 1,字符表达式 2,[开始位置])	求子串位置
LTRIM(字符表达式)	剪去左空格
RTRIM(字符表达式)	剪去右空格
REPLACE(要搜索的字符串表达式,要查找的子字符串,替换字符串)	用另一个字符串值替换出现的所有指定字符串值
REPLICATE(字符表达式,n)	重复字符串
REVERSE(字符表达式)	倒置字符串
STR(数字表达式)	数值转换成字符串

5.3.4　日期和时间函数

对日期和时间输入值执行操作,返回一个字符串、数字或日期和时间值。常用的日期和时间函数如表 5-13 所示。

表 5-13　常用的日期和时间函数

函　　数	功　　能
DATEADD(datepart,数值,日期)	返回增加一个时间间隔后的日期结果
DATEDIFF(datepart,日期 1,日期 2)	返回两个日期之间的时间间隔,格式为 datepart 参数指定的格式
DATENAME(datepart,日期)	返回日期的文本表示,格式为 datepart 指定格式
DATEPART(datepart,日期)	返回某日期的 datepart 代表的整数值
GETDATE()	返回当前系统日期和时间
DAY(日期)	返回某日期的日 datepart 所代表的整数值
MONTH(日期)	返回某日期的月 datepart 所代表的整数值
YEAR(日期)	返回某日期的年 datepart 所代表的整数值

其中,参数 datepart 指定要返回新值的日期的组成部分。表 5-14 列出了 Microsoft SQL Server 2008 可识别的日期时间部分及其缩写。

表 5-14　Microsoft SQL Server 2008 可识别的日期时间部分及其缩写

日期时间部分	缩　　写	日期时间部分	缩　　写
year	yy, yyyy	week	wk, ww
quarter	qq, q	weekday	dw, w
month	mm, m	hour	hh
dayofyear	dy, y	minute	mi, n
day	dd, d	second	ss, s

【**例 5.22**】 使用 GETDATE 函数返回当前的日期和时间。

```
PRINT GETDATE()
```

执行结果如下：

```
03  7 2012  4:16PM
```

【**例 5.23**】 使用 DAY 函数指定日期的天的数字。

```
PRINT DAY('08/30/2012')
```

执行结果如下：

```
30
```

【**例 5.24**】 指定时间上加上一段时间得到新的日期。

```
PRINT DATEADD(DY, 35, '11/30/2012')
```

执行结果如下：

```
01  4 2013 12:00AM
```

分析：2012 年 11 月 30 日加上 35 天，到了 2013 年 1 月 4 日。

说明：日期函数完成所有的字符串转换操作，并返回 SQL Server 标准日期格式的输出结果。所有这些日期函数都会自动执行该转换。

【**例 5.25**】 计算两个日期之间相差的天数。

在查询编辑器中执行如下的 Transact-SQL 语句。

```
PRINT DATEDIFF(DY, '11/30/2011', '1/04/2012')
```

执行结果如下：

```
35
```

5.3.5 系统函数

使用系统函数可以对 SQL Server 2008 中的值、对象和设置进行操作并返回有关信息。常用系统函数如表 5-15 所示。

表 5-15 常用系统函数

函　　数	功　　能
APP_NAME()	返回当前会话的应用程序名称(如果应用程序进行了设置)
CASE 表达式	计算条件列表，并返回表达式的多个可能结果之一
CONVERT(目标数据类型，表达式，[日期样式])	将一种数据类型的表达式显式转换为另一种数据类型的表达式
CAST(表达式 as 目的数据类型)	将一种数据类型的表达式显式转换为另一种数据类型的表达式

续表

函　　数	功　　能
COALESC(表达式[,...n])	返回其参数中第一个非空表达式
DATALENGTH(表达式)	返回用于表示任何表达式的字节数
CURRENT_USER	返回当前用户的名称
HOST_NAME ()	返回工作站名
ISNULL(表达式 1,表达式 2)	判断表达式 1 的值是否为空,如果是的话,就用表达式 2 的值代替
@@ROWCOUNT	返回受上一语句影响的行数。
OBJECT_ID(对象名)	返回架构范围内对象的数据库对象标识号

表 5-15 中的 CONVERT 的日期样式的取值如表 5-16 所示。

表 5-16　CONVERT 的日期样式的取值

不带世纪数位(yy)	带世纪数位(yyy)	标　　准	输入/输出格式
—	0 或 100(1,2)	默认设置	mon dd yyyy hh:miAM(或 PM)
1	101	美国	mm/dd/yyyy
2	102	ANSI	yy. mm. dd
3	103	英国/法国	dd/mm/yy
4	104	德国	dd. mm. yy
5	105	意大利	dd-mm-yy
6	106	—	dd mon yy
7	107	—	mon dd, yy
8	108	—	hh:mm:ss

【例 5.26】 查询 80 后员工的信息,包括姓名、性别、出生年月和工资。

分析:在 Employee 存放员工信息,FROM 子句为 FROM Employee。SELECT 子句为 SELECT EmployeeName 姓名, Sex 性别, YEAR(BirthDate) 出生年月, Salary 工资。

查询的条件为 80 后,也就是出生年月为 1980—1989 的人员。但是 BirthDate 列中包含了年、月和日的信息,必须利用 YEAR 函数提取 BirthDate 列中年份,YEAR 函数的表达式为 YEAR(BirthDate),然后利用 CONVERT 函数将年份的日期格式转换为字符串格式,CONVERT 函数的表达式为 CONVERT(char(4), YEAR(BirthDate),102);再进行与 1980—1989 比较,所以 WHERE 子句为 WHERE CONVERT(char(4), YEAR (BirthDate),102) LIKE '198[0-9]'。其中 102 表示日期采用 ANSI 标准的 yy. mm. dd。

在查询编辑器中执行如下的 Transact-SQL 语句。

```
USE CompanySales
GO
SELECT EmployeeName 姓名,Sex 性别,YEAR(BirthDate) 出生年月,Salary 工资
    FROM Employee
    WHERE  CONVERT(char(4), YEAR(BirthDate),102) LIKE '198[0-9]'
GO
```

执行结果如图 5-8 所示。

	姓名	性别	出生年月	工资
1	李立三	女	1980	3460.20
2	姜玲娜	女	1980	3200.00
3	王辉	男	1980	3450.00
4	任洁	女	1982	3340.00
5	金圆圆	女	1980	3410.00
6	柯敏	女	1982	3410.00
7	姚安娜	女	1983	3456.00
8	高思修	女	1980	3400.00

2008 (10.0 RTM) | LISA\Dongyun (52) | CompanySales | 00:00:00 | 2330 行

图 5-8　查询 80 后员工的信息

5.3.6　元数据函数

元数据函数返回有关数据库和数据库对象的信息，所以元数据函数都具有不确定性。常用的元数据函数如表 5-17 所示。

表 5-17　常用的元数据函数

函　　数	功　　能
COL_LENGTH(表名，列名)	返回列的定义长度(以字节为单位)
COL_NAME(表标识号，列标识号)	根据指定的对应表标识号和列标识号返回列的名称
DB_ID(〔数据库名称〕)	返回数据库标识(ID)号
DB_NAME(〔数据库的标识号〕)	返回数据库名称

【例 5.27】　显示当前数据库的名称和标识号。

分析：利用 DB_NAME()函数得到当前数据库的名称，标识号利用 DB_ID 函数。

在查询编辑器中执行如下的 Transact-SQL 语句。

```
USE CompanySales
GO
SELECT DB_NAME()                              //当前数据库
SELECT DB_ID()                                //当前数据库标识号
GO
```

执行结果如图 5-9 所示。执行结果与机器环境有关，不同的机器上"当前数据库标识号"可能不同。

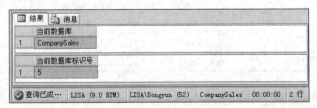

图 5-9　显示当前数据库的名称和标识号

5.3.7 配置函数

配置函数实现返回当前配置选项设置的信息的功能,常用的配置函数如表 5-18 所示。

表 5-18　常用的配置函数

函　　数	功　　能
@@DBTS	返回当前数据库的当前 timestamp 数据类型的值
@@LANGUAGE	返回当前所用语言的名称
@@MAX_CONNECTIONS	返回 SQL Server 实例允许同时进行的最大用户连接数
@@TEXTSIZE	返回 SET 语句中的 TEXTSIZE 选项的当前值
@@VERSION	返回当前的 SQL Server 安装的版本、处理器体系结构、生成日期和操作系统

【例 5.28】 显示当前安装的 SQL Server 版本信息。

在查询编辑器中执行如下的 Transact-SQL 语句。

```
SELECT@@VERSION  AS  'SQL Server Version'
```

执行结果如图 5-10 所示。

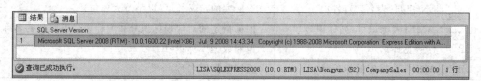

图 5-10　显示当前安装的 SQL Server 版本信息

5.3.8 系统统计函数

在 SQL Server 2008 中,通常以全局变量的形式来表达系统统计函数。常用的系统统计函数如表 5-19 所示。

表 5-19　常用的系统统计函数

函　　数	功　　能
@@CONNECTIONS	返回 SQL Server 自上次启动以来尝试的连接数
@@CPU_BUSY	返回 SQL Server 自上次启动后的工作时间
@@IDLE	返回 SQL Server 自上次启动后的空闲时间
@@PACK_RECEIVED	返回 SQL Server 自上次启动后从网络读取的输入数据包数
@@TOTAL_READ	返回 SQL Server 自上次启动后读取磁盘的次数

说明: 由于所有的系统统计函数都具有不确定性。这意味着即便使用相同的一组输入值,也不会在每次调用这些函数时都返回相同的结果。

5.4 销售管理数据库中编程应用

在销售管理数据库系统开发过程中将应用不少的编程技术,比如查询有关数据库使用的主机状况;当员工收到订单时,需查阅相关的商品信息,并将订单输入到数据库;查阅员工的接收订单情况,生成奖金报表等信息。本节将介绍部分的编程应用。

5.4.1 主机和数据库信息

【例 5.29】 查询的主机名称、主机标示、CompanySales 数据库的标识号、员工表的标识号和当前用户名称等信息,并生成报表。

分析:要查询以上信息使用系统函数,host_name()函数查询主机名,host_id()函数查询主机标示,db_ID()函数查询数据库标示名,object_id()函数查询表的标示号,user_name()函数查询当前用户名。

在查询编辑器中执行如下的 Transact-SQL 语句。

```
SELECT  host_name() AS 主机名,
        host_id()  AS 主机标示,
        db_ID('CompanySales') AS 数据库标示名,
        object_id('dbo.Employee') AS 员工标示号,
        user_name() 当前用户名
```

执行结果如图 5-11 所示。这里的数据库名和表对象名必须使用单引号,为了便于阅读给查询结果改变列标题。查询的结果为当前作者使用计算机的信息,读者执行以上代码会有不同的结果。

图 5-11　查询管理销售数据库所使用计算机信息

5.4.2 订单处理

【例 5.30】 员工"姜玲娜"与"林川中学"签订了 200 台彩色显示器订单。编程实现将订单涉及的相关信息写入到数据库中。

分析:一条订单会涉及产品、客户及雇员的有关信息,且这些信息分别存放在不同的表中,所以要将订单涉及的相关信息写入到数据库中,需要完成以下几方面的操作。

(1) 客户处理

根据该订单的相关客户信息,到客户表查阅"林川中学"是否为老客户,即在客户表中,已有该客户的信息,若为新客户,将客户信息添加到客户表。语句如下,具体的分析见后面的注释。

```
DECLARE@cusId int                                    --保存客户 ID
IF EXISTS(SELECT *    FROM Customer where CompanyName='林川中学')
    BEGIN                                            --如果为老客户
        SELECT@cusId=CustomerID   FROM Customer where CompanyName='林川中学'
                                                     --查询林川中学的客户 ID
    END
ELSE                                                 --如果为新客户的插入记录
    BEGIN
        SELECT@cusId=max(CustomerID) FROM Customer
        SELECT@cusId=@cusId+1                        --获取新插入客户的 ID 值
        INSERT Customer   VALUES(@cusId,'林川中学','毛梅捷','13858235423',
            '新居市学院路号','lincun@lczxmail.com.cn')
    END
```

（2）订单处理

将这条订单信息添加到订单表。在 sell_order 表中,有订单编号、商品编号、订购数量、员工编号、客户编号和订购日期等字段。在添加记录以前必须确定各个字段的值。

① 订单编号:订单编号由当前订单表的最大订单编号加 1 来确定,语句如下:

```
DECLARE@max_ordId int                                --保存当前订单 ID 的最大值
SELECT   @max_ordId=max(SellOrderID) FROM sell_order
SELECT@max_ordId=@max_ordId+1                         --确定要插入的订单信息的订单 ID
```

② 商品编号:根据订单的商品名称,到商品表 Product 中查询得到,语句如下。

```
DECLARE@ProductID int                                --保存商品编号
SELECT@ProductID=ProductID FROM Product WHERE ProductName='彩色显示器'
```

③ 订购数量:根据订单中的相关信息,即可得到订购数量为 200。

④ 员工编号:根据订单中签订订单的姓名"姜玲娜",到员工表中查询得到员工编号,语句如下:

```
DECLARE@EmployeeId int   --保存员工 ID
SELECT@EmployeeId=EmployeeId FROM Employee WHERE name='姜玲娜'
```

⑤ 客户编号:根据"（1）客户处理"中得到客户编号。

⑥ 订购日期:系统日期 getdate()。在确定了以上各字段的值后,将数据插入到销售订单表 sell_order 中,语句如下:

```
INSERT sell_order VALUES(@max_ordId,@ProductID,200,@EmployeeId,@CustomerId,
                    getdate())
```

（3）库存处理

在商品表中检查该商品的库存量,库存量超过订单中商品数量,修改库存量,即商品当前库存量的值减去订单记录中包含的商品的订货数量,增加商品已销售量。

```
UPDATE Product
    SET  ProductStockNumber=ProductStockNumber-200,
         ProductSellNumber=ProductSellNumber+200
    WHERE ProductID=@ProductID
```

综合以上 3 个步骤,在查询编辑器中执行如下的 Transact-SQL 语句。

```
/*定义变量*/
DECLARE@EmployeeId int            --保存员工编号
DECLARE@CustomerId int            --保存客户编号
DECLARE@max_ordId int             --保存订单编号的最大值
DECLARE@storePro int              --保存产品的库存量
DECLARE@ProductID int             --保存商品编号

/*客户处理*/
IF EXISTS(SELECT *   FROM Customer where CompanyName='林川中学')
  BEGIN
    SELECT@CustomerId=CustomerID   FROM Customer where CompanyName='林川中学'
  END
ELSE
  BEGIN
    SELECT@CustomerId=max(CustomerID) FROM Customer
    SELECT@CustomerId=@CustomerId+1
    INSERT Customer   VALUES(@CustomerId, '林川中学', '毛梅捷', '13858235423',
    '新居市学院路号','lincun@lczxmail.com.cn')
  END

/*订单处理*/
SELECT@storePro=ProductStockNumber,@ProductID=ProductID
    FROM Product WHERE ProductName='彩色显示器'
SELECT@max_ordId=max(SellOrderID) FROM sell_order
SELECT@max_ordId=@max_ordId+1
SELECT@EmployeeId=EmployeeId FROM Employee WHERE name='姜玲娜'
INSERT sell_order VALUES(@max_ordId,@ProductID,200,@EmployeeId,@CustomerId,
                    getdate())

/*库存处理*/
UPDATE Product
    SET  ProductStockNumber=
         ProductStockNumber-200,
         ProductSellNumber=
         ProductSellNumber+200
    WHERE ProductID=@ProductID
```

图 5-12　员工接收订单数据处理结果

执行结果如图 5-12 所示。

5.4.3　员工奖金计算

【例 5.31】　查询各位员工接收销售订单明细表以及订单的总金额,并根据中订单中商品总金额,生成员工奖励的报表。当金额订单中商品总超过 10 万元,奖金为 10000 元;金额为 10000～99999 元,奖金为订单中商品总金额的 10％,金额 1000～9999 元的奖金为 880 元,1000 元以下的没有奖金。

分析:本题的要求可以分为两个,一个查询员工接收的销售订单明细表包括订单金额;另外一个根据员工接收订单的总金额,计算员工奖金。

(1)查询员工接收的销售订单明细表包括订单金额。

要查询的信息保存在员工表 Employee、客户表 Customer、商品表 Product 和销售订单表 sellOrderNumber 等 4 张表,因此 FROM 子句如下:

```
FROM Employee as E   JOIN   Sell_order   AS S
    ON E.EmployeeID=S.EmployeeID
    JOIN   Customer AS   C
    ON  C.CustomerID=S.CustomerID
    JOIN   Product   AS P
    ON  P.ProductID=S.ProductID
```

其中,为了便于阅读给每张表定了别名。

查询的订单的明细表中包括客户名称、商品名称、商品单价、订购数量、订货日期、员工姓名和订货金额等信息,因此 SELECT 子句如下:

```
SELECT c.CompanyName 客户名称,P.ProductName 商品名称, P.price 单价,
    S.sellOrderNumber 订购数量,S.SellOrderDate 订货日期, E.Name 员工姓名,
    P.price * S.sellOrderNumber 订单金额
```

为了便于阅读给每个列更换列标题。订单金额由单价 * 订货数量得到。

还需计算每个员工的接收订单中的商品总金额,因此,根据员工的编号和姓名,把员工进行排序、分类,使用 COMPUTE 子句,计算总金额。COMPUTE 子句为 COMPUTE SUM(P. price * S. sellOrderNumber) BY E. EmployeeID。

在查询编辑器中执行如下的 Transact-SQL 语句。

```
SELECT c.CompanyName 客户名称,P.ProductName 商品名称, P.price 单价,
    S.sellOrderNumber 订购数量,S.SellOrderDate 订货日期, E.Name 员工姓名,
    P.price * S.sellOrderNumber 订单金额
   FROM Employee as E   JOIN  Sell_order   AS S
   ON  E.EmployeeID=S.EmployeeID
   JOIN   Customer AS
   ON  C.CustomerID=S.CustomerID
   JOIN   Product   AS P
   ON  P.ProductID=S.ProductID
   ORDER BY   E.EmployeeID
COMPUTE   SUM(P.price * S.sellOrderNumber)   BY E.EmployeeID
```

执行的结果如图 5-13 所示。

(2)根据员工接收订单的总金额,计算员工奖金。

查询员工接收的订单的总金额的信息保存在 3 张表中,即员工表 Employee、商品表 Product、销售订单表 sellOrderNumber,因此 FROM 子句如下:

图 5-13 员工接收订单明细表

```
FROM Employee AS E,Product AS P,sell_order AS S
    WHERE  E.EmployeeID=S.EmployeeID and P.ProductID=S.ProductID
```

其中,此处使用表连接的 FROM 和 WHERE 来表达,为了便于阅读给每张表定了别名。

查询的内容为员工姓名、员工编号、订单的总金额和奖金。因此 SELECT 子句为 "SELECT E. name 姓名, E. EmployeeID 员工编号, sum(S. sellOrderNumber * P. price) as 总金额,奖金"。其中,奖金要根据计算得到,而且员工的订单的总金额不同奖金的计算方法也不同,因此,使用搜索型的 CASE 语句得到。CASE 语句如下:

```
CASE
    WHEN SUM(S.sellOrderNumber * P.price)>=100000 THEN  10000
    WHEN SUM (S.sellOrderNumber * P.price) BETWEEN 10000  AND 99999
            THEN SUM(S.sellOrderNumber * P.price) * 0.1
    WHEN SUM (S.sellOrderNumber * P.price) BETWEEN 1000   AND 9999
            THEN  880
    ELSE  0
END
```

在查询编辑器中执行如下的 Transact-SQL 语句。

```
SELECT   E.name 姓名, E.EmployeeID 员工编号,
        SUM(S.sellOrderNumber * P.price) as 总金额,奖金=
        CASE
            WHEN SUM(S.sellOrderNumber * P.price)>=100000 THEN  10000
            WHEN SUM(S.sellOrderNumber * P.price)
                    BETWEEN 10000  AND 99999
                        THEN SUM(S.sellOrderNumber * P.price) * 0.1
            WHEN SUM(S.sellOrderNumber * P.price)
                    BETWEEN 1000  AND 9999
```

```
                THEN  880
        ELSE  0
     END
  FROM Employee AS E,Product AS P,sell_order AS S
  WHERE  E.EmployeeID=S.EmployeeID and P.ProductID=S.ProductID
  GROUP BY  E.EmployeeID,E.Name
```

执行结果如图 5-14 所示。

图 5-14　员工的奖金信息

习　　题

一、填空题

1. Transact-SQL 语言中变量分为_____和_____。
2. 以_____符号开头的变量为全局变量。
3. SQL Sever 聚合函数有最大、最小、求和、平均和计数等，它们分别是 max、_____、_____、AVG 和 count。

二、简答题

1. SQL 语言的数据类型有哪些？有何作用？
2. 需要为 SQL Server 中的变量赋值时，可以用哪两种命令？
3. 在循环语句中，BREAK 和 CONTINUE 语句分别起什么作用？
4. 了解函数的应用，查阅自己系统中的全局变量以及系统函数有哪些？
5. 使用 CASE 表达式判断当前月的天数。

实　　训

【实训目的】

（1）掌握变量的使用。
（2）掌握函数的使用方法。

（3）掌握各种控制语句的使用。

【实训内容】

（1）用 Transact-SQL 编程：先为两个变量@x 和@y 赋值，然后求这两个变量的和、差、乘积和商。

（2）编程计算 $1×2×3×4×5×\cdots×100$ 的值。

（3）编程计算 $S=1+(1+3)+(1+3+5)+\cdots+(1+3+\cdots+51)$。

（4）编程计算 $S=1!+2!+3!+\cdots+6!$。

（5）输出 100 至 200 间既能被 3 整除，又能被 5 整除的数。

（6）销售管理数据库 CompanySales 数据库中，查询是否有商品接收的订单的总数量超过 100，如果有则输出该商品的订单中数量信息；没有的话，就输出"不存在订单数高于 100 的商品！"。

（7）在销售管理数据库 CompanySales 数据库的雇员表中，获取各雇员的工龄信息。

（8）利用联机帮助学习流程控制语句和函数的知识。

销售管理数据库中视图的应用

技能目标

学会使用视图；在销售管理数据库中，结合实际需求灵活地运用视图，提高数据的存取性能和操作速度。

知识目标

理解视图的作用；掌握视图的概念、特点和类型；掌握创建视图、修改视图和删除视图的方法；掌握查看和加密视图定义文本；掌握通过视图修改基表中的数据。

6.1 视 图 概 述

6.1.1 视图的定义

视图是一种常用的数据库对象。视图看上去同表似乎一模一样，但它在物理上并不实际存在。视图相当于把对表的查询保存起来。如图 6-1 所示，View_1 视图中的数据来自 Employee 表和 Department 表的列。对其中所引用的基础表来说，视图的作用类似于筛选。定义视图的筛选可以来自当前或其他数据库的一个或多个表，或者其他视图。

图 6-1　在 Employee 表和 Department 表上创建的 View_1 视图

数据库中只存放视图的定义,而不存放视图对应的数据,数据存放在原来的基本表中,当基本表中的数据发生变化,从视图中查询出的数据也就随之改变。

6.1.2　视图的作用

视图一经定义后,就可以像基本表一样可以被查询、删除。视图为查看和存取数据提供了另外一种途径。视图具有很多优点。

1. 着重于特定数据

视图创建了一种可以控制的环境,对不同用户定义不同视图,使每个用户只能看到他有权看到的数据。视图让用户能够着重于他们所感兴趣的特定数据和所负责的特定任务。不必要的数据可以不出现在视图中。这同时增强了数据的安全性,因为用户只能看到视图中所定义的数据,而不是基础表中的数据。

2. 简化操作

视图大大简化了用户对数据的操作。如果一个查询非常复杂,跨越多个数据表,那么可以通过将这个复杂查询定义为视图,这样在每一次执行相同的查询时,只要一条简单的查询视图语句即可。可见视图向用户隐藏了表与表之间的复杂的连接操作。

例如,如图 6-1 所示,如果要查询员工"张晓明"所在的部门名称,利用基本表查询语句如下:

```
SELECT EmployeeName '姓名',DepartmentName '部门名称'
    FROM Employee JOIN Department
    ON Employee.DepartmentID=Department.DepartmentID
    WHERE Employee.EmployeeName='张晓明'
```

利用视图 View_1 查询语句如下:

```
SELECT EmployeeName '姓名',DepartmentName '部门名称'
    FROM    View_1
    WHERE EmployeeName='张晓明'
```

3. 屏蔽数据库的复杂性

用户不必了解复杂的数据库中表的结构,视图将数据库设计的复杂性和用户的使用方式屏蔽了。数据库管理员可以在视图中将那些难以理解的列替换成数据库用户容易理解和接受的名称,从而为用户使用提供极大便利。并且数据中表的更改也不会影响用户对数据库的使用。

4. 实现数据即时更新

视图代表的是一致的、非变化的数据库数据,当它所基于的数据表发生变化时,视图能够即时更新,提供与数据表一致的数据。

6.1.3 视图的缺点

视图不能等同于实际的数据库表。把视图当作表一样来处理时,会存在以下的问题。

1. 性能不高

虽然视图一经定义后,可以像基本表一样可以被查询,但是 SQL Server 必须把视图的查询转化成对基本表的查询,如果这个视图是由一个复杂的多表查询所定义,那么,即使是视图的一个简单查询,SQL Server 也把它变成一个复杂的结合体,需要花费一定的时间。

2. 数据修改限制

对视图中的数据进行插入、更新和删除操作时,SQL Server 必须把它转化为对基本表的某些行的修改。对于简单视图来说,这是很方便的,但是,对于比较复杂的视图,可能是不可修改的,所以对于复杂的视图而言,一般作为查询使用。

6.2 创建视图

SQL Server 2008 提供了 SSMS(SQL Server Management Studio)和 CREATE VIEW 语句两种方法来创建视图。

6.2.1 使用 SSMS

【例 6.1】 使用 SSMS 创建一个员工视图 View_Employee,包含了员工编号、姓名、性别、工资和部门名称等信息。

分析:在员工视图 View_Employee 中,要显示的员工编号、姓名、性别和工资信息在 Employee 表中,而部门名称信息保存在部门表中,所以 View_Employee 视图来自于两个基本表 Employee 和 Department。

操作步骤如下。

(1)启动 SQL Server Management Studio。

(2)在对象资源管理器中,展开"数据库"→CompanySales→"视图"节点。

(3)在"视图"节点上右击,在弹出的快捷菜单中选择"新建视图"命令,出现如图 6-2 所示的对话框。在"添加表"对话框中,按住 Shift 键,同时选择 Department 表

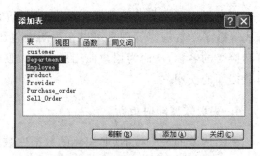

图 6-2 添加表

和 Employee 表,单击"添加"按钮。

(4) 出现如图 6-3 所示的工作界面。在该界面中共有 4 个区:"关系图"窗格、"条件"窗格、SQL 窗格和"结果"窗格。

图 6-3 视图设计器

说明:

①"关系图"窗格:显示正在查询的表和其他表值对象。每个矩形代表一个表或表值对象,并显示可用的数据列,连接用矩形之间的连线来表示。

②"条件"窗格:显示源数据表的字段,只有选中的字段才会显示在结果中。在窗格中可以指定相应的选项,例如要显示的数据列、要选择的行、行的分组方式等。

③ SQL 窗格:系统自动生成 SQL 语句。

④"结果"窗格:显示一个网格,用来包含查询或视图检索到的数据。

(5) 在"关系图"窗格中,选择包括在视图的数据列。选择 Employee 表中的 EmployeeID 字段、EmployeeName 字段、Sex 字段和 Salary 字段;选择 Department 表中的 DepartmentName 字段。此时相应的 SQL Server 脚本便自动显示在 SQL 区。

(6) 为了便于用户阅读,将所有的列名改为汉字。在网格窗格中的"别名"项,修改结果如图 6-3 所示。并选择按"员工编号"升序进行排序。此时相应的 SQL Server 脚本便显示在 SQL 区。

(7) 单击工具栏中的 ▮ 按钮,执行 SQL 语句,在"结果"窗格将显示包含在视图中的数据行。

(8) 单击工具栏中的 ▮ 按钮,保存视图,出现确定视图名称的"选择名称"对话框,如图 6-4 所示,输入视图名"View_Employee",单击"确定"按钮保存

图 6-4 "选择名称"对话框

视图,完成视图创建工作。

(9)刷新视图,即可看到创建的 View_Employee 视图。选择 View_Employee 视图,右击,在弹出的快捷菜单中选择"选择前 1000 行"命令,出现视图的内容,如图 6-5 所示。

图 6-5   View_Employee 视图

【例 6.2】   创建一个部门平均工资视图,该视图包含了部门名称和部门平均工资,并按平均工资升序排列。

分析:在员工视图 View_Employee 中,已经包含了员工的姓名、工资和部门信息。因此利用例 6.1 中创建的 View_Employee 视图来创建部门平均工资视图 Depart_Sal_avg。

操作步骤如下。

(1)启动 SQL Server Management Studio。

(2)在对象资源管理器中,展开"数据库"→CompanySales→"视图"节点。

图 6-6   利用视图创建视图

(3)右击"视图"节点,在弹出的快捷菜单中选择"新建视图"命令。在出现的"添加表"对话框中,选择"视图"选项卡。在"视图"选项卡中,选择 View_Employee 视图,如图 6-6 所示,单击"添加"按钮。

(4)在"关系图"窗格中,选择 View_Employee 视图中部门名称字段和工资字段。

(5)选择菜单栏中的"查询设计器"→"添加分组依据"命令,如图 6-7 所示。

(6)将工资字段的"分组依据"更改为 Avg,如图 6-8 所示。

说明:被设置为 Avg 的工资字段会自动使用 Expr1 的别名,表示此列的值已经过计算,读者也可在别名中输入所需名称。

图 6-7 打开添加分组依据

列	别名	表	输出	排序类型	排序顺序	分组依据	筛选器
部门名称		View_Employee	☑			分组依据	
工资		View_Employee	☑			分组依据	
			▣			分组依据	
			▣			Sum	
			▣			Avg	
			▣			Min	
			▣			Max	
						Count	

图 6-8 更改计算方式

(7) 将光标定位到"工资"字段,在"别名"单元格输入"平均工资"。在"排序类型"单元格中,选择"升序",结果如图 6-9 所示。

(8) 单点工具栏中的 ▮ 按钮,执行 SQL 语句。

(9) 单击工具栏中的 ▮ 按钮,保存视图,出现确定视图名称的"选择名称"对话框,输入视图名"Depart_Sal_avg",单击"确定"按钮保存视图,完成视图创建工作。

(10) 打开 Depart_Sal_avg 查看执行结果,如图 6-10 所示。

列	别名	表	输出	排序类型	排序顺序	分组依据	筛选器
部门名称		View_employee	☑			Group By	
工资	平均工资	View_employee	☑	升序	1	Avg	
			▣				
			▣				

图 6-9 修改别名和排序类型

图 6-10 利用"分组依据"创建视图

6.2.2 使用 CREATE VIEW

使用 Transact-SQL 中的 CREATE VIEW 语句创建视图,它的语法格式如下:

```
CREATE  VIEW  视图名 [(column [,...n])]
    [WITH ENCRYPTION]
    AS  select_statement
    [WITH  CHECK  OPTION]
```

其中,各参数说明如下。

(1) column:表示视图中的列名。如果未指定列名,则视图列将获得与 SELECT 语句中的列相同的名称。

(2) WITH ENCRYPTION:对包含 CREATE VIEW 语句文本的条目进行加密。

(3) AS:表示视图要执行的操作。

(4) select_statement:定义视图的 SELECT 语句。该语句可以使用多个表和其他视图。

(5) WITH CHECK OPTION :强制针对视图执行的所有数据修改语句都必须符合在 select_statement 中设置的条件。

只有在下列情况下才必须命名 CREATE VIEW 子句中的列名。

(1) 当列是从算术表达式、函数或常量派生时。

(2) 两个或更多的列可能会具有相同的名称(通常是因为连接),视图中的某列被赋予了不同于派生来源列的名称。当然也可以在 SELECT 语句中指定列名。

说明:在利用 CREATE VIEW 创建视图时,不能在查询语句中包含 ORDER BY、COMPUTE 和 COMPUTE BY 等关键字,也不能包含 INTO 关键字。

【例 6.3】 创建有关员工实发工资的视图。

在查询编辑器中执行如下的 Transact-SQL 语句。

```
CREATE VIEW View_SAL_Em
    AS
    SELECT EmployeeName 姓名,Salary * 0.1 AS 奖金,(Salary-800) * 0.15 AS 所得税,
    (Salary+ (Salary * 0.1)-((Salary-800) * 0.15))实发工资
        FROM Employee
```

由于实发工资中包含有奖金、所得税等信息,而这些列要通过计算得到,所以计算列要指定别名。

说明:在创建视图前,建议首先测试 SELECT 语句(语法中 AS 后面的部分)是否能正确执行,测试成功后,再加上 CREATE VIEW 视图名即 AS 语句。

【例 6.4】 在销售管理数据库中,经常要查询有关客户的订单情况,创建一个客户订单信息视图,包括客户名称、订购的商品、单价和订购日期,并对创建视图文本进行加密。

分析:视图中信息为客户订单信息,包含在 customer 表、Sell_Order 表 和 product 表中。利用 3 张表连接实现正确的查询相关信息,查询语句如下:

```
SELECT  CU.CompanyName AS 公司名称,PD.ProductName AS 商品名,
```

```
        SO.SellOrderNumber AS 订购数量, PD.Price AS 单价,
        SO.SellOrderDate AS 订购日期
FROM    customer  AS  CU  INNER JOIN  Sell_Order  AS  SO
ON Cu .CustomerID=SO.CustomerID
NNER JOIN  product  AS  PD
ON SO.ProductID=PD.ProductID
```

在保证查询语句正确后,在查询编辑器中执行如下的 Transact-SQL 语句。

```
CREATE VIEW View_cu_order
    WITH ENCRYPTION
    As
        SELECT    CU.CompanyName AS 公司名称, PD.ProductName AS 商品名,
                  SO.SellOrderNumber AS 订购数量, PD.Price AS 单价,
                  SO.SellOrderDate AS 订购日期
            FROM    customer  AS  CU  INNER JOIN  Sell_Order  AS  SO
            ON Cu .CustomerID=SO.CustomerID
            INNER JOIN  product  AS  PD
            ON SO.ProductID=PD.ProductID
```

【例 6.5】 在销售管理数据库中,检查统计各部门的员工数,创建一个统计员工数信息视图,包括部门名称、部门员工总人数。

分析：统计各部门的员工总人数的查询语句如下：

```
SELECT  Department.DepartmentName, COUNT(*)
    FROM Department LEFT JOIN Employee
        ON Department.DepartmentID=Employee.DepartmentID
    GROUP BY Department.DepartmentName
```

在查询编辑器中执行如下的 Transact-SQL 语句,创建视图。

```
CREATE VIEW View_DE_CO
    AS
        SELECT   Department.DepartmentName, count(Employee.DepartmentID)
            FROM Department LEFT JOIN Employee
                ON Department.DepartmentID=Employee.DepartmentID
            GROUP BY Department.DepartmentName
```

执行的结果如图 6-11 所示。

由于 COUNT(*)为计算函数,必须给出列名,否则创建失败,同时为了便与阅读,将创建视图的代码改为如下：

修改方案一：在 SELECT 语句中添加列的别名。

```
CREATE VIEW View_DE_CO
    AS
        SELECT   Department.DepartmentName 部门名称, COUNT(Employee.DepartmentID)
        总人数
            FROM Department LEFT JOIN Employee
            ON Department.DepartmentID=Employee.DepartmentID
            GROUP BY Department.DepartmentName
```

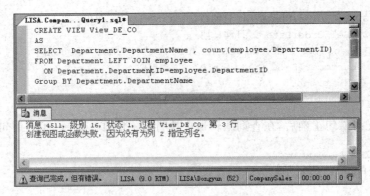

图 6-11　创建视图的错误提示

修改方案二：在视图定义中添加列名。

```
CREATE VIEW View_DE_CO(部门名称,总人数)
    AS
        SELECT  Department.DepartmentName,
            COUNT(Employee.DepartmentID)
            FROM Department LEFT JOIN Employee
                ON Department.DepartmentID=Employee.DepartmentID
            GROUP BY Department.DepartmentName
```

在创建或使用视图时，必须注意以下限制情况。

（1）只能在当前数据库中创建视图，在视图中最多只能有 1024 列。

（2）不能在规则、默认值、触发器的定义中引用视图。

（3）不能在视图上创建索引。

（4）如果视图引用的表被删除，则当使用该视图时将返回一条错误信息；如果创建具有相同表的结构的新表来替代已删除的表，视图可以使用，否则必须重新创建视图。

（5）如果视图中某一列是函数、数学表达式、常量或来自多个表的列名相同，则必须为列定义名字。

（6）当通过视图查询数据时，SQL Server 不仅要检查视图引用的表是否存在，是否有效，而且还要验证对数据的修改是否违反了数据的完整性约束。如果失败将返回错误信息，若正确，则把对视图的查询转换成对引用表的查询。

6.3　视图的管理

6.3.1　修改视图

1. 通过 SSMS

右击要修改的视图节点，在弹出快捷菜单中选择"修改"命令，出现视图设计器，然后可以修改设计视图。如果要添加表、视图等，可以通过"查询设计器"→"添加表"选择项，打开"添加表"对话框。

【例 6.6】　在销售管理数据库中,将例 6.1 创建的职工视图 View_Employee 改为女职工视图。

使用 Management Studio 查看和修改视图主要执行以下步骤。

(1) 启动 SSMS(SQL Server Management Studio)。

(2) 在对象资源管理器中,展开"数据库"→CompanySales→"视图"节点,此时在右面的窗格中显示当前数据库的所有视图。

(3) 右击 View_Employee 视图节点,在弹出快捷菜单中选择"修改"命令,出现视图设计器。

(4) 在网格窗格的"筛选器"栏中,将鼠标定位到 Sex 行。

(5) 在 Sex 的"筛选器"栏中输入筛选条件"女",如图 6-12 所示,也可以在"SQL 窗格"中修改 SQL 语句。

列	别名	表	输出	排序类型	排序顺序	筛选器	或...
EmployeeID	员工编号	Employee	☑	升序	1		
EmployeeName	姓名	Employee	☑				
Sex	性别	Employee	☑			= '女'	
Salary	工资	Employee	☑				
DepartmentName	部门名称	Department	☑				
			☐				

图 6-12　设计 View_Employee 视图

(6) 单击工具栏中的　按钮,执行 SQL 语句,在"结果"窗格将显示包含在视图中的数据行。

(7) 单击工具栏中的　按钮,保存视图。

2. 使用 ALTER VIEW 语句修改视图

对于一个已存在的视图,可以使用 ALTER VIEW 语句对其进行修改,修改视图的语法格式如下:

```
ALTER  VIEW  视图名 [(column[,…n])]
    [WITH  ENCRYPTION]
    AS
        select_statement
    [WITH CHECK OPTION]
```

其中,各参数说明如下。

(1) column:是指一列或多列的名称,用逗号分开,将成为给定视图的一部分。

(2) WITH ENCRYPTION:加密 ALTER VIEW 语句文本。

(3) AS:是指视图要执行的操作。

(4) select_statement:是指定义视图的 SELECT 语句。

(5) WITH CHECK OPTION:强制视图上执行的所有数据修改语句都必须符合由定义视图的 select_statement 设置的准则。

【例 6.7】　在销售管理数据库中,将例 6.5 修改后的女职工视图 View_Employee 改为男职工视图。

在查询编辑器中执行如下的 Transact-SQL 语句。

```
ALTER VIEW View_EM
    AS
    SELECT  EmployeeID AS 员工编号,EmployeeName AS 姓名,Sex AS 性别,Salary AS 工资
       FROM    Employee
       WHERE  (Sex='男')
```

6.3.2 删除视图

1. 使用 SSMS

如果要删除视图,在资源管理器中,展开"视图"节点,选择要删除的视图名,右击,在出现的快捷菜单中选择"删除"命令,出现"删除对象"窗口,确认无误后,单击"确定"按钮,即可成功删除选定视图。

2. 使用 DROP VIEW 语句

使用 DROP VIEW 语句完成删除视图的功能,它的语法格式如下:

```
DROP VIEW 视图名[,...n]
```

【例 6.8】 删除视图 View_Employee 视图。

在查询编辑器中执行如下的 Transact-SQL 语句。

```
DROP VIEW View_Employee
```

6.3.3 查看视图

在 SQL Server 中有 3 个关键系统存储过程有助于了解视图信息,它们分别为:sp_help、sp_depends和 sp_helptext。

1. 系统存储过程 sp_help

系统存储过程 sp_help 用来返回有关数据库对象的详细信息,如果不针对某一特定对象,则返回数据库中所有对象信息,其语法格式如下:

```
sp_help 数据库对象名称
```

【例 6.9】 查看视图 Depart_Sal_Avg 的详细信息。

在查询编辑器中执行如下的 Transact-SQL 语句。

```
sp_help Depart_Sal_Avg
```

执行结果如图 6-13 所示。

图 6-13 视图 Depart_Sal_Avg 的详细信息

2. 系统存储过程 sp_depends

系统存储过程 sp_depends 返回系统表中存储的任何信息,该系统表指出该对象所依赖的对象。除视图外,这个系统存储过程可以在任何数据库对象上运行,其语法格式如下:

```
sp_depends 数据库对象名称
```

【例 6.10】 查看视图 Depart_Sal_Avg 所依赖的对象。
在查询编辑器中执行如下的 Transact-SQL 语句。

```
sp_depends Depart_Sal_Avg
```

执行结果如图 6-14 所示。

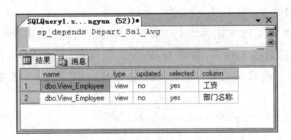

图 6-14 视图 Depart_Sal_Avg 所依赖的对象

3. 系统存储过程 sp_helptext

系统存储过程 sp_helptext 检索出视图、触发器、存储过程的文本。其语法格式如下:

```
sp_helptext 视图(触发器、存储过程)
```

【例 6.11】 查询视图 Depart_Sal_Avg 的文本信息。
在查询编辑器中执行如下的 Transact-SQL 语句。

```
sp_helptext Depart_Sal_Avg
```

执行结果如图 6-15 所示。

【例 6.12】 查询例 6.4 创建的视图 View_cu_order 的文本信息。

在查询编辑器中执行如下的 Transact-SQL 语句。

```
sp_helptext View_cu_order
```

执行的结果如图 6-16 所示，由于 View_cu_order 的文本已经加密，所以无法查看 View_cu_order 的文本。

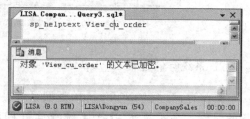

图 6-15　视图 Depart_Sal_Avg 文本　　　　　图 6-16　视图 View_cu_order 文本

6.4　视图的应用

6.4.1　在销售管理数据库中视图的应用

在销售管理数据库中，除了以上例题中视图以外，还需创建以下的视图。

【例 6.13】 在销售管理数据库中，经常要查询员工接收的订单详细情况，创建一个订单详细信息视图，包括员工姓名、订购商品名称、订购数量、单价和订购日期。

分析：查询各员工接收的订单情况，包括在 3 张表中，利用 3 张表的连接，可以查询相关信息。

在查询编辑器中执行如下的 Transact-SQL 语句。

```
USE CompanySales
GO
CREATE VIEW Em_Sell_Order
    As
    SELECT    EM.EmployeeName AS 员工姓名,PD.ProductName AS 商品名,
              SO.SellOrderNumber AS 订购数量,PD.Price AS 单价,
              SO.SellOrderDate AS 订购日期
        FROM   Employee AS EM INNER JOIN Sell_Order  AS  SO
        ON  EM.EmployeeID=SO.EmployeeID
        INNER JOIN  product  AS  PD
        ON SO.ProductID=PD.ProductID
```

【例6.14】 在销售管理数据库中,经常要统计各员工接收订单的情况,创建一个员工统计订单信息视图,包括员工编号、订单数目和订单总金额。

分析:各员工接收的订单情况包含在 Em_Sell_order 视图中。通过 Count(员工姓名)的个数,便可查询各员工的订单数目;订单总金额通过 SUM(单价 * 订购数量)。查询语句如下:

```
SELECT 员工姓名,Count(员工姓名)订单数目,SUM(单价 * 订购数量)总金额
    FROM Em_Sell_order
    GROUP BY 员工姓名
```

如果不利用视图,而直接利用 3 张基本表的查询语句较为复杂,语句如下:

```
SELECT    EM.EmployeeName AS 员工姓名,Count(EM.EmployeeName)订单数量,
        SUM(PD.Price * SO.SellOrderNumber) AS 总金额
    FROM    Employee AS EM INNER JOIN Sell_Order AS SO
    ON EM.EmployeeID=SO.EmployeeID
    INNER JOIN product AS PD
    ON SO.ProductID=PD.ProductID
    GROUP BY EM.EmployeeName
```

相比较而言,利用视图简化操作。

在查询编辑器中执行如下的 Transact-SQL 语句。

```
CREATE VIEW View_Total_Em_Sell
    AS
    SELECT 员工姓名, Count(员工姓名) 订单数目,SUM(单价 * 订购数量) 总金额
        FROM Em_Sell_order
        GROUP BY 员工姓名
```

【例6.15】 在销售管理数据库中,经常要统计商品销售情况,创建一个统计商品销售信息视图,包括商品名称、订购总数量。

分析:在上题中创建 Em_Sell_order 视图中,已经包含了订购商品的名称和订购数量,所以利用 Em_Sell_order 视图创建 View_Pro_Sell 视图。利用 Em_Sell_order 视图查询商品销售信息视图的语句为"SELECT 商品名,SUM(订购数量) 总数量 FROM em_sell_Order Group BY 商品名"。

在查询编辑器中执行如下的 Transact-SQL 语句。

```
CREATE VIEW View_Pro_Sell
    AS
    SELECT 商品名,SUM(订购数量) 总数量
        FROM em_sell_Order
        GROUP BY 商品名
```

说明:可以利用视图和基本表来创建视图。

6.4.2 利用视图操作数据

1. 查询数据

【例6.16】 在销售管理数据库中,查询"牛奶"的订购总数量。

分析:View_Pro_Sell 视图中包含各类商品的中订购总数量。

在查询编辑器中执行如下的 Transact-SQL 语句。

```
USE  CompanySales
GO
SELECT * FROM  View_Pro_Sell WHERE 商品名='牛奶'
```

图 6-17 查询"牛奶"的订购数量

执行结果如图 6-17 所示。

【例6.17】 在销售管理数据库中,查询员工"姜玲娜"接收销售订购信息。

分析:所有员工接收销售订单的详细信息均包含 Em_Sell_Order 视图中,所以利用此视图可以直接查询员工接收销售订单的情况。

在查询编辑器中执行如下的 Transact-SQL 语句。

```
USE  CompanySales
GO
SELECT * FROM Em_Sell_Order WHERE  员工姓名='姜玲娜'
GO
```

执行结果如图 6-18 所示。

图 6-18 查询员工"姜玲娜"接收销售订购信息

2. 利用视图更新数据

由于视图是一张虚表,所以对视图的更新,最终实际上转化成对基本表的更新。其更新操作包括插入、修改和删除数据。其语法格式如同对基本表的更新操作一样。在关系数据库中,并不是所有的视图都是可更新的。

【例6.18】 在销售管理数据库中,编辑 View_Employee 视图中的数据信息。

选择已经创建的视图,右击,在弹出的快捷菜单中选择"编辑前 200 行"命令,就可以看到视图中的数据,就可以进行编辑,如图 6-19 所示。

【例6.19】 在销售管理数据库中,新雇用一个男员工,姓名为"毛景明",工资为1500 元,利用例 6.1 创建的职工视图 View_Employee,添加员工信息。

分析:利用视图插入数据与操作基本表相同,利用 INSERT 语句。

在查询编辑器中执行如下的 Transact-SQL 语句。

图 6-19 查询利用视图编辑数据

```
USE  CompanySales
GO
INSERT INTO  View_Employee(姓名,性别,工资)
    VALUES('毛景明','男',1500)
GO
```

检测输入数据的结果,查询 Employee 表的数据。

在查询编辑器中执行如下的 Transact-SQL 语句。

```
Select * from Employee  WHERE  EmployeeName='毛景明'
```

执行结果如图 6-20 所示。在 Employee 表中,查到"毛景明"的信息。

图 6-20 查询利用视图插入数据的结果

【例 6.20】 在销售管理数据库中,员工"姜玲娜"接收到一条"牛奶"订单,利用视图添加订单信息。

在查询编辑器中执行如下的 Transact-SQL 语句。

```
USE  CompanySales
GO
INSERT INTO  Em_Sell_order(员工姓名,商品名,订购数量,单价,订购日期)
    VALUES('姜玲娜','牛奶',20,6.6,'2012-2-1')
GO
```

执行结果如图 6-21 所示。由于更新多张基本表的信息,所以无法更新。

图 6-21　插入数据错误提示

说明:不能同时修改两个或者多个基表,可以对基于两个或多个基表或者视图的视图进行修改,但是每次修改都只能影响一个基表;不能修改那些通过计算得到的字段;如果指定了 WITH CHECK OPTION 选项,必须保证修改后的数据满足视图定义的范围。

习　　题

一、填空题

1. 视图是一种常用的_____。

2. 视图可看成从一个或几个_____导出的虚表或存储在数据库中的查询。

3. 数据库中只存放视图的_____,而不存放视图对应的_____,数据存放在原来的_____中,当基本表中的数据发生变化,从视图中查询出的数据_____。

二、思考题

1. 视图与数据表有何区别?

2. 视图有哪些优点?

3. 创建视图的方法和注意事项有哪些?

4. 如何加密自己创建视图的定义?

实　　训

【实训目的】

(1)掌握视图的创建、修改和重命名。

(2)掌握视图中数据的操作。

【实训内容】

（1）在销售管理数据库系统中，创建有关所有"男"雇员视图 Employee _mal。

（2）创建有关客户订购产品的订单的信息视图，并命名为 customer_order，查询有关"通恒机械"公司所订购产品的信息。

（3）创建有关雇员接收订单的信息视图，并命名为 em_order，按雇员计算接收订单中订购产品的数量平均值、最大值和最小值。

（4）创建有关订购"打印纸"的信息视图，并命名为 paper_order。

（5）修改 Employee_mal 视图，改为有关"女"雇员的资料，并利用视图查询超过 3000 元的女雇员的平均工资。

（6）修改 paper_order 的定义，改为有关"苹果汁"的订购信息。

（7）将 paper_order 视图的名称改为 apple_order。

（8）在 Employee_ mal 视图，插入一行数据。姓名：章秒亦，性别：女，出生年月：1980-12-9，爱好：钢琴，薪水：4500，然后查看执行的结果数据。

销售管理数据库中索引的应用

技能目标

理解索引的优缺点；学会根据实际需求设计销售管理数据库中的数据表的索引，提高数据检索的速度。

知识目标

理解索引的优点和缺点；了解聚集索引和非聚集索引的特点；掌握索引与约束的关系；掌握使用 CREATE INDEX 语句创建索引的方式；掌握查看、删除和修改索引；掌握分析和维护索引。

7.1　索引的概述

7.1.1　索引的作用

如果要在一本书中快速地查找所需的信息，可以利用目录中给出的章节页码快速地查找到其对应的内容，而不是一页一页地查找。数据库中的索引与书籍中的目录类似，也允许数据库应用程序利用索引迅速找到表中特定的数据，而不必扫描整个数据库。在图书中，目录是内容和相应页码的列表清单。在数据库中，索引就是表中数据和相应存储位置的列表。

索引是一个单独的、物理的数据库结构，是为了对表中的数据行检索而创建的一种分散存储结构。索引是依赖于表建立的，是某个表中一列或者若干列的集合以及相应的标识这些值所在的数据页的逻辑指针清单，它提供了数据库中编排表中数据的内部方法。表的存储由两部分组成，一部分是表的数据页面，另一部分是索引页面。索引页面相对于数据页面小得多。当进行数据检索时，系统先搜索索引页面，从中找到所需数据的指针，再直接通过指针从数据页面中读取数据。

例如，根据员工的姓名查找特定的员工，则按员工姓名列 Emp_Name 建立索引，如图 7-1 所示。

在数据页中，保存员工的信息，包含了员工的编号、姓名、性别和出生年月等信息。如果要查找姓名为"吴剑波"的员工信息，必须在数据页中，逐记录逐字段查找，直到扫描到第 47 条记录为止。按照员工的姓名创建索引表，索引表如图 7-1 所示，利用索引表快速

图 7-1　系统默认创建的聚集索引

找到,提高查找的效率。

索引一旦创建,将由数据库自动管理和维护。例如,向表中插入、更新和删除一条记录时,数据库会自动在索引中做出相应的修改。在编写 SQL 查询语句时,具有索引的表与不具有索引的表没有任何区别,索引只是提供一种快速访问指定记录的方法。

7.1.2　索引的分类

SQL Server 2008 中包含两种最基本的索引:聚集索引和非聚集索引。此外,还有唯一索引、包含性列索引、视图索引、全文索引、XML 索引等。其中,聚集索引和非聚集索引是数据库引擎最基本的索引。

1. 聚集索引(称簇索引或簇集索引)

在聚集索引中,表中的行的物理存储顺序和索引顺序完全相同(类似于图书目录和正文内容之间的关系)。聚集索引对表的物理数据页按列进行排序,然后再重新存储到磁盘上。由于聚集索引对表中的数据一一进行了排序,因此使用聚集索引查找数据很快。但由于聚集索引将表的所有数据完全重新排列,它所需要的空间也就特别大,大概相当于表中数据所占空间的 120%。由于表的数据行只能以一种排序方式存储在磁盘上,所以一个表只能有一个聚集索引。数据建立聚集索引后,改变表中的数据行存储的物理顺序。

2. 非聚集索引(非簇索引或非簇集索引)

非聚集索引具有与表的数据行完全分离的结构,使用非聚集索引不用将物理数据页中的数据按列排序。非聚集索引的叶节点存储了组成非聚集索引的关键字值和一个指针,指针指向数据页中的数据行,该行具有与索引键值相同的列值,非聚集索引不改变数据行的物理存储顺序,因而一个表可以有多个非聚集索引。

在默认情况下,CREATE INDEX 建立的索引为非聚集索引。从理论上,一个表可以建立最多 249 个非聚集索引,而只有一个聚集索引。

3. 其他类型索引

（1）唯一索引

如果为了保证表或视图的每一行在某种程度上是唯一的，可以使用唯一索引，也就是说索引值是唯一的。创建数据表时如果设置了主键，则 SQL Server 2008 就会默认建立一个唯一索引。由于唯一索引是从索引值是否唯一的角度来定义的，因而它可以是聚集索引，也可以是非聚集索引。

（2）包含性列索引

在 SQL Server 2008 中，索引列的数量（最多 16 个）和字节总数（最大 900 字节）是受限制的。使用包含性列索引，可以通过将非键列添加到非聚集索引的叶级来扩展其功能，创建覆盖更多查询的非聚集索引。

（3）视图索引

视图索引是为视图创建的索引。其存储方法与带聚集索引的表的存储方法相同。

（4）全文索引

全文索引是一种特殊类型的基于标记的功能性索引，由 Microsoft SQL Server 全文引擎（MSFTESQL）服务创建和维护。其目的是帮助用户在字符串数据库中检索复杂的词语。

（5）XML 索引

XML 索引是 XML 数据关联的索引形式，是 XML 二进制 BLOB 的已拆分持久表示形式，可分为主索引和辅助索引。

7.1.3　索引和约束的关系

对列定义 PRIMARY KEY 约束和 UNIQUE 约束时，会自动创建索引。

1. PRIMARY KEY 约束和索引

如果创建表时，将一个特定列标识为主键，则 SQL Server 2008 数据库引擎自动对该列创建 PRIMARY KEY 约束和唯一聚集索引。

2. UNIQUE 约束和索引

默认情况下，创建 UNIQUE 约束，则 SQL Server 2008 数据库引擎自动对该列创建唯一非聚集索引。

当用户从表中删除主键约束或唯一约束时，创建在这些约束列上的索引也会被自动删除。

3. 独立索引

使用 CREATE INDEX 语句或 SQL Server Management Studio 对象资源管理器中的"新建索引"对话框创建独立于约束的索引。

7.2 创 建 索 引

创建索引有两种方法：一种使用 SSMS(SQL Server Management Studio)创建索引；另一种使用 CREATE INDEX 语句创建索引。

7.2.1 使用 SSMS

【例 7.1】 在员工表上创建员工编号的聚集索引。

操作步骤如下。

(1) 启动 SSMS。

(2) 在对象资源管理器中，展开 CompanySales→"表"→Employee→"索引"节点。在"索引"节点下，可以发现系统已默认依据设置的主键自动产生了一个聚集索引"PK_Employee"，如图 7-2 所示。

图 7-2 系统默认创建的聚集索引

说明：当用户在 Employee 表中创建主键约束，则 SQL Server 2008 数据库引擎自动对该列创建 PRIMARY KEY 约束和唯一聚集索引。

(3) 双击 PK_Employee 聚集索引，打开"索引属性-PK_Employee"窗口，如图 7-3 所示。

(4) 在"常规"选项页中，"表名"文本框默认显示该索引所基于的数据表 Employee；"索引名称"文本框显示系统默认名称"PK_Employee"；"索引类型"下拉列表中显示索引类型是"聚集"，即为聚集索引；选中了"唯一"复选框，则表示该索引值是唯一的。

【例 7.2】 在销售管理数据库中，由于经常要使用员工的姓名进行查询，为了提高查

图 7-3　"索引属性-PK_Employee"窗口

询的速度,创建姓名非聚集索引。

操作的步骤如下。

(1) 启动 SSMS。

(2) 在对象资源管理器中,展开 CompanySales→"表"→Employee→"索引"节点。

(3) 右击"索引"节点,在弹出的快捷菜单中选择"新建索引"命令,出现如图 7-4 所示的"新建索引"窗口,在"索引名称"文本框中输入索引名称"EmpName_Index",在"索引类型"下接列表框中选择"非聚集"选项。

图 7-4　"新建索引"窗口

（4）单击"添加"按钮，出现"从"dbo.Employee"中选择列"窗口，如图7-5所示。选中
"EmployeeName"列，单击"确定"按钮。

（5）在"新建索引"窗口中，单击"确定"按钮，在Employee表中创建了一个不唯一的、
非聚集的索引，结果如图7-6所示。

图7-5　选择创建索引的列

图7-6　创建姓名列的非聚集索引

7.2.2　使用CREATE INDEX语句

使用CREATE INDEX语句，即可以创建聚集索引或非聚集索引。它的语法格式
如下：

```
CREATE   [UNIQUE]   [CLUSTERED|NONCLUSTERED]
    INDEX 索引名
    ON   {表名|视图名}列名[ASC|DESC] [,...n])
```

其中，各参数说明如下。

（1）UNIQUE：用于指定为表或视图创建唯一索引，即不允许存在索引值相同的
两行。

（2）CLUSTERED：用于指定创建的索引为聚集索引。

（3）NONCLUSTERED：用于指定创建的索引为非聚集索引。

【例7.3】　在销售管理系统中，经常要按照客户名称查询信息，希望提高查询速度。

分析：客户名称在CompanySales数据库的Customer表中，列名为CompanyName，
但是该列不是主键列，并且客户名称一般为唯一，所以在此列创建唯一的非聚集索引。

在查询编辑器中执行如下的Transact-SQL语句。

```
CREATE   UNIQUE   INDEX   IX_name_Customer
    ON   Customer(CompanyName)
GO
```

说明：如果表中已有数据，在创建UNIQUE索引时，SQL Server将自动检验是否存
在重复的值，若存在重复值，则创建UNIQUE索引失败。

【例7.4】 在销售管理数据库中,经常要按照供应商名称查询信息,希望提高查询速度。

分析:客户名称在 CompanySales 数据库的 Provider 表中,列名为 ProviderName,但是该列不是主键列,并且公司名称可能存在同名者,所以在此列创建非聚集索引。

在查询编辑器中执行如下的 Transact-SQL 语句。

```
CREATE   INDEX   IX_name_Provider
   ON   provider(Providername)
GO
```

7.3 管 理 索 引

7.3.1 删除索引

当不再需要一个索引时,可以将其从数据库中删除,以回收它当前使用的磁盘空间。根据索引的创建方式,要删除的索引分为两类:一类为创建表约束时,自动创建的索引,必须先删除 PRIMARY KEY 或 UNIQUE 约束,才能删除约束使用的索引。另一类通过创建索引的方式创建的独立于约束的索引,可以利用 SQL Server Management Studio 或 DROP INDEX 直接删除。

1. 使用 SQL Server Management Studio 删除独立于约束的索引

【例7.5】 使用 SQL Server Management Studio 删除例 7.3 中创建的 IX_name_Customer 索引。

操作步骤如下。

(1) 在对象资源管理器中,展开"CompanySales 数据库"→"表"节点。

(2) 展开 Customer→"索引"节点。

(3) 右击 IX_name_Customer 节点,在弹出的快捷菜单中执行"删除"命令。

(4) 在"删除对象"窗口中,单击"确定"按钮。

2. 使用 DROP INDEX 语句删除独立于约束的索引

使用 DROP INDEX 语句删除独立于约束的索引的语法结构如下:

```
DROP  INDEX   表名.索引名|视图名.索引名 [,...n]
```

【例7.6】 删除 Provider 表的 IX_name_Provider 索引。

在查询编辑器中执行如下的 Transact-SQL 语句。

```
DROP INDEX Provider.IX_name_Provider
GO
```

【例7.7】 删除 Department 表中 PK_Department 聚集索引。

在查询编辑器中执行如下的 Transact-SQL 语句。

```
DROP INDEX Department.PK_Department
GO
```

执行的结果如图 7-7 所示。无法显式地删除创建主键约束时创建的索引。

图 7-7 删除由主键约束创建的索引

7.3.2 查看索引

查看索引的方法有两种：一种是使用 SQL Server Management Studio 查看索引；另一种是系统存储过程查看和更改索引名称。

1. 使用 SSMS

【例 7.8】 查看 Department 表中 PK_Department 索引信息。

操作步骤如下。

(1) 在对象资源管理器中，展开"CompanySales 数据库"→"表"→Department→"索引"节点。

(2) 右击 PK_Department 节点，在弹出的快捷菜单中执行"属性"命令，出现如图 7-8 所示的"索引属性-PK_Department"窗口。通过在窗体左侧的"选择页"列表，可以详细查看索引的所有信息。

图 7-8 "索引属性-PK_Department"窗口

2. 用系统存储过程查看索引信息

系统存储过程 sp_helpindex 可以返回表的所有索引信息,它的语法结构如下:

```
sp_helpindex  [@objname=]'name'
```

其中,[@objname=]'name'指定当前数据库中的表的名称。

【例7.9】 使用系统存储过程查看 Employee 表中的索引信息。

在查询编辑器中执行如下的 Transact-SQL 语句。

```
USE CompanySales
Go
EXEC sp_helpindex    Employee
Go
```

执行结果如图 7-9 所示,显示索引的名称、索引类型和创建索引列等信息。

图 7-9　Employee 表中的索引信息

7.3.3　重命名索引

利用系统存储过程 Sp_rename 更改索引的名称,语法格式如下:

```
Sp_rename    '表名.原索引名称', '新索引名称'
```

【例7.10】 将 Customer 中的 IX_name_Customer 索引重命名为 Index_name。

在查询编辑器中执行如下的 Transact-SQL 语句。

```
    USE CompanySales
    GO
    EXEC sp_rename  'Customer.IX_name_Customer','Index_name'
Go
```

7.3.4　维护索引

索引在创建之后,由于数据的增加、删除、更新等操作使得索引数据变得支离破碎,因此为了提高系统的性能,必须对索引进行维护。SQL Server 2008 提供了多种工具进行维护索引。这些维护包括查看碎片信息、维护统计信息、分析索引性能、删除重建索引等。

1. 查看碎片信息

可以使用两种方式查看有关索引的碎片信息，即使用 sys. dm_db_index_physical_stats 系统函数和使用 SQL Server Management Studio。

【例 7.11】 使用 sys. dm_db_index_physical_stats 系统函数查看 CompanySales 数据库中 Employee 表的所有索引的碎片信息。

在查询编辑器中执行如下的 Transact-SQL 语句。

```
DECLARE@ db_id SMALLINT
DECLARE@ object_id INT
SET@ db_id=DB_ID('CompanySales')                    /*数据库 ID*/
SET@ object_id=OBJECT_ID('Employee')                /*数据表 ID*/
SELECT * FROM sys.dm_db_index_physical_stats(@db_id,@object_id, NULL,
                                     NULL,'LIMITED')
GO
```

执行的结果如图 7-10 所示。

图 7-10　Employee 表的所有索引的碎片信息

【例 7.12】 查看 CompanySales 数据库中 Employee 表的 PK_Employee 索引的碎片信息。

操作步骤如下。

（1）在对象资源管理器中，展开"CompanySales 数据库"→"表"→Employee→"索引"节点。

（2）右击 PK_Employee 节点，在弹出的快捷菜单中执行"属性"命令，出现如图 7-11 所示的"索引属性-PK_Employee"窗口，单击在窗口左侧的"碎片"选择页，可以详细查看索引 PK_Employee 的碎片信息。

2. 维护统计信息

索引统计信息是查询优化器用来分析和评估查询、确定最优查询计划的基础数据。在创建索引后，SQL Server 会自动存储有关的统计信息。用户可以通过常用的方式访问指定索引的统计信息。使用 DBCC SHOW_STATISTICS 命令查看统计信息。

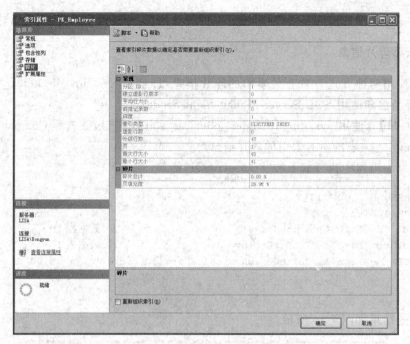

图 7-11　PK_Employee 索引的碎片信息

【例 7.13】 查看 Employee 表的 PK_Employee 索引的统计信息。

在查询编辑器中执行如下的 Transact-SQL 语句。

```
DBCC SHOW_STATISTICS('Employee',PK_Employee)
```

执行结果如图 7-12 所示。

图 7-12　查看 Employee 表的 PK_Employee 索引的统计信息

3. 碎片整理

随着时间的推移,对数据执行插入、更新或删除操作可能会导致索引中的信息分散在数据库中(含有碎片)。碎片越多索引性能越低,导致应用程序响应缓慢。用户可以利用

DBCC INDEXDEFRAG 语句进行整理碎片。

【例 7.14】 对 CompanySales 数据库的 Product 表中的 PK_ProductID 索引的所有分区进行碎片整理。

在查询编辑器中执行如下的 Transact-SQL 语句。

```
DBCC INDEXDEFRAG(CompanySales, 'Product', PK_Product)
```

7.4 索 引 应 用

7.4.1 使用的索引原则

索引有许多的优点：加快数据检索速度；保证数据记录的唯一性；加速了表之间的连接。但也带来许多缺点：创建索引要花费时间；创建索引要花费磁盘空间，每个创建的索引连同原先的数据源（表）都需要磁盘空间来存放数据；每次修改数据时索引都需要更新。因而在创建索引时，为了增强索引性能更加优越，主要参考以下的基本原则。

1. 数据库准则

（1）如果数据表中存储的数据量很大，但数据的更新操作少，查询操作很多，可为其创建多个索引以提高检索速度。

（2）一个表如果建有大量索引，则会影响数据库的工作效率。避免对经常更新的表创建过多的索引，并且索引列要尽可能少。

（3）对存储数据较少的数据表而言，一般不适宜为其创建索引。

（4）视图包含聚合、表连接或聚合和连接的组合时，视图的索引可以显著地提升性能。

（5）在创建索引之前，可以使用数据库引擎优化顾问来分析数据库并生成索引建议。

2. 查询准则

（1）为经常用于查询中的谓词和连接条件的所有列创建非聚集索引。

（2）涵盖索引（本身就包含了查询语句所要查询的所有列）可以提高查询性能。

（3）将插入或修改尽可能多的行的查询写入单个语句内，利用优化的索引维护。

（4）评估查询类型以及如何在查询中使用列。例如，在完全匹配查询类型中使用的列就适合用于非聚集索引或聚集索引。

3. 索引列准则

（1）推荐对唯一列和非空值列创建聚集索引，对于聚集索引，索引键长度尽量短。

（2）不能将 ntext、text、image、varchar(max)、nvarchar(max)和 varbinary(max)数据类型的列指定为索引键列。

（3）XML 数据类型的列只能在 XML 索引中用作键列。

（4）如果索引包含多个列，则应考虑列的顺序。

（5）不要为重复值较多的列创建索引，否则检索时间会较长。

（6）如果索引包含多个索引列，则要考虑列的连接顺序。

（7）如果查询语句对列产生计算，可考虑对计算列值创建索引。

7.4.2　创建销售管理数据库的索引

在销售管理数据库规划的物理设计阶段，曾对各数据表的索引作简单的设计，带有下划线的列创建索引，具体内容如下：

Employee(EmployeeID, Employee Name, Sex, BirthDate, HireDate, Salary, DepartmentID)

Department(DepartmentID, DepartmentName, Manager, Depart_Description)

Sell_Order(SellOrderID, ProductID, EmployeeID, CustomID, SellOrderNumber, SellOrderDate)

Purchase_order(PurchaseOrderID, ProductID, EmployeeID, PrividerID, PurchaseOrderNumber, PurchaseOrderDate)

Product(ProductID, ProductName, price, ProductStockNumber, ProductSellNumber)

Customer(CustomerID, CompanyName, ContactName, Phone, address, EmailAddress)

Provider(ProviderID, ProviderName, ContactName, ProviderPhone, Provideraddress, ProviderEmail)

在此按照索引的使用原则，优化索引并创建各表的索引。

【例 7.15】 创建部门表索引，部门表 Department 的关系如下：

Department(DepartmentID, DepartmentName, Manager, Depart_Description)

图 7-13　Department 表中的索引

分析：部门表 Department 中部门编号 DepartmentID 为主键列，则自动创建一个唯一的聚集索引。由于部门表 Department 是一个数据较少的小表，所以没必要再创建其他的索引。查看表中的索引，确定索引存在即可。

具体的操作步骤：在对象资源管理器中，展开 CompanySales→"表"→Department→"索引"节点，即可看到表中的索引，如图 7-13 所示。

【例 7.16】 创建员工表的索引，员工表 Employee 的关系如下：

Employee(EmployeeID,EmployeeName,Sex,BirthDate,HireDate,Salary,DepartmentID)

分析：在员工表中员工编号 EmployeeID 为主键列，则自动创建唯一的聚集索引。在员工表中，经常要查找指定姓名的员工信息，为了增加查找的效率，对 EmployeeName 列作非聚集索引。另外,部门编号 DeparmentID 为连接部门表的列,也需创建非聚集索引。

在查询编辑器中执行如下的 Transact-SQL 语句。

```
CREATE   INDEX  IX_name_Employee  ON  Employee  (EmployeeName)
CREATE   INDEX  IX_DepartmentID_Employee ON Employee(DepartmentID)
```

执行后员工表 Employee 中的索引如图 7-14 所示。

图 7-14　员工表 Employee 中的索引

【例 7.17】　创建客户表索引,客户表 Customer 的关系如下:

Customer(CustomerID,CompanyName,ContactName,Phone,address,EmailAddress)

分析:在客户表中客户编号 CustomerID 为主键列,系统自动创建唯一的聚集索引。在客户表中经常要按照客户名称查找信息,同时一般客户的名称不同,为了增加查找的效率,对 CompanyName 列作唯一的非聚集索引。另外,经常查找各客户的联系人的姓名,所以要创建 ContactName 列的非聚集索引。

在查询编辑器中执行如下的 Transact-SQL 语句。

```
CREATE   UNIQUE INDEX IX_name_Customer  ON  Customer(CompanyName)
CREATE   INDEX   IX_ContactName_Customer ON Customer(ContactName)
```

执行后客户表 Customer 中的索引如图 7-15 所示。

图 7-15　客户表 Customer 中的索引

由于篇幅的原因,读者按照各表的关系,继续完成剩余的表的索引。

习　　题

一、填空题

1. 在正式创建一个索引之前，通常需要从_____、_____和_____这 3 个方面进行考虑。

2. 一般情况下，当数据进行_____时，会产生索引碎片，索引碎片会降低数据库系统的性能，通过_____使用系统函数，可以来检测所引中是否存在碎片。

3. 在数据表创建主键约束时，会自动产生_____索引。

4. 使用_____创建独立于约束的索引。

二、思考题

1. 简述索引的优点和缺点。

2. 简述索引的使用原则。

3. 什么是聚集索引？什么是非聚集索引？比较这两种索引结构的特点。

4. 如何使用 CREATE INDEX 语句创建索引？

实　　训

【实训目的】

（1）了解索引的作用。

（2）掌握索引的创建方法。

（3）掌握设计索引的原则。

【实训内容】

（1）在销售管理数据库系统中完成设计各表的索引。

（2）利用 SQL Server Management Studio 完成创建各表的索引。

（3）查看所有的统计信息。

（4）对数据表进行插入数据操作，然后查看索引的碎片信息。

第 8 章

销售管理数据库中存储过程的应用

技能目标

理解存储过程的作用；学会创建、删除、修改存储过程；学会根据实际需要设计销售管理数据库中的存储过程。

知识目标

理解存储过程的作用；了解系统存储过程和扩展存储过程；掌握存储过程的基本类型；掌握创建、删除、修改和加密存储过程；掌握执行各类存储过程。

8.1 存储过程的概述

8.1.1 存储过程的概念

数据库开发人员在进行数据库开发时，为了实现一定的功能，要编写一些 Transact-SQL 语句，有时为了实现相同的功能，多次编写相同的 Transact-SQL 语句。由于这些 Transact-SQL 语句经常需要跨越传输途径从外部抵达服务器，造成应用程序运行效率低下，还会造成数据库安全隐患。使用存储过程可以解决这一问题，存储过程（Stored Procedure）是一组完成特定功能的 Transact-SQL 语句集，经编译后存储在数据库中，用户通过调用过程名和给出参数来调用它们。

SQL Server 中编写的存储过程类似于其他编程语言中的过程。比如，接收输入参数，并以输出参数的形式为调用过程语句返回一个或多个结果集；在存储过程中可以调用存储过程；返回执行存储过程的状态值，以表示执行存储过程的成功或失败。

说明：存储过程可以被想象成一个可以重复执行的应用程序，可以带有参数，也可以有返回值，方便用户执行重复的工作。

8.1.2 存储过程的特点

在 SQL Server 中，使用存储过程和在客户端计算机本地的使用 Transact-SQL 程序相比较有许多优点。

1. 允许模块化程序设计

存储过程可由在数据库编程方面有专长的人员创建,存储在数据库中,以后可在程序中任意次地调用该过程,实现应用程序统一访问数据库。存储过程独立于程序源代码,且可以单独修改,改进应用程序的可维护性。

2. 执行速度快

存储过程在创建时就被编译和优化。程序调用一次存储过程以后,相关信息就保存在内存中,下次调用时可以直接执行。而批处理的 Transact-SQL 语句在每次运行时,每次都要进行编译和优化,因此速度相对要慢。

3. 有效降低网络流量

一个需要数百行 Transact-SQL 代码的操作可以通过一条执行存储过程代码的语句来执行来代替,而不需要在网络中发送数百行代码,因而有效地降低了网络流量,提高了应用程序的执行效率。

4. 提高数据库的安全性

存储过程具有安全特性(例如权限)和所有权链接,以及可以附加到它们的证书。用户可以被授予权限来执行存储过程而不必直接对存储过程中引用的对象具有权限。存储过程可以强化应用程序的安全性。参数化存储过程有助于保护应用程序不受 SQL Injection 攻击。

8.1.3　存储过程的分类

在 SQL Server 2008 中,存储过程分为 3 类:系统存储过程、用户自定义存储过程和扩展存储过程。

1. 系统存储过程

SQL Server 2008 中的许多管理活动都是通过一种特殊的存储过程执行的,这种存储过程被称为系统存储过程。系统提供的系统存储过程的名字一般都以"sp_"为前缀。例如,sp_help 就是一个系统存储过程,用来显示系统对象的信息。

从物理意义上,系统存储过程主要存储在源数据库 Resource 中,但在逻辑意义上,它们出现在每个数据库的 sys 架构中。在 SQL Server Management Studio 中可以查看系统存储过程,打开 CompanySales 数据库查看系统存储过程,如图 8-1 所示。

图 8-1　系统存储过程

2. 用户自定义存储过程

用户自定义存储过程是指封装的由用户创建，能完成某一特定的功能的可重用代码的模块或例程。在 SQL Server 2008 中，用户自定义存储过程有两种类型：Transact-SQL 或 CLR。Transact-SQL 存储过程是指保存的 Transact-SQL 语句集合。CLR 存储过程指对 Microsoft .NET Framework 公共语言运行时（CLR）方法的引用，可以接收和返回用户提供的参数。

3. 扩展存储过程

扩展存储过程是指使用编程语言（例如 C）创建自己的外部例程，是指 SQL Server 的实例可以动态加载和运行的 DLL。扩展存储过程直接在 SQL Server 实例的地址空间中运行，可以使用 SQL Server 扩展存储过程 API 完成编程。

8.2 创建和执行用户存储过程

存储过程的定义中包含如下的两个主要组成部分。

（1）过程名称及其参数的说明：包括所有的输入参数以及传给调用者的输出参数。

（2）过程的主体：也称为过程体，针对数据库的操作语句（Transact-SQL 语句），包括调用其他存储过程的语句。

在 SQL Server 2008 中，利用 CREATE PROCEDURE 语句创建存储过程的语法格式如下：

```
CREATE  PROC[EDURE]    存储过程名
    [{@参数名称  参数类型}  [=参数的默认值][OUTPUT]] [,...n]
    [WITH  ENCRYPTION]
    [WITH  RECOMPILE]
    AS
        sql_statement
```

其中，各参数说明如下。

（1）@参数名称：存储过程可以没有参数。也可以声明一个或多个参数，参数名称必须@作为第一个字符。参数后面带 OUTPUT，表示为输出参数。

（2）WITH ENCRYPTION：对存储过程加密，其他用户无法查看存储过程的定义。

（3）WITH RECOMPILE：每次执行该存储过程都重新进行编译。

（4）sql_statement：该存储过程中定义的编程语句。

根据存储过程的定义中的参数形式，可以把存储过程分为不带任何参数的存储过程、带输入参数的存储过程和带输出参数的存储过程 3 种。

说明：存储过程与函数不同，因为存储过程不返回取代其名称的值，也不能直接在表达式中使用。

8.2.1 不带参数的存储过程

1. 创建不带参数的存储过程

创建不带参数的存储过程时,其简化后的语法格式如下:

```
CREATE  PROC[EDURE] 存储过程名
  [WITH  ENCRYPTION] [WITH  RECOMPILE]
  AS
      sql_statement
```

【例 8.1】 创建一个名为 Cu_information 的存储过程,用于查询客户的信息。

分析:由于其中没有任何指定条件,每次执行存储过程都是查询所有的客户信息,所以属于不带参数的存储过程。存储过程体的功能主要查询客户的信息,所以存储过程体的语句为 SELECT * FROM Customer。

在查询编辑器中执行如下 Transact-SQL 语句。

```
CREATE  PROCEDURE Cu_information               /*定义过程名*/
    AS
        SELECT * FROM  Customer                 /*过程体*/
```

【例 8.2】 创建一个名为 Cu_tonghen_Order 的存储过程,用于查询"通恒机械有限公司"的联系人姓名、联系方式以及该公司订购产品的明细表。

分析:存储过程体的功能主要查询"通恒机械有限公司"客户的信息,每次执行没有指定其他条件,因此,此存储过程为不带参数的存储过程。存储过程体的功能实现"通恒机械有限公司"的联系人姓名、联系方式以及该公司订购产品的明细表,存储过程体的语句如下:

```
SELECT C.CompanyName 公司名称, c.ContactName 联系人姓名,
     P.ProductName  商品名称, P.price  单价,
     S.SellOrderNumber  订购数量, S.SellOrderDate 订货日期
   FROM Customer  AS C
   JOIN Sell_order AS S ON C.CustomerID=S.CustomerID
   JOIN  Product AS P ON P.ProductID=S.ProductID
   WHERE  C.CompanyName='通恒机械有限公司'
```

在创建存储过程之前,最好先在查询编辑器中执行存储过程体中的内容,以得到所需的结果(见图 8-2),然后再创建存储过程。

	公司名称	联系人姓名	商品名称	单价	订购数量	订货日期
1	通恒机械有限公司	黄国栋	路由器	4.50	200	2005-09-05 00:00:00
2	通恒机械有限公司	黄国栋	墨盒	80.00	20	2006-11-23 00:00:00
3	通恒机械有限公司	黄国栋	鼠标	40.00	590	2008-04-22 00:00:00
4	通恒机械有限公司	黄国栋	墨盒	80.00	88	2008-04-30 00:00:00
5	通恒机械有限公司	黄国栋	苹果汁	4.24	8000	2008-04-30 00:00:00

图 8-2 查询"通恒机械有限公司"订购商品信息

在查询编辑器中执行如下的 Transact-SQL 语句得到存储过程。

```
CREATE  PROCEDURE  Cu_tonghen_Order
    As
    SELECT C.CompanyName公司名称, c.ContactName  联系人姓名,
           P.ProductName  商品名称, P.price  单价,
           S.SellOrderNumber  订购数量, S.SellOrderDate 订货日期
    FROM Customer  AS C
    JOIN Sell_order AS S ON C.CustomerID=S.CustomerID
    JOIN  Product AS P ON P.ProductID=S.ProductID
    WHERE  C.CompanyName='通恒机械有限公司'
```

2. 执行不带参数的存储过程

存储过程创建成功后,用户可以执行存储过程来检查存储过程的返回结果。可以使用 EXECUTE 语句来调用它。执行不带参数存储过程的语法结构如下:

```
EXEC[UTE]  存储过程名
```

其中,如果执行语句是批处理中的第一个语句,则不一定要指定 EXECUTE 关键字。

【例 8.3】 执行例 8.2 中创建的 Cu_tonghen_Order 存储过程。

在查询编辑器中执行如下 Transact-SQL 语句。

```
EXEC Cu_tonghen_Order
```

执行的结果如图 8-3 所示,与图 8-2 所示的结果相同,表示存储过程创建成功,并返回相应的结果。

图 8-3 执行 Cu_tonghen_Order 存储过程的结果

3. 推荐创建存储过程的步骤

总体上来说,创建存储过程可分为 3 个步骤,以例 8.1 为例说明。

(1) 实现过程体的功能。在查询编辑器中执行过程体的功能,确认符合要求。

例如,例 8.1 中查看客户信息的语句如下:

```
SELECT * FROM  Customer
```

(2) 创建存储过程。如果发现符合要求,则按照存储过程的语法格式,定义该存储过程。

```
CREATE   PROCEDURE Cu_information
    AS
        SELECT * FROM   Customer
```

(3) 验证正确性。执行存储过程,验证存储过程的正确性。

```
EXEC Cu_information
```

8.2.2 带输入参数的存储过程

1. 创建带输入参数的存储过程

输入参数是指由调用程序向存储过程传递的参数,创建存储过程语句中被定义输入参数,而在执行该存储过程中给出相应的变量值。创建带输入参数的存储过程的语法格式如下:

```
CREATE   PROC[EDURE]   存储过程名
    [{{@参数名称   参数数据类型}   [=参数的默认值] [,...n]
    [WITH   ENCRYPTION]
    [WITH   RECOMPILE]
    AS
        sql_statement
```

其中,“{ @参数名称 参数数据类型 }[＝参数的默认值]”定义局部变量作为存储过程中参数,例如@i int＝3,局部变量整型的@i 为参数,@i 的默认值为 3,也就是如果在执行存储过程中未提供参数值,则使用默认值 3。

【例 8.4】　创建一个存储过程,实现根据订单号获取该订单信息的功能。

分析:根据指定的订单号,来获取信息,所以存储过程的参数为订单号@orderID,在查询订单信息时,订单号为查询的条件,查询语句如下:

```
SELECT * FROM Sell_Order  WHERE SellOrderId=@OrderID。
```

(1) 测试过程体的正确性。为了测试一下 Transact-SQL 语句的正确性,指定订单号为 4 的订单信息,所以将输入参数@OrderID＝4。

查询语句如下：

```
SELECT * FROM Sell_Order WHERE SellOrderId=4
```

在查询分析器中，执行查询的结果如图 8-4 所示。经确认，符合要求。

图 8-4 查询订单号为 4 的订单信息

（2）创建存储过程。在查询编辑器中执行如下的 Transact-SQL 语句。

```
Create PROCEDURE OrderDetail
    @OrderID INT
    AS
        SELECT * FROM Sell_Order  WHERE SellOrderId=@OrderID
```

【例 8.5】 在销售管理数据库 CompanySales 中，创建一个名为 Customer_order 的存储过程，用于获取指定客户的信息，包括联系人姓名、联系方式以及该公司订购产品的明细表。

分析：获取指定客户信息，也就是说当指定一个客户时，执行此存储过程即可获取该客户的信息，所以需要一个输入参数，定义参数名为@Customername，数据类型根据客户表中的客户名称 CompanyName 的数据类型为 varchar，长度为 20。

过程体实现查询名为@Customername 的客户的信息，查询语句如下：

```
SELECT c.CompanyName  公司名称, C.contactName 联系人姓名,
    P.ProductName 商品名称,  P.Price 单价,
    S.SellOrderNumber 数量, S.SellOrderDATE 订货日期
  FROM Customer AS C
  JOIN Sell_order AS S ON C.CustomerID=S.CustomerID
  JOIN  Product AS P ON S.ProductID=P.ProductID
  WHERE  c.CompanyName=@Customername
```

为了测试一下 Transact-SQL 语句的正确性，再利用具体的值代替输入参数@Customername，确认符合要求以后，创建存储过程。

在查询编辑器中执行如下的 Transact-SQL 语句。

```
CREATE  PROCEDURE  Customer_order
@Customername  varchar(20)
    AS
        SELECT c.CompanyName  公司名称, C.contactName 联系人姓名,
            P.ProductName 商品名称,  P.Price 单价,
            S.SellOrderNumber 数量,S.SellOrderDATE 订货日期
```

```
FROM Customer AS C
JOIN Sell_order AS S ON C.CustomerID=S.CustomerID
JOIN  Product AS P ON S.ProductID=P.ProductID
WHERE  c.CompanyName=@Customername
```

【**例 8.6**】 创建名为 listEmployee 的存储过程,其功能为:在员工表 employee 中查找符合性别和超过指定工资条件的员工详细信息。

分析:存储过程的功能是查询员工的信息,条件为指定性别和指定工资,因而在存储过程中需指定两个变量性别为@sex char(2)和工资@salary money,查询语句如下:

```
SELECT *
    FROM employee
    WHERE sex=@sex and salary>@salary
```

在查询编辑器中使用具体的条件比如性别为"男"工资超过 2000,确定过程体能够得到所需的结果。

创建存储过程 listEmployee,在查询编辑器中执行如下的 Transact-SQL 语句。

```
CREATE  PROCEDURE  listEmployee
    @sex varchar(2),
    @salary money
AS
    SELECT *
        FROM employee
        WHERE sex=@sex and salary>@salary
```

2. 执行输入参数的存储过程

执行带输入参数的存储过程,有两种方法:一种是使用参数名传递参数值;另一种为按位置传递参数值。

(1) 使用参数名传递参数值

执行的语法结构如下:

```
EXEC  存储过程名
    [@参数名=参数值][DEFAULT]
    [,...n]
```

【**例 8.7**】 使用例 8.5 中创建的存储过程 Customer_order,获取"三川实业有限公司"的信息,包括联系人姓名、联系方式以及该公司订购产品的明细表。

分析:查询公司的信息,存储过程 Customer_order 中的@Customername 的值为"三川实业有限公司"。

在查询编辑器中执行如下的 Transact-SQL 语句。

```
EXEC Customer_order
@Customername='三川实业有限公司'
```

执行的结果如图 8-5 所示。

图 8-5 执行存储过程 Customer_order 的结果

【例 8.8】 利用存储过程 listEmployee,查找工资超过 4000 元的男员工和工资超过 3000 元的女员工的详细信息。

分析:存储过程 listEmployee 中使用了两个参数@sex 和@salary,查找工资超过 4000 元的男员工详细信息,条件应为"@sex='男',@salary=4000";查找工资超过 3000 元 女员工的信息时,条件应为"@sex='女',@salary=3500"。

在查询编辑器中执行如下的 Transact-SQL 语句。

```
EXEC listEmployee  @sex='男',@salary=4000
EXEC listEmployee  @salary=3500,@sex='女'
```

执行结果如图 8-6 所示,从图中可以看出,使用不同的参数得到了不同的结果。在使用参数名传递参数值时,参数的前后顺序可以改变,不影响参数值的传递。用户可以方便、灵活地根据需要使用存储过程。

图 8-6 执行 listEmployee 的结果

(2) 按位置传递参数值

在执行过程中可按照输入参数的位置直接给出参数的传递值。当有存储过程有多个参数时,值的顺序必须与创建存储过程语句中定义参数的顺序相一致。也就是说,参数传递的顺序就是参数定义的顺序。参数是字符类型或日期类型,需要将这些参数值使用引号引起来。按位置传递参数的语法格式如下:

```
EXEC  存储过程名[参数值1,参数值2,…]
```

【例 8.9】 按位置传递执行存储过程 listEmployee,查找工资超过 4000 元的男员工和工资超过 3000 元的女员工的详细信息。

在查询编辑器中执行如下的 Transact-SQL 语句。

```
EXEC listEmployee    '男', 4000
EXEC listEmployee    '女', 3000
```

执行结果与图 8-6 相同。按位置传递参数值较简洁。当输入参数较多,建议使用按位置传递,可增强程序的可读性。

说明:如果使用按位置传递参数时,也可以忽略允许空值和具有默认值的参数输入,但不能破坏输入参数的指定顺序。

【例 8.10】 创建一个带有通配符参数的存储过程 name_employee,用于查询指定姓氏的员工信息。

分析:存储过程是从员工表中返回指定姓氏的员工信息。存储过程的参数为 @EmployeeName(姓名),但是对传递的参数进行模式匹配,如果没有提供参数,则返回所有员工的信息。

在查询编辑器中执行如下的 Transact-SQL 语句。

```
CREATE PROCEDURE Name_employee
    @EmployeeName varchar(40)='%'
    AS
        SELECT *
            FROM employee
            WHERE EmployeeName like@EmployeeName
```

【例 8.11】 利用 Name_employee 存储过程,查询所有员工信息和查询姓"王"的员工信息。

执行结果如图 8-7 所示。

8.2.3 带输出参数的存储过程

1. 创建带输出参数的存储过程

从存储过程中返回一个或多个值,是通过在创建存储过程的语句中定义输出参数来实现的。参数定义的具体语法如下:

```
@ 参数名 数据类型[= 默认值] OUTPUT
```

其中,保留字 OUTPUT 指明这是一个输出参数。值得注意的是,输出参数必须位于所有输入参数说明之后。

2. 执行带输出参数的存储过程

为了接收某一存储过程的返回值,在调用该存储过程的程序中,也必须声明作为输出

图 8-7 使用带通配符的存储过程的创建和执行的结果

的传递参数。这个输出传递参数声明为局部变量,用来存放返回参数的值。

具体语法如下:

```
EXEC[UTE]  存储过程名
    [[@参数名=]{参数值|@变量 [OUTPUT]|[默认值]}]  [,...n]
```

【例 8.12】 创建带返回参数的存储过程求两个整数的和。

分析:存储过程的功能是求两数的和,所以需要两个输入参数@N1 INT,@N2 INT,执行存储过程返回和,则需定义一个变量作为输出参数 @RESULT INT OUTPUT。

在查询编辑器中执行如下的 Transact-SQL 语句。

```
CREATE PROCEDURE PRO_SUM
    @N1 INT,@N2 INT,
    @RESULT INT OUTPUT
    AS
        SET@RESULT=@N1+@N2
```

【例 8.13】 执行例 8.11 创建的 PRO_SUM 存储过程。

在查询编辑器中执行如下的 Transact-SQL 语句。

```
DECLARE@ANSWER INT
EXEC PRO_SUM  20,69,@ANSWER OUTPUT
SELECT  @ANSWER '结果'
```

8.3   管理存储过程

8.3.1   查看存储过程

存储过程被创建之后,它的名字被存储在系统表 sysobjects 中,它的源代码被存放在系统表 syscomments 中。用户可以使用系统存储过程来查看用户创建的存储过程。使用系统存储过程查看存储过程相关的信息。

(1) sp_help 用于显示存储过程的参数及其数据类型。语法格式如下:

```
sp_help [[@ objname= ] 存储过程名 ]
```

【例 8.14】   查看 Customer_order 存储过程的参数和数据类型。

在查询编辑器中执行如下的 Transact-SQL 语句。

```
USE CompanySales
GO
sp_help Customer_order
```

执行结果如图 8-8 所示。

图 8-8   查看 Customer_order 存储过程的参数和数据类型

(2) sp_helptext 用于显示存储过程的源代码。语法格式如下:

```
sp_helptext [[@ objname=]存储过程]
```

【例 8.15】   查看 Customer_order 存储过程的源代码。

在查询编辑器中执行如下的 Transact-SQL 语句。

```
USE CompanySales
GO
sp_helptext Customer_order
```

执行的结果如图 8-9 所示。

说明:如果在创建存储过程中,使用了 WITH ENCRYPTION 选项,那么使用 sp_helptext 无法看到存储过程的源代码。

图 8-9　查看 Customer_order 存储过程的源代码

8.3.2　删除用户存储过程

删除用户存储过程可以使用 DROP 命令。DROP 命令以从当前数据库中删除一个或者多个存储过程组,语法格式如下:

```
DROP  PROC[EDURE]  存储过程名 [,...n ]
```

说明:在删除存储过程前,先执行 sp_depends 存储过程来确定是否有对象信赖于此存储过程。

【例 8.16】　删除 PRO_SUM 存储过程。

在查询编辑器中执行如下的 Transact-SQL 语句。

```
USE CompanySales
GO
DROP  PROCEDURE  PRO_SUM
```

【例 8.17】　使用 SSMS 删除 Name_employee 存储过程。

操作的步骤如下。

(1) 在对象资源管理器中,展开"数据库"节点,选择 CompanySales 数据库。

(2) 展开"可编程性"→"存储过程"节点,右击 Name_employee 存储过程,在弹出的快捷菜单中选择"删除"命令。

(3) 出现"删除对象"窗口,单击"确定"按钮,完成删除。

8.3.3　修改存储过程

如果需要修改存储过程,可以利用先删除存储过程,再重建存储过程;或者使用

ALTER PROCEDURE 语句,更改先前通过执行 CREATE PROCEDURE 语句创建的过程。使用 ALTER PROCEDURE 语句是为了保持存储过程的权限。ALTER PROCEDURE 语句的语法格式如下:

```
ALTER  PROC[EDURE]  存储过程名
  [{@参数名称  参数数据类型}  [=参数的默认值]
  [OUTPUT]  ]
  [,...n]
  [WITH  ENCRYPTION]
  [WITH  RECOMPILE]
  AS
    sql_statement
```

【例 8.18】　修改例 8.10 中创建的 Name_employee 存储过程,使其能够根据用户提供的姓名模糊查询的员工信息,要求加密存储过程。

操作的步骤如下。

(1) 在对象资源管理器中,选择 CompanySales 数据库。

(2) 展开"可编程性"→"存储过程"节点,右击 Name_employee 存储过程,在弹出的快捷菜单中选择"修改"命令。

(3) 在出现的查询编辑器中,将代码做如下的修改。

```
SET ANSI_NULLS ON
SET QUOTED_IDENTIFIER ON
GO
ALTER PROCEDURE  Name_employee
  @EmployeeName varchar(40)                      --去掉了"=%"
  WITH  ENCRYPTION                               --增加了加密
  AS
    SELECT *
      FROM Employee
      WHERE  EmployeeName like  '%'+@EmployeeName+'%';
```

(4) 单击工具栏中的"执行"按钮。

8.4　系统存储过程和扩展存储过程

8.4.1　系统存储过程

系统表是 SQL Server 2008 用来存放各种对象信息的地方,用户系统表存放在 master 和 msdb 数据库中,且大部分以字符串 sp_打头。系统表中存放的信息大部分是数字数据,SQL Server 2008 提供了大约 1230 个系统存储过程,帮助用户修改系统表。下面对常用系统存储过程作简单的介绍。

（1）sp_tables：返回可在当前环境中查询的对象列表。这代表可在 FROM 子句中出现的任何对象。

（2）sp_stored_procedures：返回当前环境中的存储过程列表。

（3）sp_rename：在当前数据库中更改用户创建对象的名称。此对象可以是表、索引、列、别名数据类型。

（4）sp_renamedb：更改数据库的名称。

（5）sp_help：报告有关数据库对象（sys.sysobjects 兼容视图中列出的所有对象）、用户定义数据类型或 SQL Server 2008 提供的数据类型的信息。

（6）sp_helptext：示用户定义规则的定义、默认值、未加密的 Transact-SQL 存储过程、用户定义 Transact-SQL 函数、触发器、计算列、CHECK 约束、视图或系统对象（如系统存储过程）。

（7）sp_who：提供有关 Microsoft SQL Server Database Engine 实例中的当前用户和进程的信息。

（9）sp_password：为 Microsoft SQL Server 登录名添加或更改密码。

【例 8.19】 返回可在当前环境中查询的对象列表。

在查询编辑器中执行如下的 Transact-SQL 语句。

```
USE CompanySales
GO
EXEC  sp_tables
```

执行结果如图 8-10 所示，返回结果中包括系统表（SYSTEM TABLE）、用户表（TABLE）和视图（VIEW）等信息。

图 8-10 系统存储过程的执行结果

8.4.2 扩展存储过程

使用扩展存储过程能够在编程语言（例如 C）中创建自己的外部例程。扩展存储过程是 SQL Server 实例可以动态加载和运行的 DLL,扩展了 SQL Server 2008 的性能,常以 xp_打头。常用的扩展存储过程如下。

(1) xp_cmdshell:用来运行平常从命令提示符下执行的程序,例如,DIR(显示目录)命令和 MD(更改目录)命令等。

(2) xp_sscanf:将数据从字符串读入每个格式参数所指定的参数位置。

(3) xp_sprintf:设置一系列字符和值的格式并将其存储到字符串输出参数中。每个格式参数都用相应的参数替换。

【例 8.20】 使用 xp_cmdshel 语句返回指定 D 盘的 DATA 文件夹下的文件列表。

(1) 在查询编辑器中执行如下的 Transact-SQL 语句。

```
EXEC xp_cmdshell 'dir D: \data\ * . * '
```

单击"执行"按钮,结果如图 8-11 所示,系统提示出错信息,"此组件已作为此服务器安全配置的一部分而被关闭。",所以需要通过使用 sp_configure 更改当前服务器的全局配置设置,来启用'xp_cmdshell'功能。

图 8-11　xp_cmdshell 被禁用时的系统提示信息

(2) 使用 sp_configure 更改当前服务器的全局配置设置,如图 8-12 所示。

图 8-12　启动 sp_configure 扩展存储过程

(3) 重复步骤(1),使用 xp_cmdshell 扩展存储过程查看 D 盘的 DATA 文件夹下的文件列表信息,执行结果如图 8-13 所示。

图 8-13 使用 xp_cmdshell 扩展存储过程查看 D 盘的 DATA 文件夹下的文件列表信息

8.5 销售管理数据库中存储过程的应用

在一个数据库中创建存储过程需要考虑以下因素。

(1) 一个存储过程完成一个任务。

(2) 不要使用 sp_ 来命名用户存储过程。

(3) 可以使用 WITH ENCRYPTION 加密存储过程,以免存储过程的源代码被人查阅。

(4) 在存储过程的开始执行 SET 语句。

(5) 在服务器上创建、测试存储过程。

在销售管理数据库中,除了创建以上几节内的各存储过程,还创建以下的存储过程。

8.5.1 操作表的存储过程

在销售管理数据库中,经常要对各类表进行插入、删除和更新操作。在此仅以创建实现商品表的插入操作的存储过程、实现删除的存储过程和实现更新的存储过程为例,读者完成操作其他表的存储过程。

1. 插入操作的存储过程

【例 8.21】 创建实现商品表的插入操作的存储过程。

分析:在商品表中,进行商品表的插入记录操作时,要将商品的编号、商品名称、单价、商品的库存量和商品的已销售量等共 5 个字段的值插入到记录中,但是,其中的商品编号为标识列,自动编号,所以这是一个带参数的存储过程,共有 4 个参数。

(1) 创建 insert_Product 存储过程

在查询编辑器中执行如下的 Transact-SQL 语句。

```
CREATE  PROC  insert_Product
    @ProductName varchar(50),
    @Price  decimal(18,2),
    @ProductStockNumber int,
    @ProductSellNumber  int
    AS
        INSERT INTO Product
            (ProductName,Price, ProductStockNumber,roductSellNumber)
            VALUES
        (@ProductName,@Price,@ProductStockNumber,@ProductSellNumber)
```

（2）执行存储过程并验证正确性

调用 insert_Product 存储过程，插入一条商品记录：玻璃茶杯，单价为 5 元，库存量为 300，目前没有已销售量。

在查询编辑器中执行如下的 Transact-SQL 语句。

```
EXEC insert_Product 玻璃茶杯, 5.0,300,0
GO
SELECT * FROM  Product
```

执行结果如图 8-14 所示。

图 8-14　调用 insert_Product 存储过程插入一条商品记录

2. 删除操作的存储过程

【例 8.22】　在商品表中，创建指定商品编号的删除操作的存储过程。

分析：此删除操作指定商品编号，所以 delete_Product 存储过程仅有一个参数@ ProductID，表示商品编号。

在查询编辑器中执行如下的 Transact-SQL 语句。

```
CREATE  PROC  Delete_Product
    @ProductID int
    AS
        DELETE FROM  Product
            WHERE ProductID=@ProductID
```

【例 8.23】 在员工表中,删除一条员工记录,如果不存在该员工,则无法删除;如果存在,但该员工有接收订单,则删除该员工的订单并删除该员工;如果该员工没有订单,则删除该员工。

分析:此删除指定编号的员工,所以 Delete_Employee 存储过程仅有一个参数@EmID,表示员工编号。

在查询编辑器中执行如下的 Transact-SQL 语句。

```
CREATE PROC DELETE_Employee
    @EmID    int
    AS
        BEGIN
          IF EXISTS(SELECT * FROM Employee WHERE EmployeeID=@EmID)
          BEGIN
            IF EXISTS(SELECT * FROM  Sell_Order WHERE EmployeeID=@EmID)
              BEGIN
                  DELETE FROM Sell_Order WHERE EmployeeID=@EmID
                  PRINT'该员工有订单,并成功删除订单!'
              END
            ELSE
                PRINT'该员工没有订单!'
                DELETE FROM Employee WHERE EmployeeID=@EmID
          PRINT'删除该员工信息!'
        END
        PRINT'该员工不存在,无法删除!'
    END
```

3. 更新操作的存储过程

【例 8.24】 在商品表中,创建指定编号的商品增加销售量的存储过程。

分析:此更新操作指定商品编号,更新的是增加销售量,所以 update_Product 存储过程有两个参数@ProductID 表示商品编号,一个@ProductSellNumber 表示增加销售量。

在查询编辑器中执行如下的 Transact-SQL 语句。

```
CREATE  PROC  update_Product
    @ProductID  int,
    @ProductSellNumber int
    AS
        UPDATE  Product
          SET  ProductSellNumber=ProductSellNumber+@ProductSellNumber
          WHERE  ProductID=@ProductID
```

调用 update_Product 存储过程,将编号为 33 的产品增加销售量 100。执行结果如图 8-15 所示。经过执行 update_Product 存储过程,商品编号为 33 的商品的已销售量增加了 100。

图 8-15 调用 update_Product 存储过程修改已销售量

8.5.2 获取订单信息存储过程

在销售管理数据库中,经常要了解目前所有销售订单的信息,包括商品名称、单价、订购的数量、订购公司名称、订购日期等信息。有时也要获取指定商品的总销售量。

【例 8.25】 创建自动获取商品订购信息的存储过程,包括商品名称、单价、订购的数量、订购公司名称和订购日期等信息。

分析:此存储过程要实现的功能为所有的商品信息,没有指定任何的条件,所以为一个不带参数的存储过程。过程要实现销售订单查询,但是要查询的信息来自多表。

(1)创建存储过程

在查询编辑器中执行如下的 Transact-SQL 语句。

```
CREATE   PROCEDURE  [dbo].[Product_Order]
as
SELECT C.CompanyName 公司名称, P.ProductName  商品名称, P.price  单价,
       S.SellOrderNumber  订购数量, S.SellOrderDate 订货日期
FROM Customer  AS C  JOIN Sell_order AS S
   ON C.CustomerID=S.CustomerID
JOIN  Product AS P
   ON P.ProductID=S.ProductID
```

(2)执行测试存储过程

调用 Product_Order 存储过程,修改"林川中学"彩色显示器的订单数量增加 200,其中"林川中学"的客户编号为 38,为了便于比较,在增加前调用一次 Product_Order 存储过程,增加后,又再次调用 Product_Order 存储过程。

在查询编辑器中执行如下的 Transact-SQL 语句。

```
EXEC  Product_Order
GO
UPDATE Sell_order set SellOrderNumber=SellOrderNumber+200
    WHERE CustomerID=38            --林川中学的 CustomerID 为 38
GO
```

```
EXEC   Product_Order
```

结果如图 8-16 所示。

图 8-16 调用 Product_Order 存储过程的结果

【例 8.26】 创建一个指定产品的接收订单的总金额的存储过程。

分析：存储过程的功能要根据订单商品的名称，获取对应商品的订单总金额，所以有一个输入参数@Productname，用于指定产品名称。使用输出参数用于返回接收订单的总金额数据。存储过程的参数定义为 @ Productname varchar(20)，@ sum _ pro int output。在过程体中要实现查询指定商品的总金额，但是首先要判断有没有该商品的订单，然后再进行查询。

（1）创建存储过程

在查询编辑器中执行如下的 Transact-SQL 语句。

```
USE   CompanySales
GO
CREATE   PROCEDURE  Product_order_sum
    (@ Productname varchar(20),@ sum_pro  int output)
    AS
    DECLARE  @ ProductID  int
    SELECT  @ ProductID= ProductID   FROM   Product
        WHERE Productname=@ Productname
    IF  NOT EXISTS  (SELECT * FROM  Sell_order  WHERE ProductID=@ ProductID)
        SET@ sum_pro=0
    ELSE
      BEGIN
        SELECT@ sum_pro= sum(Sell_order.SellOrderNumber * Product.price)
        FROM   Sell_order  JOIN   Product
            ON Sell_order. ProductID= Product. ProductID
        WHERE Product. Productname=@ Productname
```

```
    END
RETURN@ sum_pro
```

（2）执行并测试

在查询编辑器中执行如下的 Transact-SQL 语句。

```
DECLARE@ sum int
SET@ sum=0
EXEC Product_order_sum '墨盒',@ sum OUTPUT
SELECT@ sum '墨盒订单总金额'
```

执行的结果如下：

```
墨盒订单总金额：
128480
```

习　　题

一、填空题

1. 存储过程在第一次执行时进行编译，并将结果存储在_____中，用于后继的调用。

2. 存储过程是 SQL Server 2008 中封装的_____，包括 3 种类型，分别是_____、_____和_____。

3. 存储过程有多种调用方式，其中比较常用的是使用_____语句。

4. 可以使用_____语句来加密存储过程，防止未授权用户通过 SELECT 语句查看该存储过程程序代码。

5. _____是已经存储在 SQL Server 服务器中的一组预编译过的 Transact-SQL 语句。

二、思考题

1. 简述存储过程的基本功能和特点。
2. 简述存储过程的创建方法和执行的方法。

实　　训

【实训目的】

（1）掌握存储过程的概念、了解存储过程的类型。

（2）掌握存储过程的创建方法。

（3）掌握存储过程的执行方法。

（4）掌握存储过程的查看、修改、删除的方法。

【实训内容】

（1）在销售管理数据库系统中，创建一个名为 proc_select 存储过程，实现查询所有员工的信息。

（2）在销售管理数据库系统中，创建一个名为 proc_employee_order 存储过程，要求实 现如下功能：根据员工的姓名，查询该员工的奖金情况，奖金根据该员工接收订单的总金额计算得到（奖金＝总金额＊5％）。调用存储过程，查询员工王孔若和蔡慧敏的奖金。

（3）在销售管理数据库系统中创建存储过程，存储过程名为 proc_customer_order，要求实现如下功能：根据客户的公司名称，查询该客户的订单情况，如果该公司没有订购商品，则输出"某公司没有订购商品"信息，否则输出订购商品的相关消息，包括公司名称、联系人姓名、订购商品名称、订购数量、单价等。通过调用存储过程 proc_customer_order 显示"通恒机械有限公司"订购商品情况。

（4）删除销售管理数据系统中的存储过程 proc_select。

第 9 章

销售管理数据库中触发器的应用

技能目标

理解触发器的概念、功能和类型；学会根据实际开发销售管理数据库中的触发器，以完成系统整体设计的目的。

知识目标

了解触发器的概念和分类；掌握创建、执行、修改和删除触发器的方法；掌握 INSERTED 表和 DELETE 表的使用；掌握 DML 触发器的类型；掌握触发器的禁用和启动。

9.1 触发器的概述

9.1.1 触发器的作用

触发器是一种特殊类型的存储过程。存储过程通过使用存储过程名称被直接调用而执行，而触发器通过指定的事件被激活执行的。比如当对某个表进行 UPDATE、DELETE 或 INSERT 等数据记录操作时，SQL Server 就会自动执行触发器事先定义的语句。触发器通常可以完成一定的业务规则，用于 SQL Server 约束、默认值和规则的完整性检查，还可以完成难以用普通约束实现的复杂功能的限制。除此之外，触发器还有以下的功能。

1. 可以调用存储功能

为了实现数据库的更新，触发器还可以调用一个或多个存储过程，甚至可以通过调用外部过程完成相应操作。

2. 可以强化数据条件约束

强制执行比 CHECK 约束定义的限制更为复杂的其他限制，较适合在大型数据库管理系统中约束数据的完整性。

3. 跟踪变化

触发器可以侦测到数据库内的操作，从而判断数据变化是否符合数据库的要求。

4. 级联运行

触发器可通过数据库中的相关表实现级联更改。

说明：触发器的性能通常很低，当运行触发器时，系统处理的大部分时间都花费在参照其他表的数据的操作上。

9.1.2　触发器的分类

SQL Server 2008 提供了 3 种类型的触发器：DML 触发器、DDL 触发器和登录触发器。

1. DML 触发器

当数据库中发生数据操作语言(DML)事件时将调用 DML 触发器。DML 事件包括在指定表或视图中修改数据的 INSERT 语句、UPDATE 语句或 DELETE 语句，DML 触发器有助于在表或视图中修改数据时强制业务规则，扩展数据的完整性。

DML 触发器通常分为 3 类：事后触发器(AFTER)、替代触发器(INSTEAD OF)和 CLR 触发器。

(1) 事后触发器

触发器在数据修改完成后，AFTER 触发器被激活，执行顺序如下：

数据表约束检查→修改表中的数据→激活触发器

(2) 替代触发器

INSTEAD OF 触发器会取代原来要进行的操作，在数据更改之前发生，数据的如何更改完全取决于触发器的内容，执行顺序如下：

激活触发器→若触发器涉及数据更改，则检查表约束

(3) CLR 触发器

CLR 触发器可以是 AFTER 触发器或 INSTEAD OF 触发器。CLR 触发器还可以是 DDL 触发器。CLR 触发器将执行在托管代码(在 .NET Framework 中创建并在 SQL Server 中上载的程序集的成员)中编写的方法，而不用执行 Transact-SQL 存储过程。

2. DDL 触发器

在 CREATE、ALTER、DROP 和其他 DDL 语句上操作时发生的触发器称为 DDL 触发器。DDL 触发器是 SQL Server 2008 新增的功能。DDL 触发器用于执行管理任务，并强制影响数据库的业务规则。它们通常应用于数据库或服务器中某一类型的所有命令执行时激活。

3. 登录触发器

登录触发器将为响应 LOGON 事件而激发存储过程。与 SQL Server 实例建立用户会话时将引发此事件。登录触发器将在登录的身份验证阶段完成之后且用户会话实际建

立之前激发。因此,来自触发器内部且通常将到达用户的所有消息(例如,错误消息和来自 PRINT 语句的消息)传送到 SQL Server 错误日志。如果身份验证失败,将不激发登录触发器。

9.1.3　INSERTED 表和 DELETED 表

在数据更新操作时,会产生张临时表(INSERTED 表和 DELETED 表),以记录更改前后的变化。这两张表存在于高速缓存中,它们的结构与创建触发器的表的结构相同。触发器类型不同,创建的两张临时表的情况和记录都不同,如表 9-1 所示。

表 9-1　INSERTED 表和 DELETED 表

操作类型	INSERTED 表	DELETED 表
INSERT	插入的记录	不创建
DELETE	不创建	删除的记录
UPDATE	修改后的记录	修改前的记录

从表中可以看出,对具有触发器的表进行 INSERT、DELETE 和 UPDATE 操作时,过程分别如下。

(1) INSERT 操作:插入到表中的新行被复制到 INSERTED 表中。

(2) DELETE 操作:从表中删除的行转移到了 DELETED 表中。

(3) UPDATE 操作:先从表中删除旧行,然后向表插入新行。其中,删除后的旧行转移到 DELETED 表中,插入到表中的新行被复制到 INSERTED 表中。

说明:①DELETED 表和 INSERTED 表存放在内存中而不是数据库中。②触发器执行完成后,与该触发器相关的这两个表也会被删除。③DELETED 表和触发触发器的表中不会有相同的行。

9.2　DML 触发器

创建触发器的语法格式如下:

```
CREATE  TRIGGER  触发器名
  ON  表名或视图名
    {FOR|AFTER|INSTEAD OF}
    {INSERT[,]|UPDATE[,]|DELETE}
    [WITH  ENCRYPTION]
  AS
    [IF UPDATE(列名 1)
      [{AND|OR}UPDATE(列名 2)[...n]
    sql_statements
```

其中,各参数说明如下。

(1) AFTER|INSTEAD OF:选择创建触发器的类型,FOR 和 AFTER 均表示事后触发器,AFTER 为默认值。

(2) INSERT[,]|UPDATE[,]|DELETE:用来指明哪种数据操作将激活触发器。

(3) IF UPDATE(列名):用来测定对某一确定列是插入操作还是更新操作,但不与删除操作用在一起。

(4) WITH ENCRYPTION:表示对 CREATE TRIGGER 语句的文本进行加密处理。防止将触发器作为 SQL Server 复制的一部分进行发布。

9.2.1 创建 DML 触发器

1. INSERT 触发器

INSERT 触发器通常被用来验证被触发器监控的字段中的数据满足要求的标准,以确保数据完整性。

【例 9.1】 在 Employee 表中创建 INSERT 触发器,当插入一条记录时,如果输入的部门编号在 Department 表中不存在时,则不执行插入操作,并给出提示。

分析:当用户插入数据时需要激发 INSERT 触发器,从 INSERTED 表中获得掺入记录中的部门编号,然后判断部门编号是否存在。

(1) 创建触发器

在查询编辑器中执行如下的 Transact-SQL 语句。

```
CREATE TRIGGER  Employee_Insert
    ON  Employee  AFTER INSERT
    AS
    BEGIN
    --从表 inserted 中获取新插入记录的部门编号
    DECLARE@ depid int
    DECLARE@ depname varchar(30)
    SELECT@ depid=DepartmentID  FROM  inserted
    --判断插入的部门编号是否存在
    SELECT  @ depname=DepartmentName FROM Department
        WHERE  DepartmentID=@ depid
    IF@ depname IS NULL
      BEGIN
          PRINT  '输入部门不存在,请选择具体部门!'        --提示错误信息
          ROLLBACK TRANSACTION                        --回滚操作
      END
    END
```

说明:①当执行触发器时,触发器的操作好像有一个未完成的事务在起作用。②在触发器使用 ROLLBACK TRANSACTION 时,当前事务中该时间点之前所做的所有数据修改都将回滚,包括触发器所做的修改。③触发器继续执行 ROLLBACK 语句之后的

所有语句。如果这些语句中的任意语句修改数据,则不回滚这些修改。

(2)测试触发器

在查询编辑器中执行如下的 Transact-SQL 语句,测试 Employee_Insert 触发器是否被激发。

```
INSERT INTO  Employee
    VALUES('班杰','男','1982-09-12','2006-1-1',1500,7)
```

执行结果如图 9-1 所示。在"消息"选项卡中,显示了"输入部门不存在,请选择具体部门!"文本,说明触发器在插入数据时已被激发,且插入操作已经被撤销。

图 9-1　验证触发器激发结果

2. DELETE 触发器

DELETE 触发器通常用于两种情况:第一种情况是为了防止那些确实需要删除但会引起数据一致性问题的记录被删除;第二种情况是执行可删除主记录时,子记录的级联删除操作。

当激发 DELETE 触发器后,SQL Server 2008 将被删除的记录转移到 DELETED 表中。在使用 DELETE 触发器时,用户需注意,当被删除的记录被转移到 DELETED 表中的时候,数据表中将不再存在该记录,也就是说,数据表和 DELETED 表中不可能有相同的记录信息;临时表 DELETED 存放在内存中,以提高系统性能。

【例 9.2】 在 Employee 表上,创建一个名为 Employee_deleted 的触发器,其功能为:当对 Employee 表进行删除操作时,首先检查要删除的员工是否为人事部的员工,如果不是的话,可以删除该员工的消息;否则撤销此删除,并显示无法删除该信息。

分析:在删除操作时,激发的触发器为 DELETE 触发器。判断删除的是否为"人事部"的员工,只要将 DELETED 表和 Deparment 表相连接查询,查询删除员工的部门信息,然后判断查询结果即可,如果查询结果为"人事部",则撤销操作,使用 ROLLBACK 命令撤销删除操作。

(1)创建触发器

在查询编辑器中执行如下的 Transact-SQL 语句。

```
CREATE TRIGGER Employee_deleted
    ON  Employee  AFTER DELETE
    AS
    DECLARE@ DepartmentName  varchar(50)
    --从表 deleted 中获取新删除记录的部门编号
    SELECT@ DepartmentName=DepartmentName
        FROM  Department JOIN  deleted
```

```
        ON  Department.DepartmentID=deleted.DepartmentID
    --判断删除的是否是人事部
    IF(@DepartmentName='人事部')
        BEGIN
            PRINT '此为人事部门的员工,无法删除记录!'
            ROLLBACK  TRANSACTION          --回滚操作
        END
```

（2）测试触发器

在查询编辑器中输入如下的 Transact-SQL 语句,测试触发器的工作状态。

```
DELETE Employee WHERE EmployeeID=117
```

执行结果如图 9-2 所示。在"消息"选项卡中,显示"此为人事部门的员工,无法删除记录!"和"事务在触发器中结束。批处理已中止"的信息,表示没有执行删除操作。

如果还需验证数据是否被删除,可以在查询编辑器中执行如下的 Transact-SQL 语句,查询 EmployeeID 为 117 的员工信息和部门信息。

```
SELECT EmployeeID,DepartmentName
    FROM Employee
    JOIN Department
    ON  Employee.DepartmentID=Department.DepartmentID
    WHERE EmployeeID=117
```

执行结果如图 9-3 所示,编号为 117 的员工是人事部的员工,仍然保留在表中。

图 9-2　验证 DELETE 触发器激发结果

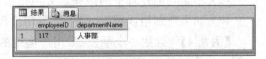

图 9-3　测试触发器的激发后结果

3. UPDATE 触发器

UPDATE 触发器工作过程相当于删除一条旧的记录,插入了一条新的记录。因此,可将 UPDATE 语句看成两步操作:即捕获原始行的 DELETE 语句,和捕获更新行的 INSERT 语句。当在定义有触发器的表上执行 UPDATE 语句时,原始行被移入到 DELETED 表,更新行被移入到 INSERTED 表。

【例 9.3】　创建了一个修改触发器,防止用户修改 Employee 表的员工的部门编号。

（1）创建触发器。在查询编辑器中执行如下的 Transact-SQL 语句。

```
CREATE TRIGGER Employee_Update
    ON Employee AFTER UPDATE
    AS
```

```
IF UPDATE(DepartmentID)
    BEGIN
       print  '禁止修改员工的部门编号!'
       ROLLBACK
    END
GO
```

（2）执行并测试修改触发器。在查询编辑器中执行如下的 Transact-SQL 语句。

```
UPDATE  Employee  SET DepartmentID=DepartmentID+1
```

执行的结果如图 9-4 所示，出现"禁止修改员工的部门编号!"的信息。

图 9-4　测试修改触发器

4. INSTEAD OF 触发器

INSTEAD OF 触发器的主要优点是可以使不能更新的视图支持更新。基于多个基表的视图必须使用 INSTEAD OF 触发器来支持引用多个表中数据的插入、更新和删除操作。INSTEAD OF 触发器的另一个优点是使得以编写逻辑代码进行以下的操作。

（1）忽略批处理中的某些部分。

（2）不处理批处理中的某些部分但记录有问题的行。

（3）如果遇到错误情况，则采取备用操作。

【例 9.4】 创建一个触发器，用于实现的功能：当在 Department 表删除记录时，不允许删除表中的数据，并给出信息提示。

分析：当提出删除表命令时，却不允许用户删除数据，只有采用 INSTEAD OF 触发器才能实现特殊的限制。

（1）创建触发器。在查询编辑器中执行如下的 Transact-SQL 语句。

```
CREATE  TRIGGER Department_undelete
  ON  Department INSTEAD  OF  DELETE
    AS
      PRINT 'INSTEAD  OF 触发器开始执行...'
      PRINT '本表中数据不允许被删除'
GO
```

（2）测试触发器。在查询编辑器中执行如下的 Transact-SQL 语句。

```
DELETE FROM Department WHERE DepartmentID=3
```

执行的结果如图 9-5 所示。

图 9-5 验证 INSTEAD OF 触发器激发结果

如果还需验证数据是否被删除，可以在查询编辑器中执行如下的 Transact-SQL 语句，查询 DepartmentID 为 3 记录是否存在。

SELECT * FROM Department WHERE DepartmentID=3

执行结果如图 9-6 所示，编号为 3 的记录仍然保留在表中。

图 9-6 验证部门表

【例 9.5】 在例 6.13 中创建的 Em_Sell_Order 视图中包含员工接收的订单详细情况，包括员工姓名、订购商品名称、订购数量、单价和订购日期。当员工接收订单时，利用 Em_Sell_Order 视图进行插入记录操作。实际上将相关信息插入到订单表和产品表。

分析：由于 Em_Sell_Order 视图的基本表由员工表、订单表和产品表组成，所以无法利用视图进行插入记录操作；所以利用 INSTEAD OF 触发器，实现多表插入操作。

在查询编辑器中执行如下的 Transact-SQL 语句。

```
USE  CompanySales
GO
CREATE TRIGGER  Em_Sell_Order_Insert
    ON  Em_Sell_Order INSTEAD OF INSERT
    AS
      BEGIN
          DECLARE@ Emname  varchar(50)
          DECLARE@ Proname varchar(30)
          DECLARE@ Sellnum int
          DECLARE@ Selldate smalldatetime
          DECLARE@ EmpID int
          DECLARE@ ProID int
          --从 inserted 表获取相关信息
          SELECT@ Emname=员工姓名,@ Proname=商品名,@ Sellnum=订购数量,
            @ Selldate=订购日期 FROM  inserted
```

```
--获取员工编号和产品编号
SELECT@EmpID=EmployeeID FROM   Employee
     WHERE EmployeeName=@Emname
SELECT@ProID=ProductID FROM  Product WHERE ProductName=@Proname
--在商品表中,更新对应产品的库存量和销售量
UPDATE    Product
    SET ProductSellNumber=ProductSellNumber+@Sellnum,
          ProductStockNumber=ProductStockNumber-@Sellnum
    WHERE ProductID=@ProID
--在订单表,更新对应的信息
INSERT INTO   Sell_Order
    VALUES(@ProID,@Sellnum,@EmpID,NULL,@Selldate)
    END
GO
```

执行结果如图 9-7 所示。

图 9-7   使用 INSTEAD OF 触发器实现视图插入记录

9.2.2   修改触发器

对已有的触发器进行修改有如下两种方法。

1. 使用 SSMS(SQL Server Management Studio)

【例 9.6】   将例 9.3 中创建的 UPDATE 触发器 Employee_Update 更改为防止用户修改 Employee 表的员工姓名。

具体的操作步骤如下。

(1) 启动 SSMS(SQL Server Management Studio)。

(2) 在对象资源管理器中选择 CompanySales 数据库,展开"表"→dbo. Employee→"触发器"节点,右击 Employee_Update 触发器,在弹出的快捷菜单中选择"修改"命令,如图 9-8 所示。

(3) 打开"查询编辑器"窗口,修改 Transact-SQL 语句。

(4) 单击"执行"按钮,执行触发器的修改。

图 9-8　使用 SSMS 修改触发器

2. 使用 ALTER TRIGGER 语句

利用 Transact-SQL 语句修改触发器的功能代码非常简单，只需将关键字 CREATE 改为 ALTER，然后修改触发器中的 Transact-SQL 语句。修改触发器的语法格式如下：

```
ALTER  TRIGGER  要修改的触发器名
    ON  表名或视图名
    [WITH ENCRYPTION]
    (AFTER|AFTER|INSTEAD OF)
    {[DELETE] [,] [INSERT] [,] [UPDATE]}
    AS
        sql_statements
```

9.2.3　禁用或启用触发器

不管是禁用还是启用触发器操作，触发器都仍存在于该表上。

1. 禁用触发器

当禁用触发器时，执行任意 INSERT、UPDATE 或 DELETE 语句时，只是触发器的动作不再执行。禁止触发器的语法格式如下：

```
DISABLE  TRIGGER {ALL|触发器名[,...n]}
    ON {object_name|DATABASE|ALL SERVER}
```

【例 9.7】　使用代码禁用 DDL 触发器 cant_drop_table。

在查询编辑器中执行如下的 Transact-SQL 语句。

```
USE  CompanySales
GO
DISABLE TRIGGER  cant_drop_table  ON  Employee
GO
```

2. 启用触发器

已禁用的触发器可以被重新启用。启用触发器会以最初创建它时的方式将其激发。默认情况下，创建触发器后会启用触发器。启用触发器的语法格式如下：

```
ENABLE TRIGGER {ALL|触发器名[,...n]}
ON {object_name|DATABASE|ALL SERVER}
```

【例 9.8】 使用代码启用 Employee 表上的 Employee_update 触发器。

在查询编辑器中执行如下的 Transact-SQL 语句。

```
USE  CompanySales
GO
ENABLE TRIGGER  Employee_update ON Employee
```

9.3 DDL 触发器

DDL 触发器是一种特殊的触发器，DDL 触发器将激发存储过程以响应事件。但与 DML 触发器不同的是，DDL 触发器响应数据定义语言（DDL），如 CREATE、ALTER 和 DROP 开头的语句；而 DML 触发器响应数据操作语言（DML），如 UPDATE、INSERT 和 DELETE 语句。

DDL 触发器常用于如下的情况。

（1）防止对数据库架构进行某些更改。

（2）响应数据库架构中的更改。

（3）记录数据库架构中的更改或事件。

创建 DDL 触发器的语法格式如下：

```
CREATE TRIGGER  触发器名
    ON  {ALL SERVER|DATABASE}
    [WITH  ENCRYPTION]
    AFTER  {DDL事件} [,...n]
    AS
      sql_statement
```

其中，各参数说明如下。

（1）ALL SERVER 是指将 DDL 触发器的作用域应用于当前服务器。如果指定了此参数,则当前服务器中的任何数据库都能激发该触发器。

(2) DATABASE 将 DDL 触发器的作用域应用于当前数据库。如果指定了此参数,则只要当前数据库激发该触发器。

(3) AFTER 表示事后触发器,DDL 触发器没有代替触发器。

(4) 每一个 DDL 事件都对应一个 Transact-SQL 语句,DDL 事件名称为语句语法经过修改,在关键字之间包含了下划线("_")构成。例如,删除表事件为 DROP_TABLE,修改表事件为 ALTER_TABLE,修改索引事件为 ALTER_INDEX,删除索引事件为 DROP_INDEX。

【例 9.9】 创建一个触发器,用于防止用户删除或更改 CompanySales 数据库中的任一数据表。

(1) 创建 DDL 触发器。在查询编辑器中执行如下的 Transact-SQL 语句。

```
CREATE TRIGGER cant_drop_table
    ON DATABASE
    AFTER DROP_TABLE, ALTER_TABLE
    AS
        PRINT '禁止删除或修改该数据表!'
        ROLLBACK;
```

(2) 执行并测试。在查询编辑器中执行如下的 Transact-SQL 语句。

```
DROP   TABLE   Sell_Order
```

执行结果如图 9-9 所示,系统提示"事务在触发器中结束"信息。

图 9-9 DDL 触发器执行结果

图 9-10 数据库触发器

【例 9.10】 查看数据库中 DDL 触发器。

展开"数据库"→CompanySales→"可编程性"→"数据库触发器"节点,如图 9-10 所示,查看数据库中的 DDL 触发器。

9.4　管理触发器

9.4.1　查看触发器

使用系统存储过程 sp_help、sp_helptext 和 sp_depends 分别查看触发器的不同信息。

（1）sp_ help：显示触发器的所有者和创建时间。

（2）sp_ helptext：显示触发器的源代码。

（3）sp_depends：显示该触发器参考的对象清单。

【例 9.11】　查看在例 9.1 中创建的 Employee_Insert 触发器的相关信息。

在查询编辑器中执行如下的 Transact-SQL 语句。

```
USE CompanySales
GO
sp_help 'Employee_Insert'
```

执行结果如图 9-11 所示。

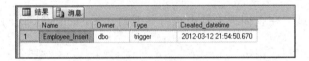

图 9-11　查看 Employee_Insert 触发器的所有者和创建时间

【例 9.12】　查看 Employee_Insert 触发器的源代码。

在查询编辑器中执行如下的 Transact-SQL 语句。

```
USE CompanySales
GO
sp_helptext 'Employee_Insert'
```

执行结果如图 9-12 所示。

9.4.2　删除触发器

要删除一个触发器，它所基于的表和数据将不会受到影响。可以在 Management Studio 中直接删除触发器，可使用 DROP TRIGGER 命令，语法格式如下：

```
DROP TRIGGER trigger_name[,...n]
    ON {DATABASE|ALL SERVER}[;]
```

另外，当参照的表被删除时，触发器也会被自动删除。

【例 9.13】　删除 Department_undelete 触发器。

在查询编辑器中执行如下的 Transact-SQL 语句。

图 9-12 查看 Employee_Insert 触发器的源代码

```
DROP TRIGGER Department_undelete
```

9.5 触发器的应用

【例 9.14】 在销售管理数据中，当员工接收到订单时，也就意味对应的商品的已销售量的增加。在 Sell_Order 表上创建一个触发器，实现在订单表上添加一条记录时，对应的商品在商品表的已销售量数据同时更新。

分析：在订单表插入记录时，同时修改商品表的记录，只能通过 INSERT 触发器来实现，也就是将插入操作同时产生了 INSERTED 表，然后根据的 INSERTED 表中的 SellOrderNumber 字段的数据更改商品表的记录，将商品表 Product 中的库存量减去订单数量，已销售量要增加。

（1）创建触发器。在查询编辑器中执行如下的 Transact-SQL 语句。

```
CREATE TRIGGER  sell_order_Product
    ON  sell_order
      AFTER  INSERT
    AS
      UPDATE P
        SET P.ProductStockNumber=P.ProductStockNumber-I.SellOrderNumber,
            P.ProductSellNumber=P.ProductSellNumber+I.SellOrderNumber
        FROM Product AS P JOIN INSERTED AS I
        ON P.ProductID=I.ProductID
```

（2）执行并测试触发器。向销售订单表插入一条记录，在查询编辑器中执行如下的 Transact-SQL 语句。

```
SELECT * FROM Product WHERE ProductID=3
GO
INSERT  INTO sell_order  VALUES(56,3,200,4,5,getdate())
GO
SELECT * FROM Product WHERE ProductID=3
```

执行结果如图 9-13 所示,在图中可以看出 Product 表的 ProductID 为 3 的商品的 ProductStockNumber 字段的值从 300 变为 100,ProductSellNumber 字段的值从 800 改为 1000。

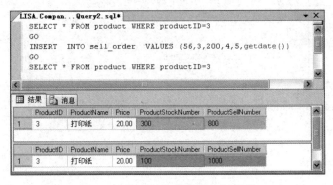

图 9-13   订单处理触发器执行结果

【例 9.15】   在 Sell_Order 表上创建了一个修改触发器,该触发器防止用户修改商品的订单数量过大,如果订单数量的变化超过 100 时给出错误提示,并取消修改操作。

分析:触发器的作用为了防止用户修改订单数量过大,所以为 UPDATE 触发器,该触发器只需判断修改量,所以采用修改订单量,即 UPDATE(SellOrderNumber)。修改前的记录存放在 DELETED 表中,而修改后的记录存放在 INSERTED 表,因而只需判断 (INSERTED.库存量-DELETED.库存量)的绝对值。

(1) 创建触发器。在查询编辑器中执行如下的 Transact-SQL 语句。

```
CREATE TRIGGER  Sell_update_stock
    ON  Sell_Order
    AFTER UPDATE
    AS
        IF  UPDATE(SellOrderNumber)
          IF(SELECT MAX(ABS (INSERTED.SellOrderNumber-DELETED.SellOrderNumber))
                        FROM INSERTED JOIN DELETED
                        ON INSERTED.ProductID=DELETED.ProductID)>100
            BEGIN
                PRINT  '订购数量修改过大!'
                ROLLBACK
    END
```

(2) 测试触发器。为了测试触发器的激发的结果,在查询编辑器中执行如下的 Transact-SQL 语句,将销售表中的订单数量增加 300,超过允许的预设量。

```
UPDATE Sell_Order
```

```
SET SellOrderNumber=SellOrderNumber+300
```

执行结果如图 9-14 所示。系统提示"订单数量修改过大"、"事务在触发器中结束"。

图 9-14　修改库存量

习　　题

一、选择题

1. 关于触发器,下列说法错误的是(　　　)。

    A. 触发器是一种特殊类型的存储过程

    B. DDL 触发器包括 INSERT 触发器、UPDATE 触发器、DELETE 触发器等基本触发器

    C. 触发器可以同步数据库中的相关数据表,进行级联更改

    D. DDL 触发器和 DML 触发器可以通过 CREATE TRIGGER 语句来创建,都是为了响应事件而被激活

2. 可以响应 INSERT 语句的触发器是(　　)。

    A. INSERT 触发器　　　　　　　　　　B. DELETE 触发器

    C. UPDATE 触发器　　　　　　　　　　D. DDL 触发器

3. 可以响应 CREATE TABLE 语句的触发器是(　　)。

    A. INSERT 触发器　　　　　　　　　　B. DELETE 触发器

    C. UPDATE 触发器　　　　　　　　　　D. DDL 触发器

二、思考题

1. 什么是触发器?它与存储过程有什么区别与联系?

2. SQL Server 2008 中的触发器可以分为哪两类?有何作用?

3. DML 触发器和 DDL 触发器之间的区别和联系是什么?

4. 对具有触发器的表进行 INSERT、DELETE 和 UPDATE 操作,INSERT 表和 DELETED 表分别保存何种信息?

5. 如何保护数据库中的索引不被删除或修改?

实　　训

【实训目的】

（1）掌握的触发器概念、了解触发器的类型。

（2）掌握触发器的创建方法。

（3）掌握触发器的执行方法。

（4）掌握触发器的查看、修改、删除的方法。

【实训内容】

（1）在销售管理数据库系统创建触发器 trigger_delete，实现如下的功能：当在销售管理数据系统库中的订单表的数据被删除时，显示提示信息"订单表记录被修改了"。

（2）查看 trigger_delete 触发器文本定义。

（3）对 Sell_order 表创建名为 reminder 的触发器，当用户向 Sell_order 表中插入或修改记录时，自动显示 Sell_order 表中的记录。

（4）Employee 表创建名为 emp_updtri 的触发器：实现若对姓名修改时，自动检查订单表，确定是否有该员工的订单，如果存在该员工，则撤销操作。

（5）创建一个 INSERT 触发器，当在 CompanySales 数据库的 Employee 表中插入一条新员工记录时，如果是"人事部"的员工，则撤销该插入操作，并返回出错消息。

（6）创建一个名为 Employee_deleted 的触发器，其功能是：当对 Employee 表进行删除操作时，首先检查要订单表，如果删除的员工没有接收订单，可以删除该员工的消息，否则撤销删除，显示无法修改的信息。

（7）创建一个 product_P_order_delete 的触发器，其功能是：当对商品表中的商品删除记录时，同时删除订单表中相应的订单，并显示提示"有关商品已被删除"

（8）删除 trigger_delete 触发器。

（9）创建触发器以免数据库中的索引被修改或删除。

销售管理数据库安全性管理

第
10
章

技能目标

掌握 SQL Server 2008 的安全机制，利用数据登录、数据库用户名、角色、架构和权限确保服务器、销售管理数据库和数据对象的安全性。

知识目标

掌握 SQL Server 2008 的安全机制；掌握登录名、用户名、角色之间的联系和区别；掌握管理服务器安全；掌握管理数据库安全；掌握管理数据对象安全。

10.1 SQL Server 2008 的安全机制

保护数据的安全性与现实生活的保安工作类似。例如，有一家公司的办公地点在一幢大楼内，公司不希望公众能随便进出这栋大楼，但员工应当能够进出；然而对员工能够自由进出的区域施加一定的限制，比如只有会计才有权进出财务部，公司的任何人都不得随意进出领导的办公室，因此需实施各种安全措施。

在 SQL Server 2008 中，数据的安全保护由 4 个层次构成，如图 10-1 所示。远程网络主机通过 Internet 访问 SQL Server 2008 服务器所在的网络；网络中的主机访问 SQL Server 2008 服务器；访问 SQL Server 2008 数据库；访问 SQL Server 2008 数据库中的数

图 10-1　SQL Server 2008 的安全机制

据库对象。

　　SQL Server 2008 提供了安全控制,可利用"登堂入室"形象地比喻数据库的安全性管理,如图 10-2 所示。服务器好比一幢办公大楼,楼内中有许多房间(数据库),每个房间中放着不少的文件(数据库对象:表、视图、过程、函数、字段等)。比如,如果要查看财务文件(访问数据库对象),必须经过以下几个步骤。

图 10-2　数据库安全性

1. 通路——计算机连接

　　要到达办公大楼(数据库服务器),必须有通路,也就是说搜索登录到安装 SQL Server 服务器的计算机。客户机和服务器之间数据的传输必然要经过网络,SQL Server 2008 支持采用 SSL(安全套接字层)的 TCP/IP 协议来对数据进行加密传输,以有效避免黑客对数据的截获,这属于网络的传输安全。

2. 登堂——登录服务器

　　用户到达办公大楼门前,必须有一把能够打开大门的钥匙,才可以进入;用户访问 SQL Server 2008 服务器,必须提供一个合法的登录名和密码,才能登录 SQL Server 2008 服务器。

3. 入室——访问数据库

　　进入大楼后,还必须有一把房间(数据库)的钥匙,才能进入房间。也就是说用户使用的登录名和密码,登录服务器后,并不意味着能够访问服务器上的数据库,只有将登录名映射成指定的数据库的用户,才能访问指定数据库。

4. 查看文件——访问数据库对象

　　用户只允许查看允许的文件,比如只有会计才允许看财务报表。用户登录服务器的最终目的是为了查看或修改数据库中指定的数据对象，如数据表、报表等。SQL Server 2008 指定不同的登录名对同一数据库中的数据对象具有不同的访问权限，也就是有的用户只拥有查看权限，有的用户则拥有查看和修改权限。

10.2 服务器安全的管理

SQL Server 2008 服务器的安全建立在对服务器登录名和密码的控制基础之上，用户在登录服务器时所使用的登录名和密码，决定了用户在成功登录服务器后所拥有的访问权限。

10.2.1 身份验证模式

SQL Server 2008 服务器的身份验证模式是指服务器如何处理登录名和密码，SQL Server 2008 提供了两种身份验证模式：Windows 身份验证模式和混合身份验证模式；验证过程如图 10-3 所示。

图 10-3 SQL Server 身份验证模式

1. Windows 身份验证模式

当用户通过 Windows 用户账户连接时，SQL Server 使用操作系统中的 Windows 主体标记验证账户和密码,即用户身份由 Windows 进行确认。SQL Server 不要求提供密码,也不执行身份验证。Windows 身份验证是默认身份验证模式,并且比 SQL Server 身份验证更为安全。Windows 身份验证使用 Kerberos 安全协议,提供有关强密码复杂性验证的密码策略强制,还提供账户锁定支持,并且支持密码过期。通过 Windows 身份验证完成的连接有时也称为可信连接,这是因为 SQL Server 信任由 Windows 提供的凭据。

2. 混合身份验证模式

混合身份验证模式即采用 Windows 身份验证和 SQL Server 身份验证联合使用的验证模式。这种验证模式的登录过程如下:首先用户登录到客户端网络;然后使用登录名和密码打开与 SQL Server 2008 服务器的连接,此时的连接是一个不安全的连接;SQL Server 2008 服务器将登录名和密码与预先存储在数据库中的登录名和密码进行比较和验证,如果一致,则允许该登录访问相应资源。

说明:尽可能使用 Windows 身份验证模式;启用 Windows 身份验证和 SQL Server 身份验证。Windows 身份验证始终可用,并且无法禁用。

【**例 10.1**】 查看销售管理数据库所在的服务器的身份验证模式。

操作步骤如下。

(1) 启动 SSMS。

(2) 单击"视图"→"已注册的服务器"菜单项,打开"已注册的服务器"窗口。

(3) 在"已注册的服务器"窗口中,展开"数据库引擎"→Local Server Groups 节点。选择处于启动状态的服务器 lisa\sqlexpress2008,右击,在弹出的快捷菜单中选择"属性"命令,如图 10-4 所示。

(4) 出现"编辑服务器注册属性"对话框,如图 10-5 所示,可以查看和改变身份验证方式。

图 10-4　已注册的服务器

图 10-5　查看服务器的身份验证模式

【例 10.2】 设置销售管理数据库所在的服务器身份验证模式为"SQL Server 和 Windows 身份验证模式"。

操作步骤如下。

(1) 启动 SSMS。

(2) 在对象资源管理器中,展开"服务器"节点,选择销售管理数据库所在的服务器 LISA\SQLEXPRESS2008,右击,在弹出的快捷菜单中选择"属性"命令,弹出"服务器属性-LISA\SQLEXPRESS2008"窗口。选择"安全性"选择页,如图 10-6 所示。

图 10-6 "服务器属性-LISA\SQLEXPRESS2008"窗口

(3) 在窗口右侧的"服务器身份验证"区域下,选中"SQL Server 和 Windows 身份验证模式"单选按钮。

(4) 单击"确定"按钮,完成设置。

(5) 选择服务器,右击,在弹出的快捷菜单中选择"重新启动"命令,如图 10-7 和图 10-8 所示。

图 10-7 重新启动(1)

图 10-8　重新启动(2)

说明：在更改身份验证模式后，需要重新启动 SQL Server 以使其生效。

10.2.2　登录名管理

1. 创建登录名

【**例 10.3**】　在销售管理数据库所在的服务器上，创建 SQL Server 身份验证的登录名 My_User。

操作步骤如下。

（1）启动 SSMS。

（2）在对象资源管理器中，展开"安全性"→"登录名"节点，右击"登录名"节点，在弹出的快捷菜单中选择"新建登录名"命令。

（3）打开"登录名-新建"窗口，在左侧窗格中，单击"常规"选项，打开"常规"选项页，如图 10-9 所示。

图 10-9　创建登录名

（4）在"登录名"文本框中输入"My_User"，在下面选择登录方式，单击"SQL Server 身份验证"单选按钮，在"密码"文本框中输入"123456"，在"确认密码"文本框中输入

"123456"。

（5）取消选中"强制实施密码策略"复选框。

说明：在 Windows Server 2003 或更高版本环境下运行 SQL Server 2008 时，可以使用 Windows 密码策略机制。SQL Server 2008 可以将 Windows Server 2003 中使用的复杂性策略和过期策略应用于 SQL Server 内部使用的密码。

（6）在"状态"选项页中，将"设置"→"是否允许连接到数据库引擎"设为"授予"；将"登录"设置为"启用"。

（7）单击"确定"按钮，完成登录名的创建。

【例 10.4】　在销售管理数据库所在的服务器上，创建 Windows 身份验证的登录名。

操作步骤分为两步：① 在操作系统中，创建用户；② 将新创建用户连接到 SQL Server 登录名。

（1）创建 Windows 用户。

① 在桌面上，右击"我的电脑"图标，在弹出的快捷菜单中选择"管理"命令，出现"计算机管理"窗口，在左侧列表中，展开"本地用户和组"→"用户"节点，显示出当前可用的用户信息，如图 10-10 所示。

图 10-10　计算机管理

② 在右侧窗体中右击，在弹出的快捷菜单中选择"新用户"命令，出现"新用户"对话框，在"用户名"文本框输入用户名"win_user"，设置密码，如图 10-11 所示。

（2）映射成 SQL Server 登录名。

① 启动 SSMS。

② 在对象资源管理器中，展开"安全性"→"登录名"节点，右击"登录名"节点，在弹出的快捷菜单中选择"新建登录名"命令。

③ 打开"登录名-新建"窗口，单击左侧窗格的"常规"选项，打开"常规"选项页，单击"Windows 身份验证"单选按钮，如图 10-9 所示。

④ 单击"登录名"右侧的"搜索"按钮，打开"选择用户或组"对话框，单击"高级"按钮，打开"一般性查询"选项卡，单击"立即查找"按钮，如图 10-12 所示，显示当前用户，选择

"win_user"用户,单击"确定"按钮。

图 10-11　创建 Windows 新用户

图 10-12　选择用户或组

⑤ 单击"确定"按钮,返回"登录名-新建"窗口,在"登录名"文本框中,显示登录名为"LISA\win_user",其中"LISA"为计算机名称(具体环境会显示不同)。

图 10-13　登录名

⑥ 单击"确定"按钮,完成创建登录名。

【例 10.5】　在销售管理数据库所在的服务器上,查看已有的登录名。

操作步骤如下。

(1) 启动 SSMS。

(2) 在对象资源管理器中,展开"安全性"→"登录名"节点,如图 10-13 所示。

说明:在图 10-13 中,除了以上例题设置的登录名以外,还有 SQL Server 2008 中内置系统登录名。其中,sa 登录名是系统管理员的简称,属于超级管理员,BUILTIN\Administrators 登录名是Windows 管理员的简称,均为特殊的登录名,拥有SQL Server 系统上所有数据库的全部操作权。

【例 10.6】　在销售管理数据库所在的服务器上,创建登录名"SQL_User",密码为"123456"。

在查询编辑器中执行如下的 Transact-SQL 语句。

```
USE master
GO
```

```
CREATE LOGIN SQL_User  WITH PASSWORD='123456'
```

说明：创建登录名的语句是 Create Login，更改是 Alter Login，删除是 Drop Login。

2. 更改登录名

创建登录名后，利用对象资源管理器中选择登录名的属性窗口，可以更改登录名的属性。

3. 删除登录名

【例 10.7】 在销售管理数据库所在的服务器上，删除 Windows 身份验证的登录账户 LISA\win_user。

操作步骤如下。

（1）启动 SSMS。

（2）在对象资源管理器中，展开"安全性"→"登录名"节点。

（3）选中 LISA\win_user 登录名节点，右击，在弹出的快捷菜单中执行"删除"命令，出现"删除对象"窗口，单击"确定"按钮。

【例 10.8】 利用例 10.6 创建的登录名"SQL_User"，登录到销售管理数据库所在的服务器上。

操作步骤如下。

（1）在对象资源管理器中断开现有的连接。单击工具栏中的"断开连接"按钮，如图 10-14 所示。

图 10-14　断开现有的连接

（2）单击对象资源管理器中的"连接"按钮，打开"连接到服务器"对话框，在"身份验证"处选择"SQL Server 身份验证"；在"登录名"处输入"SQL_User"；在"密码"处输入密码"123456"，如图 10-15 所示。单击"连接"按钮。

（3）在对象资源管理器中将显示当前的登录名"SQL_User"，如图 10-16 所示。

10.2.3　特殊登录名 sa

sa 登录名是默认的登录，对 SQL Server 有完全的管理权限，具有完全访问的能力，可以查看、修改或删除任何数据项。如果安装过程中选择了混合模式身份验证，将会强制在这里为该账户设置密码。由于 sa 登录名是能力十分强大的登录名，sa 存在于所有的

图 10-15　连接到服务器

图 10-16　利用 SQL_User 登录服务器

SQL Server 安装中,因此,任何黑客都知道存在这一用户 ID,并将试图通过这个用户 ID 连接到服务器上,所以必须设置 sa 登录名的密码。

10.3　数据库用户的管理

在 SQL Server 服务器中,用户对提出的访问数据库请求时,必须通过 SQL Server 两个阶段的安全审核,即验证与授权。验证阶段是使用登录名来标识用户,而且只验证输入的登录名能否连接至 SQL Server 服务器。如果验证成功,登录名就会连接至 SQL Server 服务器。在授权阶段,即在建立了 SQL Server 登录账户以后,需要授予用户和组许可,使得它们在数据库中执行任务。

例如,利用在例 10.6 中创建的登录名 SQL_User 登录到服务器,无法查看销售管理数据库时,刷新"数据库"节点,会出现如图 10-17 所示的提示。

数据库用户是映射到登录账户的用户,提供它应有的权限后才能具有服务器上数据库的访问权。

图 10-17　SQL_User 无法访问 CompanySales 数据库

10.3.1　添加数据库用户

【**例 10.9**】　将在例 10.6 中创建的登录名 SQL_User 映射到销售管理数据库的用户。

操作步骤如下。

（1）使用 Windows 身份验证登录 SQL Server。

（2）在对象资源管理器中，展开"数据库"→CompanySales→"安全性"→"用户"节点。右击"用户"节点，在弹出的快捷菜单中选择"新建用户"命令，如图 10-18 所示。

（3）出现如图 10-19 所示的"数据库用户-新建"窗口，在"用户名"文本框中输入用户名"first_user"，再单击"登录名"右侧的 … 按钮。

（4）出现如图 10-20 所示的"选择登录名"对话框。

（5）单击"浏览"按钮，出现如图 10-21 所示的"查找对象"对话框，浏览已有的登录名，选择"[SQL_User]登录名"项。

（6）单击"确定"按钮，返回图 10-20 所示的"选择登录名"对话框。

（7）单击"确定"按钮，返回图 10-19 所示的"数据库用户-新建"窗口。

图 10-18　新建用户选择菜单

（8）单击"确定"按钮，完成登录名 SQL_User 到销售管理数据库 CompanySales 用户名的映射设置。

说明：在同一数据库中的用户名称不可重复；一个登录名在一个数据库中只能有一

图 10-19　新建数据库用户

图 10-20　选择登录名

图 10-21　查找对象

个对应的用户名。展开"安全性"→"用户"节点后,右击一个用户名可以进行很多日常操作,例如,删除用户、查看该用户的属性及新建一个用户等。

用登录名 SQL_User 登录到 SQL Server 服务器,验证映射到数据库是否已经成功。登录后对象资源管理器如图 10-22 所示,从图中可以看出,映射已经成功。

图 10-22　用 SQL_Use 登录后的对象资源管理器

【例 10.10】　创建 SQL Server 登录名 SQL_User2,并映射到销售管理数据库的用户。

分析:首先利用 CREATE LOGIN 语句创建 SQL_User2,设定密码为"123456",代码为"CREATE LOGIN SQL_User2 WITH PASSWORD = '123456'",然后将 SQL_User2 映射成 CompanySales 用户,使用 CREATE USER 语句。

在查询编辑器中执行如下的 Transact-SQL 语句。

```
CREATE  LOGIN SQL_User2
WITH PASSWORD='123456'
GO
USE CompanySales
CREATE USER  User2
FOR  LOGIN  SQL_User2
WITH DEFAULT_SCHEMA=dbo
```

10.3.2　特殊用户

在 SQL Server 中,每个数据库一般都有两个默认的用户 dbo 和 guest。

1. dbo

dbo 是特殊的数据库用户,它是数据库所有者(database owner),dbo 是具有隐式权限的用户,可在数据库中执行所有的操作。

2. guest

guest 也是一个特殊用户,它与 dbo 一样,创建数据库之后会自动生成。guest 用户提供了具有默认访问权限的一种方法。

当 guest 用户被激活时候,可以为登录用户获得没有直接给他们提供的访问权限;外面的用户可以使用 guest 用户登录得到访问权限。由于 guest 无法删除,所以建议限制 guest 用户的权限。

【例 10.11】　查看销售管理数据库的默认用户。

具体的操作步骤：打开对象资源管理器，展开“数据库”→CompanySales→“安全性”→“用户”节点，如图 10-23 所示，在 CompanySales 数据库中已有 dbo 和 guest 用户。

图 10-23　默认用户

10.4　权限的管理

在 SQL Server 2008 中，不同的数据库用户具有不同的数据库访问权限。用户要对某数据库进行访问操作时，必须获得相应的操作权限，即得到数据库管理系统的操作权限授权。SQL Server 2008 中未被授权的用户将无法访问或存取数据库数据。

例如，利用已经设置默认数据库为 CompanySales 的登录名 SQL_User，登录到服务器后，在查询编辑器中输入查询语句，但是结果如图 10-24 所示，错误提示为“拒绝了对对象'Employee'（数据库'CompanySales'，架构'dbo'）的 SELECT 权限。”。

图 10-24　没有授权的用户无法访问数据库

10.4.1 授权的安全对象

SQL Server 2008 DataBase Engine 管理着可以通过权限进行保护的实体的分层集合。这些实体称为"安全对象"。在安全对象中,最突出的是服务器和数据库,但可以在更细的级别上设置离散权限。SQL Server 通过验证主体是否已获得适当的权限来控制主体对安全对象执行的操作。图 10-25 显示了数据库引擎与权限层次结构之间的关系。

安全对象是 SQL Server DataBase Engine 授权系统控制对其进行访问的资源。通过创建安全对象可以为自己设置安全性"范围"的嵌套层次结构,可以将某些安全对象包含在其他安全对象中。安全对象范围有服务器、数据库和架构。

(1)服务器包含的安全对象:端点、登录名、数据库。

(2)数据库包含的安全对象:用户、角色、应用程序角色、程序集、消息类型、路由、约定和架构等。

图 10-25 数据库引擎与权限层次结构之间的关系

(3)架构包含的安全对象:类型、XML 架构集合和对象。

(4)对象类的安全对象:聚合、约束、函数、过程、队列、统计信息、同义词、表和视图。

10.4.2 权限类别

SQL Server 2008 可设置的权限内容较为复杂,有服务器到对象共有 94 个权限可以授予安全对象。SQL Server 2008 中主要的权限类别如表 10-1 所示。

表 10-1 SQL Server 2008 中主要的权限类别

权 限	描 述
CONTROL	授予类似所有权的能力授予被授予者。被授权者实际上对安全对象具有所定义的所有权限
TAKE OWNERSHIP	允许被授权者获取所授予的安全对象的所有权
VIEW DEFINITION	允许定义视图。如果用户具有该权限,就利用表或函数定义视图
CREATE	允许创建对象
ALTER	允许创建(CREATE)、更改(ALTER)或删除(DELETE)受保护的对象及其下层所有的对象

续表

权　限	描　述
SELECT	允许"看"数据。如果用户具有该权限,就可以在授权的表或视图上运行 SELECT 语句
INSERT	允许插入新行
UPDATE	允许修改表中现有的数据。但不允许添加或删除表中的行。当用户在某一列上获得这个权限时,只能修改该列的数据
DELETE	允许删除数据行
REFERENCE	允许插入行,这里被插入的表具有外键约束,参照了用户 SELECT 权限的另一张表
EXECUTE	允许执行一个特定存储过程

10.4.3　权限管理

1. 指定服务器权限

【例 10.12】　查看登录名 SQL_User 具有的权限。

操作步骤如下。

(1) 利用 SQL_User 登录名登录。

(2) 在对象资源管理器中,右击服务器 LISA\SQLEXPRESS2008(不同的计算机显示不同的服务器名),在弹出的快捷菜单中选择"属性"命令。

(3) 出现"服务器属性-LISA\SQLEXPRESS2008"窗口,在窗口左侧选择"权限"选项。在左侧"连接"处显示当前为 SQL_User 进行的连接。在右侧的 SQL_User 的权限中,选择"有效"选项卡,可以看到有效的权限为连接 SQL(CONNECT SQL)和查看任何数据库(VIEW ANY DATABASE),如图 10-26 所示。

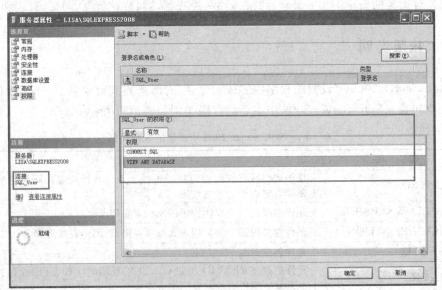

图 10-26　设置服务器权限

【例 10.13】 授予登录名 SQL_User 具有创建数据的权限。

操作步骤如下。

(1) 利用 Windows 身份验证登录，如图 10-27 所示。

图 10-27　使用 Windows 身份验证登录

(2) 在对象资源管理器中，右击服务器 LISA\SQLEXPRESS2008(不同的计算机显示不同的服务器名)，在弹出的快捷菜单中选择"属性"命令。

(3) 出现"服务器属性－LISA\SQLEXPRESS2008"窗口，在窗口左侧选择"权限"选项。在左侧"连接"处显示当前为 LISA\Dongyun(不同的计算机操作系统设置不同的登录名显示不同)进行的连接。在右侧的"登录名或角色"列表中，选择"SQL_User"项，在下面的"SQL_User 的权限"区域中，选择授予具有创建任何数据库的权限，如图 10-28 所示。

图 10-28　设置登录名具有相关的权限

其中的各项内容解析如下。

①"登录名或角色"：就是被设置权限的对象。②"有效权限"：查看当前选择登录名或角色的权限。③"授权者"：就是当前登录至 SQL Server 服务器的登录名。④"权限"：是所有当前登录名可设置的权限。⑤"授予"：表示授予权限。⑥"具有授予权限"：表示 sa 授予选中对象的权限可再授予其他登录名。⑦"拒绝"：就是禁止使用。

"授予"、"具有授予权限"和"拒绝"这 3 个选项的选择有其连带关系，选中"拒绝"复选框，就自动清除"授予"及"具有授予权限"；若选中"具有授予权限"复选框，则清除"拒绝"并选择"授予"。

（4）完成后单击"确定"按钮。

（5）利用例 10.9 相同的方法查看 SQL_User 的权限，如图 10-29 所示。

图 10-29　查看 SQL_User 具有的服务器权限

说明：利用 SQL_User 登录到 SQL Server 服务器，创建数据库 tempdb，然后删除 tempdb 数据库，体验 SQL_User 登录名所有具有创建数据库的权限，但是没有删除数据库的权限。

2. 指定数据库权限

【**例 10.14**】　授权 SQL_User 登录名对于 CompanySales 数据库中用户表和视图具有创建的权限。

操作步骤如下。

（1）使用 Windows 身份验证登录 SQL Server。

（2）在对象资源管理器中，选择"安全性"→"登录名"→SQL_User 登录名节点，右击，在弹出的快捷菜单中选择"属性"命令，选择"用户映射"选项页，在右侧显示"映射到此登录名的用户"列表，如图 10-30 所示。从中可以看出 SQL_User 登录名在 CompaySales 数据库中的用户名为 first_user。

说明：此处的用户映射在例 10.6 中已经完成。

图 10-30 SQL_User 登录属性

（3）在对象资源管理器中，展开"数据库"节点，右击 CompanySales 数据库，在弹出的快捷菜单中选择"属性"命令，出现"数据库属性-CompanySales"窗口，选择窗体左侧中的"权限"选项页。在"用户或角色"列表中选择要设置权限的对象 first_user，在"first_user 的权限"列表中勾选"创建表"和"创建视图"，如图 10-31 所示。

图 10-31 设置 first_user 权限

3. 设置数据库对象权限

【例 10.15】 指定 CompanySales 数据库中的用户名 SQL_User 在 Customer 表上具有所有的权限。

操作步骤如下。

（1）使用 Windows 身份验证登录 SQL Server。

（2）展开"数据库"→CompaySales→"安全性"节点，右击 first_user 节点，弹出"数据库用户-first_user"窗口，如图 10-32 所示。

（3）单击图 10-32 右侧的"搜索"按钮，出现"添加对象"对话框，单击"特定类型的所有对象"单选按钮，单击"确定"按钮，如图 10-33 所示。

图 10-32　first_user 登录属性

图 10-33　添加对象

（4）出现"选择对象类型"对话框，如图 10-34 所示。选中"表"复选框，单击"确定"按钮。

图 10-34　选择对象类型

（5）在"数据库用户-first_user"窗口右侧的"安全对象"列表中选择 Customer 项，然后在窗口下方的"dbo. Customer 的权限"区域授权所有的权限，单击"确定"按钮，如图 10-35 所示。

【例 10.16】　指定 CompanySales 数据库中的用户名 SQL_User 在 Employee 表的

图 10-35　授权 first_user 用户权限

Salary 列上具有更新的权限。

操作步骤如下。

(1) 操作步骤同例 10.15 的步骤(1)到步骤(2)。结果如图 10-36 所示。在"安全对象"中选中 Employee 表,但是"列权限"按钮为灰色的。

图 10-36　设置列权限(1)

(2) 在"dbo.Employee 的权限"区域中,授予"更新"权限,使得"列权限"按钮变可用,如图 10-37 所示。

(3) 单击"列权限"按钮,打开"列权限"对话框,授予 Salary 列权限,如图 10-38 所示。

图 10-37　设置列权限(2)

图 10-38　设置列权限(3)

（4）返回"数据库用户-first_user"窗口，选择"dbo.Employee 的权限"区域的"有效"选项卡，即可看到已经设置为要求的内容，如图 10-39 所示。

图 10-39　设置列权限(4)

（5）单击"确定"按钮。

10.5　角色管理

为了数据库的安全性，逐个设置用户的权限，方法较直观和方便，然而一旦数据库的用户数很多时，设置权限的工作将会变得繁琐复杂。在 SQL Server 中通过为角色设置权限解决此类问题。

角色的概念类似于 Windows 操作系统的"组"的概念。在 SQL Server 2008 中，系统已经创建了多个角色，只要把用户直接设置为某个角色的成员，那么该用户就继承这个角色的权限。

SQL Server 2008 中角色分为 3 类：服务器角色、数据库角色和应用程序角色。

10.5.1　服务器角色

服务器角色是针对服务器已定义的不同权限，管理人员无法创建服务器角色，而只能选择合适的已固定的服务器角色，固定服务器角色共有 8 个，如表 10-2 所示。

表 10-2　固定服务器角色

服务器角色	允许权限
bulkadmin（大容量插入操作管理者）	可以使用 BULK INSERT 语句，指以用户指定的个数将数据文件加载到数据表或视图中
dbcreator（数据库创建者）	可以创建、更改、删除和还原任何数据库
diskadmin（磁盘管理员）	可以管理数据库在磁盘的文件
processadmin（进程管理员）	可以结束在 SQL Server 执行个体中执行的进程
securityadmin（安全管理员）	可以管理登录及其属性
serveradmin（服务管理员）	可以更改整个服务器的配置选项与关闭服务器
setupadmin（安装管理员）	可以新建和删除连接服务器，也可以执行部分系统存储过程
sysadmin（系统管理员）	可以执行服务器中的所有活动

1. 使用 SSMS 将登录名指派服务器角色成员

【例 10.17】　将登录名 SQL_User 加为服务器角色 sysadmin 的成员。

操作步骤如下。

（1）以 sa 账户或超级用户身份连上数据库实例，启动 SQL Server Management Studio。

（2）在对象资源管理器中，展开"安全性"→"登录名"节点。右击登录名 SQL_User，在弹出的快捷菜单中选择"属性"命令。

（3）出现"登录属性-SQL_User"窗口，在窗口的左侧的"选择页"中，选择"服务器角色"选项，在右侧的"服务器角色"列表中，选中"sysadmin"复选框，如图 10-40 所示。

图 10-40　设置为服务器角色成员

（4）单击"确定"按钮，完成设置。

【例 10.18】　查看服务器角色 sysadmin 的成员。

操作步骤如下。

（1）以 sa 账户或超级用户身份连上数据库实例，启动 SQL Server Management Studio。

（2）在对象资源管理器中，展开"安全性"→"服务器角色"节点。

（3）双击 sysadmin 节点，打开"服务器角色属性-sysadmin"窗口，如图 10-41 所示，可

图 10-41　sysadmin 服务器角色的成员

以查看在服务器角色 sysadmin 的成员。

2. 使用系统存储过程 sp_addsrvrolemember 增加登录名到服务器角色

使用系统存储过程 sp_addsrvrolemember 增加登录到服务器角色,语法格式如下:

```
SP_addsrvrolemember [@loginame=] 'login',[@rolename=] 'role'
```

【例 10.19】 将 Windows 登录名 winuser 添加到 sysadmin 服务器角色中。

```
EXEC sp_addsrvrolemember 'winuse', 'sysadmin'
```

3. 使用系统存储过程 sp_dropsrvrolemember 删除登录到服务器角色

使用系统存储过程 sp_dropsrvrolemember 删除登录到服务器角色,语法格式如下:

```
sp_dropsrvrolemember [@loginame=]'login',[@rolename=] 'role'
```

【例 10.20】 从 sysadmin 服务器角色中删除登录 winuser。

```
EXEC sp_dropsrvrolemember 'winuser','sysadmin'
```

10.5.2 数据库角色

数据库角色是具有相同访问权限的数据库用户账号或组的集合。数据库角色应用于单个数库。通过数据库用户和角色来控制数据库的访问和管理。在 SQL Server 中,数据库角色可分为 3 种。

(1) 固定数据库角色。

(2) 标准数据库角色。由数据库成员所组成的组,此成员可以是用户或其他的数据库角色。

(3) 应用程序角色。用来控制应用程序存取数据库中的数据,本身并不包含任何成员。

创建数据库之后,便会自动创建 10 个内置固定数据库角色,这 10 个角色的名称及权限如表 10-3 所示。

表 10-3 固定数据库角色

固定数据库角色	允 许 权 限
db_accessadmin	可以新建或删除 Windows 登录、Windows 组及 SQL Server 登录的访问权
db_backupoperator	可以备份数据库
db_datareader	可以读取所有用户数据表的所有数据
db_datawriter	可以添加、删除或修改所有用户数据表中的数据
db_ddladmin	可在数据库中执行任何"数据定义语言"(DDL)的命令

续表

固定数据库角色	允 许 权 限
db_denydatareader	不能读取数据库中任何用户数据表的数据
db_denydatawriter	不能添加、修改或删除数据库中任何用户数据表的数据
db_owner	可以在数据库上执行所有的配置和维护活动、删除数据库
db_securityadmin	可以修改角色成员资格与管理权限
public	拥有数据库中用户的所有默认权限

1. 添加登录名到固定数据库角色

【**例 10.21**】 将登录名 SQL_user 添加到 CompanySales 数据库中，成为固定数据库角色 db_owner 的成员。

操作步骤如下。

（1）以 sa 账户或超级用户身份连上数据库实例，启动 SSMS。

（2）在对象资源管理器中，展开"安全性"→"登录名"节点，右击登录名 SQL_User，在弹出的快捷菜单中选择"属性"命令。

（3）在"登录属性 - SQL_User"窗口中，选择"用户映射"选择项；在右侧的"映射到此登录名的用户"列表中，选择 CompanySales 选项；在窗口下方的"数据库角色成员身份：CompanySales"列表中，选择 db_owner 选项，如图 10-42 所示。

图 10-42　添加登录名为数据库角色成员

（4）单击"确定"按钮。

2. 标准数据库角色

由于固定的数据库角色不能更改权限,因此,有时可能不能满足需要。这时,可以对为特定数据库创建的角色来设置权限。

【例10.22】　在销售管理数据库系统中,有3类用户:需要查看数据的普通用户、需要能够修改数据的管理员和需要能修改数据库对象的开发员。创建3种角色以达到处理用户的需求,而不用管理许多不同的用户账户。

分析:在创建数据库角色时,先给该角色指派权限,然后将用户指派给该角色;这样用户将继承给这个角色指派的任何权限。这不同于固定数据库角色,因为在固定角色中不需要指派权限,只需要添加用户。

具体的步骤如下。

(1)启动SSMS。

(2)在对象资源管理器中展开"数据库"→CompanySales→"安全性"→"角色"→"数据库角色"节点。

(3)右击"数据库角色"节点,在弹出的快捷菜单中选择"新建数据库角色"命令,打开"数据库角色-新建"窗口,如图10-43所示。

图10-43　新建数据库角色

(4)输入新建数据库角色名称Com_Rule,选择"此角色拥有的架构"为dbo,单击"添加"按钮选择该数据库角色的成员,将guest、public和first_user添加到角色成员。最后单击"确定"按钮即可。

【例10.23】　在数据库角色db_datareader中,删除数据库角色成员first_user。

具体的操作如下。

（1）启动 SQL Server Management Studio。

（2）在对象资源管理器中展开"数据库"→CompanySales→"安全性"→"角色"→"数据库角色"节点。

（3）右击 db_datareader 节点，在弹出的快捷菜单中选择"属性"命令。

（4）打开"数据库角色属性"对话框，选择要删除的数据库角色成员 first_user，单击"删除"按钮即可。

【例 10.24】 在销售管理数据库 CompanySales 中，删除自定义数据库角色数据库角色 Com_Rule。

具体的操作如下。

（1）启动 SQL Server Management Studio。

（2）在对象资源管理器中展开"数据库"→CompanySales→"安全性"→"角色"→"数据库角色"节点。

（3）选择要删除的数据库角色 Com_Rule，单击"删除"按钮即可。

说明：SQL Server 固定数据库角色不能被删除。在数据库角色管理中，还可以应用存储过程进行管理。

3. 应用程序角色

应用程序角色是一个数据库主体，它使应用程序能够用其自身的、类似用户的权限来运行。使用应用程序角色，可以只允许通过特定应用程序连接的用户访问特定数据。与数据库角色不同的是，应用程序角色默认情况下不包含任何成员，而且是非活动的。应用程序角色使用两种身份验证模式。可以使用 sp_setapprole 启用应用程序角色，该过程需要密码。因为应用程序角色是数据库级主体，所以它们只能通过其他数据库中为 guest 授予的权限来访问这些数据库。因此，其他数据库中的应用程序角色将无法访问任何已禁用 guest 的数据库。

说明：应用程序角色不包含成员；默认情况下，应用程序角色是非活动的，需要用密码激活；应用程序角色不使用标准权限。

应用程序角色切换安全上下文的过程包括下列步骤：用户执行客户端应用程序，客户端应用程序作为用户连接到 SQL Server，然后应用程序用一个只有它才知道的密码执行 sp_setapprole 存储过程。如果应用程序角色名称和密码都有效，则启用应用程序角色。此时，连接将失去用户权限，而获得应用程序角色权限。通过应用程序角色获得的权限在连接期间始终有效。

一旦激活了应用程序角色，SQL Server 2008 就不再将用户作为他们本身来看待，而是将用户作为应用程序来看待，并给他们指派应用程序角色权限。创建并测试一个应用程序角色，具体步骤如下。

（1）打开 SSMS 窗口，在对象资源管理器中，展开"数据库"→GradeManager 节点。

（2）展开"安全性"→"角色"节点，右击"应用程序角色"节点，在弹出的快捷菜单中选择"新建应用程序角色"命令，打开"应用程序角色-新建"窗口。在"角色名称"文本框输入

"approle_xuser",设置"默认架构"为"dbo",设置密码为"abc"。

习　题

一、填空题

1. SQL Server 2008 提供了_____和_____两种身份验证模式。

2. 服务器角色可拥有的成员是_____。

3. 创建数据库角色时,若未指定所有者,则默认是_____。

4. SQL Server 2008 为用户提供了_____和_____角色。

二、选择题

1. 混合身份验证模式的优点有(　　)。

    A. 创建了 Windows NT/2000 之上的另外一个安全层次

    B. 支持更大范围的用户,例如非 Windows 用户等

    C. 一个应用程序可以使用多个 SQL Server 登录名和密码

    D. 一个应用程序只能使用单个 SQL Server 登录名和密码

2. Windows 身份验证模式的优点主要有(　　)。

    A. 数据库管理员的工作可以集中在管理数据库上面,而不是管理用户账户。对用户账户的管理可以交给 Windows NT 去完成

    B. Windows NT 有着更强的用户账户管理工具,可以设置账户锁定、密码期限等。如果不是通过定制来扩展 SQL Server,SQL Server 不具备这些功能

    C. Windows NT 的组策略支持多个用户同时被授权访问 SQL Server

    D. 数据库管理员的工作可以集中在管理用户账户上面,而不是集中在管理数据库上面

3. 如果要为所有的登录名提供有限的数据访问,最好的方法是(　　)。

    A. 在数据库中增加 guest 用户,并为其授予适当的权限

    B. 为每个登录名增加一个用户,并为其设置权限

    C. 为每个登录名增加权限

    D. 为每个登录名增加一个用户,然后将用户增加到一个组中,为这个组授予权限

三、思考题

1. 简述 SQL Server 2008 的登录模式。

2. 什么是角色? 有何作用?

3. 什么是授权的主体?

实　　训

【实训目的】

（1）掌握 SQL Server 身份验证的模式。

（2）掌握创建和管理登录名。

（3）掌握创建和管理数据库用户。

（4）掌握权限的创建和管理的方法。

【实训内容】

（1）设置 SQL Server 2008 身份验证模式为混合验证模式。

（2）创建一个 SQL Server 登录名 aa 和 cc，默认数据库为 Master，赋予其系统管理员（systen administrator）角色。

（3）在操作系统中创建用户 bb，然后在 SQL Server 中创建其对应登录名 bb。

（4）删除登录账号 cc。

（5）了解特殊的账户 sa 的作用。

（6）来创建登录名 aa 对应的在 CompanySales 数据库下的数据库用户 user_aa。登录名 bb 对应的用户 user_bb。

（7）销售管理数据库中创建新建用户角色 tangdb，并将添加用户 user_aa。

（8）授予销售管理数据库用户 user_aa 对 Employee 表有 SELECT、DELETE 和 UPDATE 的权限。

销售管理数据库的日常维护

技能目标

学会数据库备份和还原的方法;学会数据的导入和导出;学会根据系统的需求合理设置销售管理数据库的备份和恢复策略。

知识目标

了解数据库的常见故障类型;掌握 SQL Server 2008 数据库的各种备份和恢复方法;掌握数据库各种格式文件的导入和导出操作。

11.1 概　述

数据库主要的日常维护是对数据库进行备份操作。虽然 SQL Server 2008 提供了各种安全措施保证的数据库安全性和可靠性,但由于各种因素,如硬件故障、自然灾害、计算机病毒等,会对数据库造成严重破坏,轻则影响数据的正确性,重则引起灾难性的后果。

例如,在如图 11-1 所示的数据库运行中,数据库管理员进行了一些数据库备份,在备份 t5 之后的一段时间,数据库中出现数据损失,此时数据库管理员可以利用 t5 备份来还原数据库,将数据库还原到 t5 时的状态,但是 t5 之后对数据库进行的更改都将丢失。

图 11-1　数据库的完整备份还原数据

11.2　数据库的备份

SQL Server 2008 针对不同用户的需求,提供了完整备份、差异备份、事务日志备份和文件组备份这 4 种方式供用户选择。

11.2.1　备份设备

1. SSMS 管理备份设备

执行备份的第一步是创建将要包含备份内容的备份文件。为了执行备份操作,在使用之前所创建的备份文件称为永久性的备份文件,也称为备份设备。物理备份设备名称主要用来供操作系统对备份设备进行引用和管理,如:D:\DATA\CompanySales.bak。逻辑备份设备是物理备份设备的别名。通常比物理备份设备更能简单、有效地描述备份设备的特征。逻辑备份设备名称被永久保存在 SQL Server 2008 的系统表中。

【例 11.1】　为销售管理数据库的创建备份设备。

操作步骤如下。

(1) 在对象资源管理器中展开"服务器对象"节点。

(2) 右击"备份设备"节点,在弹出的快捷菜单中选择"新建备份设备"命令。

(3) 出现如图 11-2 所示的"备份设备"窗口。在指定备份设备的逻辑名称的"设备名称"文本框中输入"CompanySalesBak",在表示物理位置的"文件"文本框中输入"D:\data\ CompanySales.bak",单击"确定"按钮,执行创建备份设备。

图 11-2　创建备份设备

说明:

(1) 指定存放备份设备的物理路径必须真实存在,否则将会提示"系统找不到指定的路径",因为 SQL Server 2008 不会自动为用户创建文件夹。

(2) 备份设备创建之后,在相应的文件夹中并没有实际生成该文件。只有在执行了备份操作,备份设备上存储了备份内容之后,该文件才会出现在指定的位置中。

(3) 不要把数据库和备份放在同一磁盘上,如果磁盘设备发生故障,可能无法数据库。

2. 使用存储过程 sp_addumpdevice

使用系统存储过程 sp_addumpdevice 创建备份设备,其语法格式如下:

```
sp_addumpdevice<备份设备类型>,<逻辑设备名称>,<物理设备名称>
```

【例 11.2】 在本地磁盘中创建一个备份设备。

分析：要创建的为本地磁盘，所以备份设备类型为 disk。

在查询编辑器中执行如下的 T-SQL 语句。

```
EXEC sp_addumpdevice 'disk','comb','d:\data\comb.bak'
```

11.2.2 使用 SSMS 创建备份

1. 完整备份

完全数据库备份是备份数据库中的所有数据和结构。数据库的第一次备份应该是完全数据库备份，这种备份内容为其他备份方法提供了一个基准，其他备份如差异备份只有在执行了完整备份之后才能被执行。

【例 11.3】 创建销售管理数据库 CompanySales 的完整备份。

操作步骤如下。

（1）在对象资源管理器中展开"数据库"节点，右击 CompanySales 数据库，在弹出的快捷菜单中选择"任务"→"备份"命令，将会出现如图 11-3 所示的"备份数据库-CompanySales"窗口。

图 11-3 备份数据库-CompanySales

（2）打开"常规"选项页，在"数据库"下拉列表中选择 CompanySales 选项，在"备份类型"下拉列表中选择"完整"选项，在"备份组件"下选中"数据库"单选按钮，在"目标"选项区域中，首先单击"删除"按钮，删除现有的目的文件，然后单击"添加"按钮，打开"选择备份目标"对话框，如图 11-4 所示，选择"备份设备"为 CompanySalesBak，单击"确定"按钮，返回"备份数据库"窗口。

图 11-4　选择备份目标

　　（3）在"备份数据库"窗口中，切换到"选项"选项页，选中"覆盖所有现有备份集"单选框，这样系统创建备份时将初始化备份设备并覆盖原有备份内容，如图 11-5 所示。

图 11-5　设置完整备份的选项设置

　　（4）在"选项"选项页的"可靠性"选项区域中，选中"完成后验证备份"复选框，以避免在备份的过程中数据库可能遭到破坏，造成所有的备份无法使用，如图 11-5 所示。
　　（5）单击"确定"按钮，完成数据库的备份操作。

2. 差异备份

　　差异备份仅记录自上次完整备份后更改过的数据进行备份。差异数据备份需要一个参照基准。差异数据库备份的工作原理如图 11-6 所示，每个方块表示一个区，假定数据库由 12 个区组成,阴影区表示自上次完整备份后发生变化的区。差异备份就是对 4 个变化的区执行备份操作。差异备份比完整备份更小、更快,可以简化频繁的备份操作,减少数据丢失的风险。在执行差异备份时要注意备份的时间间隔。在执行几次差异备份后,应执行一次完整数据库备份。

图 11-6　差异数据库备份的工作原理

【**例 11.4**】　创建销售管理数据库 CompanySales 的差异备份。

分析:差异备份只记录自上次完整数据备份后更改的数据。差异备份比完整备份小而且备份速度快,便于经常备份,以降低丢失数据的风险。销售管理数据库 CompanySales 在例 11.2 中已经创建完整备份,为了记录体现差异备份,在员工表 Employee 中增加一个员工,代码如下:

```
INSERT INTO  Employee(EmployeeName,Sex,BirthDate,HireDate,Salary,DepartmentID)
    VALUES('郑宝宜','女',1980-2-1,2004-3-2,1500,1)
```

创建差异备份的操作步骤如下。

(1) 在对象资源管理器中展开"数据库"节点,右击 CompanySales 节点,从弹出的快捷菜单中选择"任务"→"备份"命令,打开"备份数据库-CompanySales"窗口。

(2) 在"备份数据库"窗口中,在"数据库"下拉列表中选择 CompanySales,在"备份类型"下拉列表中选择"差异"选项,在"备份组件"下选中"数据库"单选按钮,在备份的"目标"选项区域中,指定备份到 CompanySalesBak,如图 11-7 所示。单击"确定"按钮,执行备份数据库。

图 11-7　数据库备份

说明：由于本机中没有磁带设备，因此"磁带"备份设备不可选。备份设备创建后，在进行备份时可被选择使用。

（3）验证备份。展开"服务器对象"→"备份设备"节点，右击 CompanySalesBak 节点，在弹出的快捷菜单中选择"属性"命令，出现"备份设备-CompanySalesBak"窗口，选择"媒体内容"选项页，如图 11-8 所示，在"备份集"列表中显示完整和差异备份的信息。

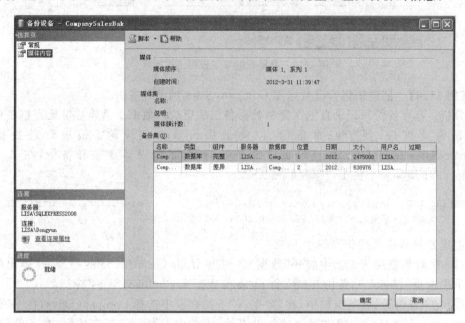

图 11-8　备份设备-CompanySalesBak 的媒体内容

说明：差异备份文件比完整备份文件小，因为它仅备份自上次完整备份后更改过的数据。

3. 事务日志备份

事务日志备份是备份数据库事务日志的变化过程。当执行完整数据库备份之后，可以执行事务日志备份。

【**例 11.5**】　创建销售管理数据库 CompanySales 的事务日志备份，备份到 CompanySalesBak 中。

操作步骤如下。

（1）在对象资源管理器中，展开"数据库"节点，右击 CompanySales 节点，在弹出的快捷菜单中选择"任务"→"备份"命令，打开"备份数据库-CompanySales"窗口。

（2）打开"常规"选项页，在"数据库"下拉列表中选择 CompanySales 选项，在"备份类型"下拉列表中选择"事务日志"选项，在"备份组件"下选中"数据库"单选按钮，在"目标"选项区域中，系统已经选中前面创建的备份设备 CompanySalesBak，其他参数保持不变。

（3）切换到"选项"选项页，选中"追加到现有备份集"单选按钮，这样可以避免覆盖前面创建的完整备份和差异备份，选中"完成后验证备份"复选框，单击"确定"按钮，系统开始进行事务日志备份。

【例 11.6】 查看备份设备 CompanySalesBak 的媒体内容。

操作步骤如下。

(1) 在对象资源管理器中,展开"服务器对象"→"备份设备"节点。

(2) 选择 CompanySalesBak 节点,右击,在弹出的快捷菜单中选择"属性"命令,打开"备份设备-CompanySalesBak"窗口。

(3) 选择"媒体内容"选项页,备份设备 CompanySalesBak 的媒体内容,如图 11-9 所示。

图 11-9　备份设备-CompanySalesBak

11.2.3　使用 BACKUP 语句创建备份

BACKUP 命令可以用来对指定数据库进行完整备份、差异备份、事务日志备份或文件和文件组备份。使用 BACKUP 命令需要指定备份的数据库、备份的目标设备和备份的类型及一些备份选项。

1. 完整数据库备份

利用 BACKUP 命令创建备份整个数据库的语法格式如下:

```
BACKUP DATABASE<数据库名>
    TO<备份设备>[,...n]
```

备份设备为指定备份操作时要使用的逻辑或物理备份设备,最多可指定 64 个备份设备。<备份设备>的语法格式如下:

```
{<逻辑名>}
```

或

```
{DISK|TAPE}='<物理路径>'
```

【例 11.7】 创建销售管理数据库 CompanySales 的完整备份,备份到例 11.2 中创建的备份设备 comb 中。

分析:由于要备份到备份设备 comb,而 comb 已经存在,所以备份设备只要输入备份设备名 comb。

在查询编辑器中执行如下的 T-SQL 语句。

```
BACKUP DATABASE  CompanySales  TO  comb
```

执行结果如图 11-10 所示。

图 11-10   执行数据库备份

【例 11.8】 创建销售管理数据库 CompanySales 的完整备份,备份到 D:\data\comb1.bak 中。

分析:创建备份到文件,所以备份设备处使用物理路径,代码为“DISK='D:\data\comb1.bak'”。

在查询编辑器中执行如下的 T-SQL 语句。

```
BACKUP DATABASE  CompanySales  TO  DISK='D:\data\comb1.bak'
```

2. 差异备份

使用 WITH DIFFERENTIAL 关键字,可以创建数据库的差异备份,语法格式如下:

```
BACKUP DATABASE<数据库名>
  TO<备份设备>[,...n]
  WITH  DIFFERENTIAL
```

【例 11.9】 创建销售管理数据库 CompanySales 的差异备份,备份到 D:\data\comb1.bak 中。

在查询编辑器中执行如下的 T-SQL 语句。

```
BACKUP DATABASE  CompanySales
  TO  DISK='D:\data\comb1.bak'
  WITH  DIFFERENTIAL
```

3. 文件组或文件备份

当数据库非常大时,可以进行数据库的文件组或文件的备份。其语法格式如下:

```
BACKUP DATABASE<数据库名>
{FILE=<文件名>|FILEGROUP=<文件组名>} [,...n]
    TO <备份设备>[,...n]
```

说明:必须先将事务日志进行单独备份,才能使用文件组和文件备份来恢复数据库。

【例 11.10】 备份销售管理数据库 CompanySales 的主文件组(PRIMARY)中的数据。

在查询编辑器中执行如下的 T-SQL 语句。

```
BACKUP  DATABASE  CompanySales
    FILEGROUP='PRIMARY'
    TO  DISK='D:\data\comb1.bak'
```

4. 事务日志备份

事务日志备份的语法格式如下:

```
BACKUP LOG<数据库名>
    TO<备份设备>[,...n]
```

【例 11.11】 创建销售管理数据库 CompanySales 的事务日志备份,备份到 D:\data\comb2.bak 中。

在查询编辑器中执行如下的 T-SQL 语句。

```
BACKUP LOG CompanySales
    TO  DISK='D:\data\comb2.bak'
```

在实践中,针对不同的数据库,多种备份方式往往相互结合使用,表 11-1 给出了常用的备份策略。

表 11-1 常用的备份策略

策　　略	说　　明
完整数据库备份和还原	用于小型数据库;数据库很少改变或只读;如果使用完全模式,事务日志需要周期性清除
完整数据库备份＋差异备份和还原	数据库更改频繁;想要最少的备份时间
完整数据库备份＋事务日志备份与还原 完整数据库备份＋差异备份＋事务日志备份与还原	数据库和事务日志备份相结合;数据库经常更改;完整备份时间长

说明:备份是一种十分耗费时间和资源的操作,不能频繁操作。应该根据数据库使用情况确定一个适当的备份周期。

11.3 还原数据库

数据库还原就是当数据库出现故障时,从数据库备份中复制数据,并根据事物日志对数据执行前滚操作,将数据库恢复到指定时间点的过程。系统在还原数据库的过程中,自动执行安全性检查、重建数据库结构以及完成填写数据库内容。

11.3.1 使用 SSMS 还原数据库

【例 11.12】 利用备份设备 CompanySalesBak 还原销售管理数据库 CompanySales 到 2012 年 7 月 6 日。

分析:由于数据库的还原操作是静态的,所以在还原数据库时,必须限制用户对该数据库进行的其他操作。

操作步骤如下。

(1) 设置数据库的限制访问。展开对象资源管理器中的"数据库"节点,右击 CompanySales 数据库,在弹出的快捷菜单中选择"属性"命令,打开"数据库属性-CompanySales"窗口,选择"选项"选项页,设置"状态"→"限制访问"为"SINGLE_USER"(单用户),如图 11-11 所示,单击"确定"按钮。

图 11-11 设置数据库访问属性

（2）展开对象资源管理器中的"数据库"节点，右击 CompanySales 数据库，在弹出的快捷菜单中选择"任务"→"还原"→"数据库"命令，打开"还原数据库"窗口，如图 11-12 所示。

图 11-12　数据库还原

（3）单击"目标时间点"文本框右侧的按钮，打开"时点还原"窗口，如图 11-13 所示，选中"具体日期和时间"单选按钮，设置日期和时间。单击"确定"按钮，返回。

图 11-13　设置时点还原

（4）在"目标数据库"的文本框中输入数据库名称"CompanySales"，在"还原的源"下选中"源设备"单选按钮，单击右侧的按钮，打开"指定备份"对话框，如图 11-14 所示，在"备份媒体"下拉列表中选择"备份设备"选项。

（5）单击"添加"按钮，打开"选择备份设备"对话框，在"备份设备"下拉列表中选择 CompanySalesBak 选项，如图 11-15 所示，单击"确定"按钮。

图 11-14　指定备份

图 11-15　选择备份设备

（6）返回"指定备份"对话框，如图 11-16 所示，单击"确定"按钮。

图 11-16　设置源设备后的"指定备份"对话框

（7）返回"常规"选项页，如图 11-17 所示。在"选择用于还原的备份集"列表下，出现备份设备中的媒体内容为 3 次备份，复选所有的 3 种备份，以使数据库恢复到最新状态。

（8）切换到"选项"选项页，设置"还原选项"，选择"覆盖现有数据库"复选框；在"将数据库文件还原为"选项中，要保证文件路径的正确性；设置"恢复状态"，如图 11-18 所示。单击"确定"按钮，系统开始还原数据库。

图 11-17　还原数据库—选择用于还原的备份集

图 11-18　还原数据库—还原选项

11.3.2　使用 RESTORE 还原数据库

1. 还原完整数据库

还原完整数据库的语法格式如下：

```
RESTORE DATABASE<要还原的数据库名>
FROM<备份设备>[,...n]
[WITH[FILE=n][,RECOVERY|NORECOVERY][,REPLACE]]
```

其中,各参数的含义如下。

(1) 备份设备为指定备份操作时要使用的逻辑或物理备份设备,<备份设备>的语法格式如下。

```
{<逻辑名>}
```

或者

```
{DISK|TAPE}='<物理路径>'
```

(2) FILE＝n:自从设备上的第 n 个备份中恢复。

(3) RECOVERY:指示还原操作回滚任何未提交的事务。在恢复进程后即可随时使用数据库,默认为 RECOVERY。

(4) REPLACE:指定即使存在另一个具有相同名称的数据库,SQL Server 也应该创建指定的数据库及其相关文件。

【例 11.13】 从 D:\data\comb1.bak 数据库备份中还原销售管理数据库 CompanySales。

分析:从文件中还原,所以备份设备处使用物理路径,代码为 DISK＝'D:\ data\ comb1.bak'。

在查询编辑器中执行如下的 T-SQL 语句。

```
RESTORE DATABASE CompanySales
  FROM DISK='d:\data\comb.bak'
```

2. 还原数据库日志

RESTORE LOG 语句非常复杂,常用还原数据库日志的语法格式如下:

```
RESTORE LOG<要还原的数据库名>
FROM<备份设备>[,...n]
```

11.4 数据导入和导出

数据转换服务是一个功能非常强大的组件,导入和导出向导提供了把数据从一个数据源转换到另一个数据目的地的方法,该工具可以在异构数据环境中复制数据、复制整个表或者查询结果,并且可以交互式地定义数据转换方式。

11.4.1 数据导出

【例 11.14】 将销售管理数据库 CompanySales 的表,导出为 Excel 格式的文件。

分析：由于只要求，将数据库中的表导出，所以在选择源表和视图的时候，仅选择表。操作步骤如下。

（1）展开对象资源管理器的"数据库"选项，右击 CompanySales 数据库，在弹出的快捷菜单中选择"任务"→"导出数据"命令。

（2）出现"SQL Server 导入和导出向导"窗口，如图 11-19 所示。

图 11-19　SQL Server 导入和导出向导

（3）单击"下一步"按钮，就会出现选择导出数据的"选择数据源"窗口，在"数据源"下拉列表中选择 SQL Native Client 10.0 选项，然后选择"身份验证"为"使用 Windows 身份验证"，"数据库"的文本框为"CompanySales"，如图 11-20 所示。

图 11-20　选择数据源

说明：从"数据源"下拉列表框中可选择 18 种数据源，不同的数据源类型有不同的对话框内容。根据不同的数据源需要设置身份验证模式、服务器名称、数据库名称和文件的格式。

（4）单击"下一步"按钮，则会出现"选择目标"窗口，选择目标为 Microsoft Excel，选择 Excel 文件路径,输入导出的文件路径,如图 11-21 所示。

图 11-21　选择目标

(5) 单击"下一步"按钮,出现"指定表复制或查询"窗口,如图 11-22 所示,选中"复制一个或多个表或视图数据"单选按钮。

图 11-22　指定表复制或查询

(6) 单击"下一步"按钮,则出现"选择源表和源视图"窗口,如图 11-23 所示。选择表

图 11-23　选择源表和源视图

格名称左边的复选框,选定要复制的源表。单击"预览"按钮预览数据,将会出现如图 11-24 所示的数据。

图 11-24 预览数据

(7) 单击"完成"按钮,将出现"完成该向导"窗口,如图 11-25 所示,确认导出数据。

图 11-25 确认导出数据

（8）单击"完成"按钮，执行数据库导出操作，执行成功后，将会出现"执行成功"窗口，如图 11-26 所示。

图 11-26　执行成功

（9）打开导出 Excel 文件，验证数据导出正确性。

11.4.2　数据导入

【例 11.15】 创建 new_sales 数据库，将在例 11.13 导出的 CompanySales. xls 文件导入到 new_sales 数据库。

操作步骤如下。

（1）在对象资源管理器中右击"数据库"节点，在弹出的快捷菜单中选择"新建数据库"命令，创建一个数据库，名称为 new_sales。

（2）在对象资源管理器中，展开"数据库"，右击 new_sales 数据库，在弹出的快捷菜单中选择"任务"→"导入数据"选项。

（3）出现"欢迎使用 SQL Server 导入和导出向导"对话框。单击"下一步"按钮，出现"选择数据源"对话框，在"数据源"的文本框中选择 Microsoft Excel 选项，然后单击"浏览"按钮，选择 Excel 文件路径，如图 11-27 所示。

（4）单击"下一步"按钮，出现"选择目标"窗口，如图 11-28 所示，在"数据库"下拉列表中，选择 new_sales 数据库。

（5）单击"下一步"按钮，出现"指定表复制或查询"窗口，选中"复制一个或多个表或

图 11-27 选择数据源

图 11-28 选择目标

视图的数据"单选按钮,如图 11-29 所示。

(6) 单击"下一步"按钮,出现"选择源表和源视图"窗口,如图 11-30 所示,选择数据表,单击"预览"按钮,观察数据表是否正确,若正确,单击"确定"按钮。

(7) 单击"下一步"按钮,出现"保存并执行包"对话框。如图 11-31 所示,选中"立即执行"复选框。

(8) 单击"下一步"按钮,出现"完成该向导"窗口,如图 11-32 所示,验证数据表。

(9) 单击"完成"按钮,执行此包,完成数据导入,如图 11-33 所示。

图 11-29　指定表复制或查询

图 11-30　选择源表和源视图

图 11-31　保存并执行包

图 11-32　完成该向导

图 11-33　执行成功

(10) 打开数据库 new_sales，验证数据的准确性。

说明：将其他异类数据源数据导入 SQL Server 2008 中，有可能会出现数据类型不兼容的情况，SQL Server 2008 自动将不识别的数据类型进行转换，转化为 SQL Server 2008 中比较相近的数据类型，如果数据值不能识别，则赋空值 NULL。

习　题

一、填空题

1. SQL Server 2008 针对不同用户的业务需求，提供了＿＿＿＿＿、＿＿＿＿＿、＿＿＿＿＿和＿＿＿＿＿ 4 种备份方式供用户选择。

2. 在对数据库进行备份之前必须设置存储备份文件的物理存储介质，即＿＿＿＿＿。

3. ＿＿＿＿＿备份是进行所有其他备份的基础。

二、思考题

1. 数据库备份和还原的概念和作用是什么？
2. SQL Server 2008 中有几种备份和恢复模式？
3. 如何进行数据库的导入和导出操作？
4. 什么是备份设备？备份设备的作用是什么？

实　训

【实训目的】

（1）了解数据库备份的作用。
（2）掌握数据库还原操作方法。
（3）掌握设计备份的原则。

【实训内容】

（1）创建一个名为 mydisk 的备份设备。

（2）创建 CompanySales 数据库的完整备份，备份到 mydisk 备份设备中。

（3）将一条记录添加到部门表中，然后创建 CompanySales 数据库的差异备份，备份到 mydisk 备份设备中。

（4）删除 CompanySales 数据库。

（5）利用 mydisk 备份设备，还原 CompanySales 数据库，观察数据库变化。

（6）将销售管理数据库 CompanySales 导出成 Access 数据库文件 CompanySales.mdb，由于数据导出后，会在数据类型和主键等发生变化，利用 Access 参看 Access 数据库文件 CompanySales.mdb 中各表字段结构，是否与 SQL Server 2008 中表的结构相同。

（7）创建 New_CompaySales 数据库，将 Access 数据库文件 CompanySales.mdb 导入到已经建好的 New_CompaySales 数据库中，查看 New_CompaySales 数据库中相关表的结构信息是否与销售管理数据库 CompanySales 表结构相同，并说明原因？

（8）分离 New_CompaySales 数据库。

销售管理数据库的分析与设计

技能目标

了解设计数据库的基本步骤;学会设计数据库的基本方法;按照用户的需求设计和实施销售管理数据库。

知识目标

了解数据库设计的基本步骤;掌握数据库的需求分析、概念结构设计、逻辑结构设计和物理结构设计等;掌握利用 E-R 图描述数据库的概念模型;掌握利用 E-R 图转化为关系模型;掌握数据库规范化理论;掌握设计和实施数据库。

12.1 数据库设计的步骤

设计数据库的目的就是确定一个合适的数据模型,该模型应当满足以下 3 个要求。

(1) 符合用户的需求,既能包含用户所需要处理的所有数据,又支持用户提出的所有处理功能的实现。

(2) 能被现有的某个数据库管理系统所接受,如 SQL Server、Oracle 和 DB2 等。

(3) 具有较高的质量,如易于理解、便于维护、结构合理、使用方便、效率较高等。

设计数据库可以分为需求分析、概念结构设计、逻辑结构设计、物理结构设计、数据库实施和数据库运行维护 6 个阶段,如图 12-1 所示。

在进行数据库设计之前,首先要选择参加设计的人员,主要由系统分析人员、数据库设计人员和程序员、用户和数据库管理员等组成。系统分析人员和数据库设计人员是数据库设计的核心人员,将自始至终参加数据库的设计,决定了数据库系统的质量。用户和数据库管理员在数据库设计中也是举足轻重的人物,主要参加需求分析和数据库的运行维护,他们的积极参与不但能加快数据库的设计,而且是决定数据库设计质量的重要因素。程序员则在系统实施阶段参与进来,负责编写程序和配置软硬件环境。

在数据库设计过程中,在需求分析和概念结构设计阶段是面向用户的应用需求,逻辑结构设计和物理结构设计阶段主要面向数据库管理系统,最后两个阶段是面向具体的实现方法。

1. 需求分析

在此阶段数据库设计人员调查用户的各种需求,包括数据库应用部分。比如,公司详

图 12-1　数据库设计的步骤

细运作情况;然后对各种数据和信息进行分析,与用户进行深入沟通,确定用户的需求;并把需求转化成用户和数据库设计人员都可接受的文档;最终与用户沟通对系统的信息需求和处理需求达成一致。

2. 概念结构设计

概念结构设计阶段是在需求分析的基础上,依照需求分析中确定的信息需求,对用户信息加以分类、聚集和概括,建立一个与具体计算机和数据库管理系统独立的概念模型。通常的方法为 E-R 方法(即采用 E-R 图来描述概念模型)。

3. 逻辑结构设计

逻辑结构设计阶段的任务就是在概念结构设计结果 E-R 图的基础上,导出某个数据库管理系统所支持的数据模型。从概念模型到逻辑结构的转化就是将 E-R 图转换为关系模型;然后从功能和性能上对关系模式进行评价,如果达不到用户要求,还要反复修正或重新设计。

4. 物理结构设计

数据库在物理结构上的存储结构和存取方法的设计称为物理结构设计。物理结构设计的内容就是根据数据库管理系统的特点和处理的需要,为逻辑模型选取一个最适合应用环境的物理结构,包括存储结构和存取方法。

5. 数据库实施

数据库的实施阶段是建立数据库的实质性阶段。在此阶段,设计人员运用数据库管理系统提供的数据语言及其宿主语言,根据逻辑结构设计和物理结构设计的结果建立数据库,编制与调试应用程序,组织数据入库,并进行试运行。

6. 数据库运行与维护

数据库系统设计完成并试运行成功后,就可以正式投入运行了。数据库的运行与维护阶段是整个数据库生存期中最长的阶段。在该阶段,设计人员需要收集和记录数据库运行的相关情况,并要根据系统运行中产生的问题及用户的新需求不断完善系统功能和提高系统的性能,以延长数据库使用时间。

一个性能优良的数据库是不可能一次性完成的,需要经过多次的、反复的设计。在进行数据库设计时,每完成一个阶段都要进行设计分析,评价一些重要的设计指标,产生文档、组织评审,与用户进行交流。如果设计的数据库不符合要求,则要进行修改,重复多次,以实现最后设计出的数据库能够交精确地模拟现实世界,满足用户的需求。

12.2 销售管理数据库的需求分析

需求分析结果的准确性将直接影响到后期各个阶段设计。需求分析是整个数据库设计过程的起点和基础,也是最困难、最耗费时间的阶段。

12.2.1 需求分析的任务

需求分析的任务就是对现实世界要处理的对象(组织、部门、企业等)详细调查和分析,收集支持系统目标的基础数据和处理方法,明确用户对数据库的具体要求,在此基础上确定数据库系统的功能。

具体的步骤如下。

1. 调查组织机构情况

了解该组织的部门组成情况、各部门的职责等,为分析信息流程作准备。

2. 调查各部门的业务活动情况

包括各部门要输入和使用什么数据;如何加工处理这些数据;输出什么信息;输出到什么部门;输出结果的格式等。这一步骤是调查的重点。

3. 明确对新系统的要求

在熟悉业务活动的基础上,协助用户明确对新系统的各种要求,包括信息要求、处理要求、完全性要求与完整性要求。

4. 初步的分析调查的结果

对前面调查的结果进行初步地分析。包括确定新系统的边界；确定哪些功能有计算机完成或将来准备让计算机完成；确定哪些活动由人工完成。

5. 建立相关的文档

用户单位的组织机构图、业务关系图、数据流图、数据字典。

12.2.2　常用的需求调查方法

在调查过程中，根据不同的问题和条件，可采用不同的调查方法，常用的调查方法有以下几种。

（1）跟班作业。是指数据库设计人员亲自参加业务工作，深入了解业务活动情况，比较准确地理解用户的需求。

（2）开调查会。通过与用户座谈的方式来了解业务活动情况及用户需求。

（3）请专人介绍。可请业务熟练的专家或用户介绍业务专业知识和业务活动情况。

（4）询问。对某些调查中的问题，可以找专人询问。

（5）设计调查表请用户填写。如果调查表设计得合理，则有效，也易于为用户接受。

（6）查阅记录。查阅与原系统相关的数据记录，包括账本、档案或文献等。

12.2.3　编写需求分析说明书

需求分析说明书是在需求分析活动后建立的文档资料，通常又称为需求规范说明书，它是对开发项目需求分析的全面的描述，是对需求分析阶段的一个总结。需求分析说明书应包括以下内容。

（1）系统概况、系统的目标、范围、背景、历史和现状。

（2）系统的原理和技术，对原系统的改善。

（3）系统总体结构与子系统结构说明。

（4）系统功能说明。

（5）数据处理概要、工程体制和操作上的可行性。

（6）系统方案及技术、经济、功能和操作上的可行性。

通常需求分析说明书还应包括下列附件：分析过程中得到的数据流图、数据字典、功能模块图及系统的硬件、软件支持环境的选择和规格要求。

12.2.4　销售管理数据库的需求分析

【例 12.1】 为某公司设计一个商品销售管理信息系统的需求分析。该公司主要从事商品零售贸易业务，即从供应商手中采购商品，并把这些商品销售到需要的客户手里，以商品服务费赚取利润。

商品销售管理信息系统是一个用来管理商品销售信息的数据库系统。本系统将利用现代化的计算机技术结合传统的销售管理工作,按照公司方提供的业务流程设计完成。销售管理信息系统的需求分析的主要内容如下。

1. 公司的业务流图

各供应商为该公司提供商品;客户根据该公司提供的商品表订购商品。公司向供应商采购商品。主要业务流程如图 12-2 所示,其中实线表示物流,虚线表示信息流。

图 12-2　销售的业务流图

2. 用户对该系统的功能需求

(1) 员工管理。新建、查询和维护员工。包括员工姓名、性别、出生年月、聘任日期、所在部门、部门主管和其接收订单的情况。

(2) 商品管理。为商品创建类别,商品信息录入和维护。实现商品信息的录入、查询、修改、删除等功能。对给定代号或名称的商品基本情况进行查询,包括商品的名称、价格、库存量和已销售量,并形成统计表。

(3) 客户管理。对客户信息录入和维护,包括对给定代号或名称的客户基本情况进行查询,包括客户名称、地址、联系人姓名、联系电话、E-mail。

(4) 供应商管理。供应商信息的录入和维护,包括对给定代号或名称的供应商的基本情况进行查询,包括供应商名称、地址、联系人姓名、联系电话、E-mail;包括提供的商品信息包括商品名称、商品的价格、订购数量,并形成统计表。

(5) 销售订单管理。当客户下订单时,将客户信息和订购产品的信息组成订单。系统可以销售订单的录入和维护功能。

(6) 采购订单管理。管理销售商品订单,包括查询、浏览、增加、删除、修改销售订单。

(7) 系统管理。

3. 数据需求

本系统需要处理的主要信息如下。

(1) 销售订单=商品信息+客户信息+订购时间+订购数量

(2) 采购订单=商品信息+供应商信息+订购时间+订购数量

(3) 供应商信息=公司名称+地址+联系人姓名+联系电话+E-mail

(4) 商品信息=名称+单价+库存量+已销售量

（5）客户信息＝客户名称＋联系人姓名＋联系电话＋公司地址＋E-mail

（6）员工信息＝姓名＋性别＋出生年月＋聘任时间＋工资＋奖金＋工作部门

12.3　销售管理数据库的概念结构设计

12.3.1　概念结构设计的任务

概念结构设计的任务就在需求分析的结果上，抽象化后成为概念模型。概念模型通常利用 E-R 图来表达。

12.3.2　实体与联系

1. 实体

现实世界中的客观存在的并可区分识别的事物称为实体。实体可以指人和物，如员工、商品、仓库等；它可以指能触及的客观对象；可以指抽象的事件；还可以指事物与事物之间的联系，如客户订货、商品采购等。在销售管理系统中，每种商品都是一个实体。每种商品实体的取值就是具体的实体值，同型实体的集合称为实体集。

2. 属性

每个实体具有一定的特征，才能来区分一个个实体。例如，员工的个人特征：姓名、性别、出生年月等。实体的特征称为属性。一个实体可以有若干个属性来描述。每个属性都有特定的取值范围，即值域，值域的类型可以是整数型、实数型、字符型等。例如性别属性的值域为（男，女），部门名称的值域为（销售部，采购部，人事部）等。由此可见，属性是变量。属性值是变量所取的值，而值域是变量的变化范围。

【例 12.2】　使用哪些属性来描述公司的员工特征？

公司员工使用员工号、姓名、性别、出生年月、雇用日期、工资等属性来描述。

3. 实体间的联系

现实世界的各事物之间是有联系的，这些联系在信息世界中反映为实体内部的联系和实体之间的联系。实体内部的联系主要表现在组成实体的属性之间的联系。比如，一个公司有多个部门；一个部门有多位员工；一个公司可以销售多种商品。实体之间的联系主要表现在不同实体集之间的联系，实体间的联系是指一个实体集中可能出现的每一个实体与另一实体集中多少个具体存在联系。

两个实体之间的联系有 3 种，分别是一对一联系、一对多联系、多对多联系。

（1）一对一联系（1∶1）

如果对于实体集 A 中的每一个实体，在实体集 B 中至多有一个实体与之联系，反之亦然,则称实体集 A 与实体集 B 具有一对一联系,记为 1∶1。例如,一个部门只有一个主管,一个主管也只能任职于一个部门,则部门与主管之间的联系即为一对一联系。

(2) 一对多联系(1∶m)

如果对于实体集 A 中的每一个实体,实体集 B 中有 m 个实体($m>0$)与之联系;反过来,对于实体集 B 中的每一个实体,实体集 A 中却至多有一个实体与之联系,则称实体集 A 与实体集 B 具有一对多联系,记为 1∶m。例如,一个部门可以有多个员工,但一个员工只能属于一个部门,所以部门与员工之间是一对多的联系。

(3) 多对多联系($m∶n$)

对于实体集 A 中的每一个实体,实体集 B 中有 n 个实体($n>0$)与之联系;反过来,对于实体集 B 中的每一个实体,实体集 A 中也有 m 个实体($m>0$)与之联系,则称实体集 A 与实体集 B 具有多对多联系,记为 $m∶n$。例如,客户在订购商品时,一个客户可以选购多种商品,一种商品也可以被多位客户订购,则客户和商品之间具有多对多联系。

12.3.3 概念模型的表示方法

概念模型通常利用实体—联系法来描述,描述出的概念模型称为实体—联系模型(Entity-Relationship Model),简称为 E-R 模型。E-R 模型中提供了表示实体、实体属性和实体间的联系方法。

(1) 矩形:表示实体,矩形内标注实体的名字,如图 12-3 所示的员工。

图 12-3 员工实体 E-R 图

(2) 椭圆:表示实体或联系所具有的属性,椭圆内标注属性名称,并用无向边把实体与其属性连接起来。例如员工的实体属性,如图 12-3 所示的员工属性。

(3) 菱形:表示实体间的联系,菱形内标注联系名,并用无向边把菱形分别与有关实体相连接,在无向边旁标上联系的类型。需要注意的是,如果联系具有属性,则该属性仍用椭圆形表示,并且仍需要用无向边将属性与其联系连接起来,如图 12-4 所示的总经理与公司之间的联系。

【例 12.3】 利用 E-R 图表示经理与公司之间的联系。

一个公司只能有一位总经理,一位总经理只能服务于一家公司,公司与总经理之间的联系为 1∶1,联系名为"领导"。公司有名称、注册地、电话、类型等属性;总经理有姓名、民族、电话、出生年月和住址等属性。用 E-R 图表示如图 12-4 所示。

图 12-4　总经理与公司之间的联系

12.3.4　概念结构设计的步骤

概念结构设计的步骤分为两步：首先设计局部概念模型，然后将局部概念模型合成为全局概念模型。

1. 设计局部概念模型

设计局部概念模型就是选择需求分析阶段产生的局部数据流图或数据字典，设计局部 E-R 图。具体步骤如下。

(1) 确定数据库所需的实体。

(2) 确定各实体的属性以及实体的联系，画出局部的 E-R 图。

属性必须是不可分割的数据项，不能包含其他属性。属性不能与其他实体具有联系，即 E-R 图中所表示的联系是实体之间的联系，而不能有属性与实体之间发生联系。

2. 合并 E-R 图

首先将两个重要的局部 E-R 图合并，然后依次将一个新局部 E-R 图合并进去，最终合并成一个全局 E-R 图。每次合并局部 E-R 图的步骤如下。

(1) 合并，先解决局部 E-R 图之间的冲突，将局部 E-R 图合并生成初步的 E-R 图。

(2) 优化，对初步 E-R 图进行修改，消除冗余，生成基本的 E-R 图。

12.3.5　销售管理数据库的概念结构设计

【例 12.4】 在例 12.1 的基础上，对销售管理数据库进行概念结构分析。

(1) 在需求分析的基础，确定销售管理数据库的实体及其属性。

① 员工(Employee)：该公司中负责采购和销售订单的员工。它的属性有员工号、姓名、性别、出生年月、聘任日期、工资、奖金、所在部门名称和部门主管。

② 商品(Product)：该公司销售的商品。它的属性包括商品号、商品名称、单价、库存量和已销售量。

③ 客户(Customer)：向该公司订购商品的商家。它的属性包括客户编号、客户名称、联系人姓名、联系电话、公司地址和联系 E-mail。

④ 供应商(Provider)：向该公司提供商品的厂家。它的属性包括供应商编号、供应

商名称、联系人姓名、联系电话、公司地址和联系 E-mail。

⑤ 销售订单(Sell_Order)：客户与该公司签订的销售合同。它的属性包括商品信息、客户信息、订购时间、订购数量。

⑥ 采购订单(Purchase_Order)：该公司与供应商签订的采购合同。它的属性包括商品信息、供应商信息、订购时间和订购数量。

（2）画出实体间的关系图，如图 12-5 所示。

图 12-5　销售管理实体图

（3）画出局部 E-R 图。

一个员工负责接收多张订单，但是一张销售订单只能由一位员工负责处理，因而员工与销售订单之间的为 $1:n$ 的联系。根据各自的属性，画出员工和销售订单联系 E-R 图，如图 12-6 所示。

图 12-6　员工与销售订单之间的联系 E-R 图

一个员工可以根据需求向供应商下多张采购订单，但是一张采购订单由一位员工负责处理，因而员工与采购订单之间的为 $1:n$ 的联系。根据各自的属性，画出员工和采购订单联系 E-R 图，如图 12-7 所示。

图 12-7　员工与采购订单之间的联系 E-R 图

一张销售订单包含了多种商品，一种商品可以被多家客户订购，所以商品与采购订单的联系是 $m:n$ 联系，商品与采购订单之间的联系 E-R 图，如图 12-8 所示。

图 12-8　商品与采购订单之间的联系 E-R 图

由于销售管理数据库系统中包含的实体较多,由于篇幅的原因,不再介绍其他的局部 E-R 图。

（4）合并 E-R 图。

由于篇幅的原因,用一种变形的 E-R 图来描述合成的 E-R 图。在变形 E-R 图中,实体及其属性用一个矩形框描述,实体名称标注在矩形框的顶部,实体关键字用 * 标出,实体属性依次标注。实体间的联系省略菱形框,只用连线,并在连线的两端标注联系类型。销售数据库合成的变形 E-R 图,如图 12-9 所示。

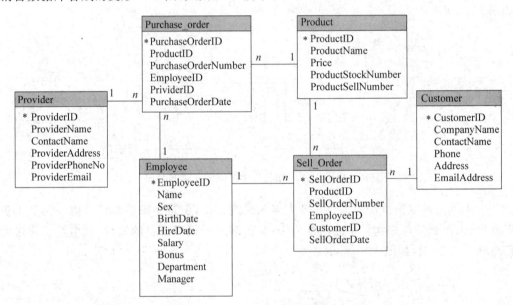

图 12-9　销售管理数据库合成 E-R 图

12.4　销售管理数据库的逻辑结构设计

12.4.1　逻辑结构设计的任务

逻辑结构设计的任务就是将概念结构设计的结构（概念模型）转化为数据模型。由于概念结构设计的结果的概念模型与数据模型无关,为了能实现用户的需求,因而需将概念模型转化成某种数据库管理系统支持的数据模型。通常的步骤如下。

（1）概念模型转化为关系模型。

（2）将关系模型转化为特定数据管理系统下的数据模型。

（3）数据模型进行优化（通常采用规范化理论），以提高数据库应用系统的性能。

12.4.2 关系模型

关系模型用关系表示实体及其联系。直观的看，关系就是由行和列组成的二维表，一个关系就是一张二维表。关系中的行称为元组（或记录）；将关系中的列称为属性（或字段）。

并不是所有的二维表都是关系，关系具有如下的特点。

（1）关系中的每一属性都是原子属性，即属性不可再分。

（2）关系中的每一属性取值都是表示同类信息。

（3）关系中的属性没有先后顺序。

（4）关系中的记录没有先后顺序。

（5）关系中不能有相同的记录。

关系的描述称为关系模式，通常关系的描述简记为

$$R(U) \quad \text{或} \quad R(A_1, A_2, A_3, A_4, \cdots, A_n)$$

其中，R 为关系名，$A_1, A_2, A_3, A_4, \cdots, A_n$ 为属性名或域名。通常在关系模式主属性上加下划线表示该属性为主码属性。

【例 12.5】 客户有客户编号、公司名称、联系人姓名、联系电话、公司地址和 E-mail 等属性。使用关系模型来表示客户信息如下：

客户（<u>客户编号</u>,公司名称,联系人姓名,联系电话,公司地址,E-mail)

其中，关系名为客户；客户编号为主码属性。

12.4.3 E-R 模型到关系模型的转化

E-R 模型的转换为关系模型，包括独立实体转化和实体间的联系的转化。其中，实体间的联系就是将实体和实体间的联系转化为二维表。下面介绍各种实体转化的方法。

1. 独立实体转化

一个独立实体转化为关系，其属性转化关系模型的属性。

【例 12.6】 将如图 12-10 所示的员工 E-R 图转化为关系模式。

员工的实体 E-R 图转化为关系模式如下：

员工（<u>员工号</u>,姓名,性别,出生年月,聘任日期,工资,奖金,部门名称,部门主管)

其中，员工号为主码属性。

图 12-10　员工实体 E-R 图

2. 1∶1 联系转化

在 1∶1 联系的关系模型中,只要将两个实体的关系分别增加一个外部关键字。

【例 12.7】　将如图 12-11 所示的总经理与公司的联系的 E-R 图转化为关系模式。

图 12-11　总经理与公司的联系的 E-R 图

由于总经理与公司的联系为 1∶1,总经理与公司的联系转化为 E-R 图时,只需增加一个外部关键字,其余属性直接转化。在"总经理"关系中,增加一个"公司"关系中的关键字"名称",表示总经理为某公司的总经理;同理,在"公司"关系中,增加一个"姓名"外关键字。转化的关系模式如下:

总经理(<u>姓名</u>,民族,电话,出生年月,住址,**名称**)
公司(<u>名称</u>,电话,类型,注册地,**姓名**)

3. 1∶n 联系转化为关系模型

在 1∶n 联系的转化中,只需将 n 方的关系增加一个外部关键字属性,即对方的关键字。

【例 12.8】　将员工与采购订单的联系的 E-R 图转化为关系模式,如图 12-12 所示。

图 12-12　员工与采购订单的联系的 E-R 图

在 n 方的采购订单的关系增加一个员工的主码属性"员工号",表示此采购订单由那位员工负责。转化后的关系如下:

员工 (员工号,姓名,性别,出生年月,聘任日期,工资,奖金,部门名称,部门主管)
采购订单 (订单号,商品名称,数量,订购日期,供应商名称,员工号)

4. $m:n$ 联系转化为关系模型

在 $m:n$ 联系的转化中,必须成立一个新的关系模式,关系的主码属性有双方的主码关键字构成。

【例 12.9】 将如图 12-13 所示的商品与采购订单的联系的 E-R 图转化为关系模式。

图 12-13 商品与采购订单的联系的 E-R 图

从图 12-13 中可以看出,商品与采购订单的联系为 $m:n$ 联系,因而增加一个商品—采购订单关系。转化后关系如下:

商品 (商品号,商品名称,单价,库存量,已销售量)
采购订单 (订单号,商品名称,数量,订购日期,供应商名称)
商品—采购订单 (商品号,订单号,订购状态)

12.4.4 数据模型优化

数据模型的优化就是对数据库进行适当的修改,调整数据模型的结构,进一步提高数据库的性能。关系数据库模型的优化通常以规范化理论为指导。具体的优化过程:关系模式的分解;实施规范化处理。

1. 关系模式的分解

关系模式的分解有利于减少连接运算和减少关系的大小和数据量;节省存储空间的措施有:减少每个属性所占的空间、采用假属性减少重复数据所占存储空间。

【例 12.10】 如表 12-1 所示的员工表进行优化。

在员工表中的"部门名称"属性,其中有 3 位员工的部门名称为"采购部",出现重复值。当修改了一位员工的部门信息,而其余的员工的部门信息却没有修改,出现修改异常。所以,需要优化员工表。将员工表分解为员工表和部门表,如表 12-2 和表 12-3 所示,解决了数据的冗余,也不会产生修改异常。

表 12-1　员工表

员工号	姓　名	性别	出生年月	聘任日期	工资	奖金	部门名称	部门主管
1	章　宏	男	1969-10-28	2005-4-30	3100	620	采购部	李嘉明
2	李立三	女	1980-5-13	2003-1-20	3460	692	采购部	李嘉明
3	王孔若	女	1974-12-17	2000-8-11	3800	760	销售部	王丽丽
4	余　杰	男	1973-7-11	2002-9-23	3315	663	采购部	李嘉明
5	蔡慧敏	男	1957-8-12	2001-7-22	3453	690	人事部	蒋柯南
6	孔高铁	男	1974-11-17	2000-9-10	3600	720	销售部	王丽丽

表 12-2　分解后的员工表

员工号	姓　名	性别	出生年月	聘任日期	工资	奖金	部门编号	部门主管
1	章　宏	男	1969-10-28	2005-4-30	3100	620	2	李嘉明
2	李立三	女	1980-5-13	2003-1-20	3460	692	2	李嘉明
3	王孔若	女	1974-12-17	2000-8-11	3800	760	1	王丽丽
4	余　杰	男	1973-7-11	2002-9-23	3315	663	2	李嘉明
5	蔡慧敏	男	1957-8-12	2001-7-22	3453	690	3	蒋柯南
6	孔高铁	男	1974-11-17	2000-9-10	3600	720	1	王丽丽

表 12-3　分解后的部门表

部门编号	部门名称	备　注	部门编号	部门名称	备　注
1	销售部	主管销售	3	人事部	主管公司的人事安排
2	采购部	主管公司的商品采购			

2. 实施规范化处理

在数据库设计过程中数据库结构必须要满足一定的规范化要求，才能确保数据的准确性和可靠性。这些规范化要求被称为规范化形式，即范式。范式按照规范化的级别分为 5 种：第一范式（1NF）、第二范式（2NF）、第三范式（3NF）、第四范式（4NF）和第五范式（5NF）。其中，第一、第二和第三范式最初是由 Dr. E. F. Codd 定义的。后来，Boyce 和 Codd 引入了另一种范式。

在实际的数据库设计过程中，通常需要用到的是前 3 类范式。5 种级别的范式的关系如图 12-14 所示。

图 12-14　范式之间的关系

（1）第一范式（1NF）

关系模式中每个属性是不可再分的数据项，则该关系属于 1NF。

【例 12.11】　分析表 12-2 中的员工表,是否已满足 1NF。

在表中的每个属性为不再可分,也不存在数据的冗余,因此客户关系满足 1NF。

（2）第二范式（2NF）

如果在关系模式已经满足 1NF 的前提下,关系中的每个非主键属性的数值都依赖于该数据表的主键字段,那么该数据表满足第二范式（2NF）。

【例 12.12】　分析表 12-2 和表 12-3 所示的员工表和部门表是否已满足 2NF。

首先员工的每个属性已经为不可再分,符合 1NF。员工号能唯一标识每个员工,所以员工号为主关键字。对于员工号 1,就会有一个并且只有一个名为"章宏"的员工,与之对应,所以"姓名"属性依赖于员工号。同样可以看出性别、出生年月、聘任日期、工资和部门编号等属性依赖于员工号。但是部门编号与部门主管之间也存在依赖关系,所以员工表不符合 2NF。修改员工表使其满足 2NF,如表 12-4 和表 12-5 所示,去掉部门主管,而在部门表中增加一个部门主管属性,保证满足 2NF。

表 12-4　满足 2NF 的员工表

员工号	姓　名	性别	出生年月	聘任日期	工资	奖金	部门编号
1	章　宏	男	1969-10-28	2005-4-30	3100	620	2
2	李立三	女	1980-5-13	2003-1-20	3460	692	2
3	王孔若	女	1974-12-17	2000-8-11	3800	760	1
4	余　杰	男	1973-7-11	2002-9-23	3315	663	2
5	蔡慧敏	男	1957-8-12	2001-7-22	3453	690	3
6	孔高铁	男	1974-11-17	2000-9-10	3600	720	1

表 12-5　修改后的部门表

部门编号	部门名称	部门主管	备　注
1	销售部	王丽丽	主管销售
2	采购部	李嘉明	主管公司的商品采购
3	人事部	蒋柯南	主管公司的人事安排

（3）第三范式（3NF）

如果关系已经满足 2NF,且关系中的任何一个非主属性都不函数传递依赖于主关键字,则此关系满足 3NF。

【例 12.13】　在表 12-4 中,"奖金"属性的数值是"工资"属性数值的 20%。分析员工是否已满足 3NF。

由于"工资"属性和"奖金"属性之间存在着函数依赖关系,所以员工表不满足 3NF。由于奖金列值可以通过计算得到,所以将"奖金"属性去掉,以满足第三范式,如表 12-6 所示。

表 12-6   满足 3NF 员工表

员工号	姓　名	性别	出生年月	聘任日期	工资	部门编号
1	章　宏	男	1969-10-28	2005-4-30	3100	2
2	李立三	女	1980-5-13	2003-1-20	3460	2
3	王孔若	女	1974-12-17	2000-8-11	3800	1
4	余　杰	男	1973-7-11	2002-9-23	3315	2
5	蔡慧敏	男	1957-8-12	2001-7-22	3453	3
6	孔高铁	男	1974-11-17	2000-9-10	3600	1

3. 建立数据完整性约束，以保证数据的完整性和一致性

数据的完整性是指存储在数据库中的数据的正确性和可靠性，它是衡量数据库中数据质量的一种标准。数据完整性要确保数据库中数据一致、准确，同时符合企业规则。数据完整性包括实体完整性和域完整性，参照完整性和用户定义完整。满足数据完整性要求的数据应具有以下特点：①数据类型准确无误；②数据的值满足范围设置；③同一表格数据之间不存在冲突；④多个表格数据之间不存在冲突。

（1）实体完整性

实体完整性的目的是确保数据库中所有实体的唯一性，也就是不使用完全相同的数据记录。具体实现过程中，用户为表定义必须有一个主关键字，且主关键字值不为空，就可以阻止相同的记录存入系统中。例如，表 12-6 中的员工号。

（2）域完整性

域完整性就对表中列的规范，要求表中的列的数据类型、格式和取值范围位于某一个特定的允许范围内。例如，表 12-6 中的性别列的取值只能为"男"或"女"。

（3）参照完整性

用来维护相关数据表之间数据一致性的手段，通过实现参照完整性，可以避免因一个数据表的记录改变而造成另一个数据表内的数据变成无效的值。也就是说，当一个数据表中有外部关键字时，外部关键字列的所有值都必须出现对应的表。例如，在表 12-4 中，"部门编号"是一个外部关键字，它是表 12-5 的部门表的主关键字，所以在表 12-4 中输入或修改每一个部门编号都必须保证是在表 12-5 中已经存在的部门编号，否则不被接受。

（4）用户定义完整

一般数据库管理系统还提供了由用户自己按照实际的需要定义的约束关系。例如，在员工表中输入每个员工的"工资"都应大于 1000，否则不接受输入的数据。

SQL Server 2008 提供了一系列的技术来实现数据完整性。

12.4.5　销售管理数据库的逻辑结构设计

【**例 12.14**】　在例 12.4 的基础上，对销售管理数据库进行逻辑结构分析，即将 E-R

图转化为关系模型。

1. 员工 E-R 图

图 12-10 中的员工 E-R 图,可以转化为关系模型。"员工"实体有 9 个属性,员工号是主关键属性,经过数据优化,(具体分析过程参考例 12.11～例 12.13),再将表转化为员工关系模式。

> 员工(员工号,姓名,性别,出生年月,聘任日期,工资,部门编号)
> 部门(部门编号,部门名称,部门主管,备注)

其中,部门编号来自"部门"关系的外部关键字,描述该员工所在的部门。"性别"字段的取值范围为"男"或"女"。

2. 商品 E-R 图

商品实体包含 5 个属性,ProductID(商品编号)是主关键字,商品实体与销售订单实体和采购订单实体间有 1：n 的联系。转化后的商品关系模式如下:

> 商品(商品编号,商品名称,单价,库存量,已销售量)

3. 客户 E-R 图

客户实体包含 6 个属性,CustomerID(客户编号)是主关键字,客户实体与销售订单实体有 1：n 的联系。转化后的客户关系模式如下:

> 客户(客户编号,公司名称,联系人姓名,电话,地址,E-mail)

4. 供应商 E-R 图

供应商实体包含 6 个属性,ProviderID(供应商编号)是主关键字,供应商实体与采购订单实体有 1：n 的联系。转化后的供应商关系模式如下:

> 供应商(供应商编号,供应商名称,联系人姓名,电话,地址,E-mail)

5. 销售订单 E-R 图

销售订单实体包含 SellOrderID(销售订单编号)等 6 个属性。SellOrderID(销售订单编号)为主关键字。由于销售订单与客户实体、商品实体和雇员实体等 3 个实体具有 n：1的联系,为描述这种联系,需要增加 3 个外部关键字(实体中已列出了这 3 个外部关键字)。增加的商品编号,来自"商品"关系的外部关键字,描述该订单订购的商品;增加员工号,来自"员工"关系的外部关键字,描述该订单由哪位员工签订。增加客户号,来自"客户"关系的外部关键字,描述该订单与哪位客户签订。转化后销售订单关系如下:

销售订单(<u>销售订单号</u>,**商品编号**,**员工号**,客户号,订货数量,订单日期)

6. 采购订单 E-R 图

采购订单实体包含 PurchaseOrderID(采购订单编号)等 6 个属性。PurchaseOrderID(采购订单编号)为主关键字。由于采购订单与供应商实体、商品实体和雇员实体等 3 个实体具有 n∶1 的联系,为描述这种联系,需要增加 3 个外部关键字(实体中已列出了这 3 个外部关键字)。增加商品编号,来自"商品"关系的外部关键字,描述该订单采购商品;增加员工号,来自"员工"关系的外部关键字,描述该订单由哪位员工签订;增加供应商号,来自"供应商"关系的外部关键字,描述该订单与哪位供应商签订。转化后的采购订单关系模式如下:

采购订单(<u>采购订单号</u>,**商品编号**,**员工号**,**供应商号**,采购数量,订单日期)

12.5 销售管理数据库的物理结构设计

12.5.1 物理结构设计的任务

数据库在物理设备上的存储结构与存取方式称为物理结构分析。物理结构设计要结合特定的数据库管理系统,不同的数据库管理系统对于文件物理存储方式也是不同的。确定数据的物理结构,要从存取时间、存储空间利用率和维护代价对系统的影响,但这三者常常是相互矛盾的,因此,必须权衡选择折中的方案。物理结构设计具体的步骤如下。

(1) 确定数据库的物理结构(存储结构、存储位置)。

(2) 确定数据库的存取方法。

(3) 对物理结构进行评价,评价的重点为时间和空间效率

如果评价结果满足设计要求者可以进入实施阶段,否则,就需要重新设计或修改物理结构,有时甚至要返回逻辑结构设计阶段修改数据模型。

12.5.2 确定数据的物理结构

确定数据的物理结构主要是确定数据的存储结构和存取方法。包括确定关系、索引、聚集、日志和备份等的存储安排集存储结构,确定系统存储参数配置。用户在设计表的结构时,应特别注意以下几点。

1. 每一个表对应一个关系模式,确定数据表字段及其数据类

将逻辑结构设计的关系模式转化为特定的存储单位——表。一个关系模式转化为一个表,关系名为表名,关系中的属性转化为表中的列,结合具体的数据库管理系统,确定列

的数据类型和精度。

2. 确定哪些字段允许空值（NULL）

NULL 表示空值，即数值未知，而不是"空白"或"0"。比较两个空值是没有任何意义的，因为每个空值都表示未知。例如存储客户"地址"和"联系电话"的字段，在不知道的情况下可以先不输入，这就需要在设计字段时，将它们的数据类型设置为 NULL，以便以后输入，这样可以保证数据的完整性。

3. 确定主键

主键可唯一确定一行记录，主键可以是单独的字段，也可以是多个字段的组合，但一个数据表中只能有一个主键。

4. 确定是否使用约束、默认值、规则等

约束、默认值和规则等用于保证数据的完整性。例如在进行数据查询时，只有满足定义的约束和规则才能成功。在设计表结构时，应明确是否使用约束、默认值、约束等，以及在何处使用它们。

5. 确定是否使用外键

建立数据表间的关系，需要借助主键—外键关系来实现。因此，是否为数据表设置外键也是设计数据表时必须考虑的问题。

6. 是否使用索引

使用索引可以加快数据检索的速度，提高数据库的使用效率，确定在哪些字段上使用索引，以及使用什么样的索引，是用户必须考虑的问题。

创建索引的基本规则如下。

（1）在主键和外键上一般都建有索引，这有利于主键码唯一性检查和完整性约束检查。

（2）经常出现在连接操作条件中出现的公共属性，建立索引，可显著提高连接查询的效率。

（3）对于经常作为查询条件的属性可以考虑在有关字段上建立索引。

（4）对于经常作为被排序条件的属性可以考虑在有关字段上建立索引，可以加快排序查询。

【例 12.15】 将如下的总经理关系转化为 SQL Server 2008 中表的结构。

由于表在不同的操作系统中具有通用性，将数据库名、表名和列名等数据库对象名尽量使用英文名称。表结构设计如表 12-7 所示。

总经理(编号,姓名,性别,民族,出生年月,电话,住址)

表 12-7　Manager(总经理)表

列　　名	数 据 类 型	宽度	为空性	说　　明
ManagerID	int			编号,主关键字
ManagerName	varchar	8		姓名
Sex	char	2		性别
Folk	varchar	50	√	民族
BirthDate	smalldatetime		√	出生年月
Phone	varchar	20	√	电话
Address	varchar	50	√	家庭地址

12.5.3　销售管理数据库的物理结构设计

【例 12.16】　在 SQL Server 2008 中,利用例 12.14 的逻辑结构设计结果,对销售管理数据库(CompanySales)进行物理结构分析。

1. 选用数据库管理系统

选用 SQL Server 2008 数据库管理系统。

2. 确定数据库和数据表

确定数据库的名为 CompanySales;数据库中有员工表、部门表、商品表、客户表、供应商表、采购订单表和销售订单表等。

3. 确定各个数据表的字段、数据类型和长度等

根据 SQL Server 2008 数据库管理系统,确定数据表的组成。

各个表结构的设计如表12-8 至表 12-14 所示。

表 12-8　Employee(员工)表

列　　名	数据类型	宽度	为空性	说　　明
EmployeeID	int			员工号,关键字
EmployeeName	varchar	50		姓名
Sex	char	2		性别,取值为"男"或"女",默认值为"男"
BirthDate	smalldatetime		√	出生年月
HireDate	smalldatetime		√	聘任日期
Salary	money		√	工资
DepartmentID	int			部门编号,来自"部门"关系的外部关键字

表 12-9　Department（部门）表

列　　名	数据类型	宽度	为空性	说　　明
DepartmentID	int			部门编号，关键字
DepartmentName	varchar	30		部门名称
Manager	char	8	√	部门主管
Depart_Description	varchar	50	√	备注，有关部门的说明

表 12-10　Sell_Order（销售订单）表

列　　名	数据类型	宽度	为空性	说　　明
SellOrderID	int			销售订单号，关键字
ProductID	int	50	√	商品编号，来自"商品"关系的外部关键字，描述该订单订购的商品
EmployeeID	int		√	员工号，来自"员工"关系的外部关键字，描述该订单由哪位员工签订
CustomID	int		√	客户号，来自"客户"关系的外部关键字，描述该订单与哪位客户签订
SellOrderNumber	int		√	订货数量
SellOrderDate	smalldatetime		√	订单签订的日期

表 12-11　Purchase_Order（采购订单）表

列　　名	数据类型	宽度	为空性	说　　明
PurchaseOrderID	int			采购订单号，关键字
ProductID	int	50	√	商品编号，来自"商品"关系的外部关键字，描述该订单采购的商品
EmployeeID	int		√	员工号，来自"员工"关系的外部关键字，描述该订单由哪位员工签订
PrividerID	int		√	供应商号，来自"供应商"关系的外部关键字，描述该订单与哪位供应商签订
PurchaseOrderNumber	int		√	采购数量
PurchaseOrderDate	smalldatetime		√	订单签订的日期

表 12-12　Product（商品）表

列　　名	数据类型	宽度	为空性	说　　明
ProductID	int			商品编号，主关键字
ProductName	varchar	50		商品名称
Price	decimal(18,2)		√	单价
ProductStockNumber	int		√	现有库存量
ProductSellNumber	int		√	已销售的商品量

表 12-13　Customer（客户）表

列　　名	数据类型	宽度	为空性	说　　明
CustomerID	int			客户编号，主关键字
CompanyName	varchar	50		公司名称
ContactName	char	8		联系人的姓名
Phone	varchar	20	√	联系电话
Address	varchar	100	√	客户的地址
EmailAddress	varchar	50	√	客户的 E-mail 地址

表 12-14　Provider（供应商）表

列　　名	数据类型	宽度	为空性	说　　明
ProviderID	int			供应商编号，主关键字
ProviderName	varchar	50		供应商名称
ContactName	char	8		联系人的姓名
ProviderPhone	varchar	15	√	供应商联系电话
ProviderAddress	varchar	100	√	供应商的地址
ProviderEmail	varchar	20	√	供应商的 E-mail 地址

4. 确定索引

销售管理数据库（CompanySales）数据表中索引设置按照"主键和外键考虑创建索引；对于经常作为查找条件的属性，考虑创建索引"的原则，创建如下索引，其中每张表的带下画线的列为创建索引列。

```
Employee(EmployeeID, EmployeeName, Sex, BirthDate, HireDate, Salary,
        DepartmentID)
Department(DepartmentID, DepartmentName, Manager, Depart_Description)
Sell_Order(SellOrderID, ProductID, EmployeeID, CustomID, SellOrderNumber,
        SellOrderDate)
Purchase_order(PurchaseOrderID, ProductID, EmployeeID, PrividerID,
            PurchaseOrderNumber, PurchaseOrderDate)
Product(ProductID, ProductName, price, ProductStockNumber, ProductSellNumber)
Customer(CustomerID, CompanyName, ContactName, Phone, address, EmailAddress)
Provider(ProviderID, ProviderName, ContactName, ProviderPhone,
        Provideraddress, ProviderEmail)
```

5. 确定视图

（1）客户订单视图：为每个客户订单信息视图，包括客户名称、订购的商品、单价和订购日期，便于查询有关客户的订单情况。

（2）员工接收的订单详细视图：包括员工姓名、订购商品名称、订购数量、单价和订购日期等信息，便于查询员工订单详细信息。

（3）员工接收的订单统计信息视图：统计订单信息视图，包括员工编号、订单数目和订单总金额，便于查询员工订单统计信息。

（4）商品销售信息统计视图：包括商品名称、订购总数量。

6. 创建存储过程

（1）获取所有商品订购信息的存储过程，包括商品名称、单价、订购的数量、订购公司名称和订购日期等信息。

（2）一个指定产品的接受订单的总金额的存储过程。

7. 创建触发器

（1）更新销售量的触发器，实现在订单表上添加一条记录时，对应的商品在商品表的已销售量数据同时更新。

（2）防止订单量修改过大的触发器，防止用户修改商品的订单数量过大，当订单数量的变化超过 100 时给出错误提示，并取消修改操作。

12.6 销售管理数据库的实施

在数据库确定逻辑结构和物理结构后，在计算机上建立实际的数据库结构，并装入数据，进行试运行和评价。此阶段称为数据库实施。

销售管理数据库在经过需求分析（例 12.1）、概念结构设计（例 12.4）、逻辑结构分析（例 12.14）和物理结构设计（例 12.16）后，完成数据库的设计阶段，然后在 SQL Server 2008 数据库管理系统中，利用数据定义语言创建数据库、建立数据表、定义数据表的约束、装入数据，然后试运行，然后对数据库设计进行评价、调整、修改等维护工作，这就是销售数据库的实施阶段，此阶段也是十分重要的。

由于销售管理数据库的实施的相关的代码，已经分解到各个章节，此处不再介绍。比如创建数据库的代码，参见例 2.2；创建基本表，参见例 3.2、例 3.3 等。

12.7 销售管理数据库运行和维护

在销售管理数据系统设计完成并试运行成功后，就投入正式运行。数据库一旦投入运行就标志着数据库维护工作的开始。数据库维护工作主要由数据库管理员（DBA）完成。维护工作主要对数据库的监测、分析和性能的改善；数据库转存和故障恢复；数据库的安全性、完整性控制；数据库的重组和重构造。

习　题

一、选择题

1. 数据库是在计算机系统中按照一定得数据模型组织、存储和应用的（　　）。
  A. 命令的集合　　　B. 数据的集合　　C. 程序的集合　　D. 文件的集合

2. 支持数据库的各种操作的软件系统是（　　）。
  A. 数据库系统　　　B. 文件系统　　　C. 操作系统　　　D. 数据库管理系统

3. （　　）是由计算机硬件、操作系统、数据库、数据库管理系统以及开发工具和各种人员（如数据库管理员、用户等）构成的。
  A. 数据库管理系统　　　　　　　　B. 文件系统
  C. 数据系统　　　　　　　　　　　D. 软件系统

4. 在现实世界中客观存在并能相互区别的事物称为（　　）。
  A. 实体　　　　　　B. 实体集　　　　C. 字段　　　　　D. 记录

5. 在数据库设计的（　　）阶段中，业务流图一般采用（　　）表示。
  A. 程序结构图　　　B. 数据流图　　　C. 程序框架　　　D. E-R 图

6. 在数据库设计的（　　）阶段中，用 E-R 图来描述信息结构。
  A. 需求分析　　　　　　　　　　　B. 概念结构设计
  C. 逻辑结构设计　　　　　　　　　D. 物理结构设计

二、思考题

1. 简述数据与信息之间的联系与区别。
2. 简述数据库系统的设计流程。
3. 什么是 E-R 图？E-R 图由哪些要素构成？
4. 创建一个教师和学生之间关系的 E-R 图；创建一个母亲和孩子之间关系的 E-R 图。
5. 逻辑结构设计有哪些步骤？
6. 物理结构设计阶段有哪些步骤？
7. 数据库的维护包括哪些工作？

实　训

【实训目的】

（1）掌握数据库规划的步骤。

（2）掌握数据库需求分析、概念结构设计、逻辑结构设计和物理结构设计等重要步骤。

【实训内容】

为某学校设计一个图书管理数据库。在图书馆中对每位读者保存的信息有读者编号、姓名、性别、年级、系别、电话、已借数目；保存了每本图书的书名、作者、价格、图书的类型、库存量、出版社等信息。其中，读者分为教师和学生两类，教师可以借20本书，学生可以借10本书。一本图书可以被多位读者借阅，每本借出的图书，都保存了读者编号、借阅日期和应还日期。

销售管理数据库系统初步开发（C♯.Net）

技能目标

学会使用 Visual Studio 2008 开发 Windows 应用程序。使用 C♯.Net 对销售管理数据库系统进行初步开发。

知识目标

了解 ADO.NET 的结构；掌握 ADO.NET 开发数据库管理系统的步骤；掌握使用 ADO.NET 对象连接 SQL Server 数据库；掌握数据库信息系统的初步开发技术。

13.1 ADO.NET

本章使用 Visual Studio.NET 2005 作为工具，使用 C♯.NET 语言，创建有关销售管理数据库的 Windows 应用系统。因此读者的计算机必须已安装 Visual Studio.NET 2005，并且可通过网络或在本地连接至 SQL Server 2008 服务器。

13.1.1 ADO.NET 概述

ADO.NET 是统一数据容器类编程接口，无论编写何种应用程序（Windows 窗体、Web 窗体、Web 服务）都可以通过同一组类来处理数据。无论后台的数据源是 SQL Server 数据库、Oracle 数据库、其他数据库、XML 文件，还是一个文本文件，都使用一样的方式来处理它们，支持在线和离线的数据访问方式。ADO.NET 包含了两大核心控件：.NET Framework 数据提供程序和 DataSet。

13.1.2 ADO.NET 组件

ADO.NET 就是在.NET 中结合数据库的规范。可以使用 ADO.NET 的两个组件来访问和处理数据：.NET Framework 数据提供程序和 DataSet，结构如图 13-1 所示。

1..NET Framework 数据提供程序

.NET Framework 数据提供程序是专门为数据处理以及快速地访问数据而设计的

图 13-1   ADO. NET 组件

组件，专门用来与数据库连接、执行命令与获取结果的。ADO. NET 数据提供程序有如下几种。

（1）SQL Server. NET Framework 数据提供程序，主要提供对 Microsoft SQL Server 7.0 版或更高版本的数据访问，使用 System. Data. SqlClient 命名空间。

（2）OLE DB. NET Framework 数据提供程序，适合于使用 OLE DB 公开的数据源，使用 System. Data. OleDb 命名空间。

（3）ODBC. NET Framework 数据提供程序适合于使用 ODBC 公开的数据源，使用 System. Data. Odbc 命名空间。

（4）Oracle. NET Framework 数据提供程序适用于 Oracle 客户端软件 8.1.7 版和更高版本，使用 System. Data. OracleClient 命名空间。

2. NET 数据提供程序的 4 个核心对象

. NET 数据提供程序有 4 个核心对象，如表 13-1 所示。

表 13-1   ADO. NET 的数据提供程序核心对象

对　象	描　　述
Connection	对象提供与数据源的连接
Command	对象用于返回数据、修改数据、运行存储过程以及发送或检索参数信息的数据库命令
DataReader	从数据源中读取仅为只进、只读的数据集
DataAdapter	提供连接 DataSet 对象和数据源的桥梁

3. DataSet 组件

DataSet 组件是一个功能丰富、较复杂的数据集，它是支持 ADO. NET 的断开式、分布式数据方案的核心对象。DataSet 是数据的内存驻留的表达形式；DataSet 组件表示包括相关表、约束和表间关系等,可以把它看成内存中的数据源。

DataSet 的执行功能主要将数据缓存在本地,以便可以对数据进行处理;在层间或从 XML Web 服务对数据进行远程处理;与数据进行动态交互,例如绑定到 Windows 窗体控件或组合并关联来自多个源的数据;对数据执行大量的处理,而不需要与数据源保持打开的连接,从而将该连接释放给其他客户端使用。

13.1.3 使用 ADO.NET 开发数据库应用程序的一般步骤

使用 ADO. NET 开发数据库应用程序一般可分为以下几个步骤。

(1) 根据使用的数据源,确定使用的. NET Framework 数据提供程序。

(2) 建立与数据源的连接,需使用 Connection 对象。

(3) 执行对数据源的操作命令,通常是 SQL 命令,需使用 Command 对象。

(4) 使用数据集对获得的数据进行操作,需使用 DataReader、DataSet 等对象。

(5) 需使用数据控件向用户显示数据。

13.1.4 ADO.NET 的对象

要访问数据库,首先应该建立到数据库的物理连接。ADO. NET 使用 Connection 对象来显性地创建连接对象。根据连接数据源的不同,连接对象也有 4 种,分别为 SqlConnection、OleDbConnection、OdbcConnection 和 OracleConnection。连接对象最重要的属性是 ConnectionString。

1. Connection 类

Connection 类表示数据库的一个打开的连接。其中 SqlConnection 使用 System. Data. SqlClient 命名空间。SqlConnection 类的常用成员如表 13-2 所示。

表 13-2 SqlConnection 类的常用成员

名　　称	说　　明
ConnectionString	获取或设置用于打开数据库的字符串
Database	获取当前数据库或连接打开后要使用的数据库的名称
DataSource	获取要连接的数据库的名称
State	获取连接的当前状态
Close()	关闭与数据库的连接
Open()	使用 ConnectionString 所指定的属性设置打开数据库连接
CreateCommand()	创建并返回一个与 Connection 关联的 Command 对象

SqlConnection 类 ConnectionString 成员的关键字值有效名称如表 13-3 所示。

表 13-3　SqlConnection 类 ConnectionString 成员的关键字值有效名称

关　键　字	默认值	说　　明
DataSource（Server）	N/A	要连接的 SQL Server 实例的名称或网络地址
Initial Catalog（Database）	N/A	数据库的名称
Integrated Security（Trusted _Connection）	false	为 false 时，将在连接中指定用户 ID 和密码。当为 true 时，将使用当前的 Windows 账户凭据进行身份验证。可识别的值为 true、false、yes、no 以及与 true 等效的 sspi（强烈推荐）
Password（Pwd）	N/A	SQL Server 账户登录的密码
User ID	N/A	SQL Server 登录账户建议不要使用
Workstation ID		本地计算机名称，连接到 SQL Server 的工作站的名称

【例 13.1】　实例环境：SQL Server 服务器的名称为 LISA；登录模式为 Windows 身份验证模式；连接的数据库为 CompanySales。

配置 SqlConnection 对象的 ConnectionString 属性的字符串如下：

```
"SERVER=LISA;
Initial Catalog=CompanySales;
Integrated Security=SSPI;";
```

【例 13.2】　实例环境：SQL Server 服务器的 IP 地址为 192.168.4.1；登录模式为 SQL Server 身份验证模式；连接的数据库为 CompanySales；登录的账户名称为 sa；登录密码为"123456"。

配置 SqlConnection 对象的 ConnectionString 属性的字符串如下：

```
"SERVER=192.168.4.1 ;
Initial Catalog=CompanySales;
Integrated Security=No;
User ID=sa; Password=123456";
```

2. Command 对象

使用 Connection 对象与数据库建立连接后，可使用 Command 对象对数据源执行查询、插入、删除和修改等各种操作。根据 .NET Framework 数据提供程序的不同，Command 对象也可分为 4 类：SqlCommand、OleDbCommand、OdbcCommand 和 OracleCommand。

SqlCommand 对象常用的属性和方法如下。

（1）常用的属性

① Connection 属性：设置或获取命令对象所使用的连接。

② CommandText 属性：设置获取命令对象的命令字符串。

（2）常用的方法

① CreateCommand（）方法：建立 SqlCommand 对象。

② ExecuteReader（）方法：将 CommandText 发送到 Connection 并生成一个 SqlDataReader。

③ ExecuteScalar()方法：执行查询，并返回查询所返回的结果集中第一行的第一列。忽略其他列或行。

④ ExecuteNonQuery()方法：对连接执行 SQL 语句并返回受影响的行。

3. DataReader 对象

DataReader 对象主要用于数据源中检索只读、正向数据集，通常用于检索大量数据。由于 DataReader 本身就是管理提供者，它可以通过 Command 的 ExecuteReader()方法获取数据。SqlDataReader 常用的属性和方法如下。

(1) 常用的属性

① HasRows 属性：指示 SqlDataReader 是否包含一行或多行。

② FieldCount 属性：当前行中的列数。

③ Item 属性：DataReader 中列的值。

(2) 常用的方法

① Read()方法：使 SqlDataReader 前进到下一条记录。SqlDataReader 的默认位置在第一条记录前面。

② Close()方法：关闭 SqlDataReader 对象。

③ GetName()方法：获取指定列的名称。

④ GetValue()方法：获取指定序号处的列的值。

4. DataAdapter 对象

DataAdapter 对象是 DataSet 对象和数据源之间的桥接器，用于检索数据、填充 DataSet 对象中的表、把用户对 DataSet 对象更改写入数据源。SqlDataAdapter 对象常用的属性和方法如下。

(1) 常用的属性

在数据适配器中包含 4 个数据命令属性，分别对应 4 种 Transact-SQL 语句或存储过程，用于不同的目的。

① SelectCommand 属性：对应 SELECT 语句，用于在数据源中选择记录。

② DeleteCommand 属性：对应 DELETE 语句，用于从数据集删除记录。

③ InsertCommand 属性：对应 INSERT 语句，用于在数据源中插入新记录。

④ UpdateCommand 属性：对应 UPDATE 语句，用于更新数据源中的记录。

(2) 常用的方法

① Fill()方法：在 DataSet 中添加或刷新行以匹配使用 DataSet 名称的数据源中的行，并创建一个 DataTable。

② Update()方法：为指定 DataSet 中每个已插入、已更新或已删除的行调用相应的 INSERT、UPDATE 或 DELETE 语句。

5. DataSet 对象

DataSet 对象是支持 ADO. NET 的断开式、分布式数据方案的核心对象。DataSet 是数据的内存驻留表示形式，无论数据源是什么，它都会提供一致的关系编程模型。它可以用于多种不同的数据源，用于 XML 数据，或用于管理应用程序本地的数据。DataSet 表示包括相关表、约束和表间关系在内的整个数据集。DataSet 对象常用的属性如表 13-4 所示。

表 13-4　DataSet 对象常用的属性

名　　称	说　　明
DataSetName	获取或设置当前 DataSet 的名称
Namespace	获取或设置 DataSet 的命名空间
Relations	获取用于将表链接起来并允许从父表浏览到子表的关系的集合
Tables	获取包含在 DataSet 中的表的集合

13.2　使用 ADO.NET 连接数据库

13.2.1　自动配置数据源

【例 13.3】　配置销售管理数据库系统数据源，并显示部门表 Department 的数据。操作步骤如下。

（1）执行"开始"→"所有程序"→Microsoft Visual Studio 2005→Microsoft Visual Studio 2005 命令，打开 Microsoft Visual Studio 2005 应用程序。

（2）单击菜单栏中的"文件"→"新建"→"项目"菜单项，出现的"新建项目"对话框。在窗体左侧的"项目类型"列表中选择 Visual C♯→Windows 选项；在"模板"列表中，选择"Windows 应用程序"模板。在"名称"文本框处输入解决方案名"Ex01"，在"位置"下拉列表框处，选择保存文件的位置，设置效果如图 13-2 所示，单击"确定"按钮。

图 13-2　创建新数据库项目

（3）在菜单栏中执行"数据"→"显示数据源"命令，在窗口中出现"数据源"窗格，如图 13-3 所示。

图 13-3　新建项目窗体

（4）在"数据源"窗格中，单击"添加新数据源"按钮，出现如图 13-4 所示的"选择数据源类型"对话框，进行添加数据源。选择"数据库"选项，单击"下一步"按钮。

图 13-4　选择数据源类型

（5）出现"选择您的数据连接"对话框，如图 13-5 所示。

（6）单击"新建连接"按钮，出现如图 13-6 所示的"选择数据源"对话框。在"数据源"列表中，选择 Microsoft SQL Server 数据源，单击"继续"按钮。

（7）出现如图 13-7 所示的"添加连接"对话框。在"服务器名"的下拉列表中选择 LISA 服务器（不同的计算机此处显示不同）；选中"使用 Windows 身份验证"单选按钮；数据库选择 CompanySales。最后测试连接的状态，单击"测试连接"按钮，出现如图 13-8 所示的测试连接成功提示。

图 13-5 选择数据连接

图 13-6 选择数据源

图 13-7 添加连接

图 13-8 数据连接测试成功对话框

（8）单击"确定"按钮，返回"数据源配置向导"对话框，如图 13-9 所示。展开"连接字符串",可以看到自动设置的字符串。

图 13-9　配置后的数据连接字符串

(9) 单击"下一步"按钮,出现如图 13-10 所示的"保存连接字符串"对话框。

图 13-10　保存连接字符串窗体

(10) 单击"下一步"按钮,出现如图 13-11 所示的"选择数据库对象"对话框。单击

图 13-11　选择数据库对象

"表"节点即选中 CompanySales 数据库中所有的表对象。然后单击"完成"按钮，完成数据源的配置，得到数据集的名称为 CompanySalesDataSet。

（11）结果如图 13-12 所示，在"数据源"窗格中出现设置结果。

图 13-12　设置数据源结果

（12）在"数据源"窗格中，选中 Department 表，将 Department 表拖到 Form1 窗口中，如图 13-13 所示。

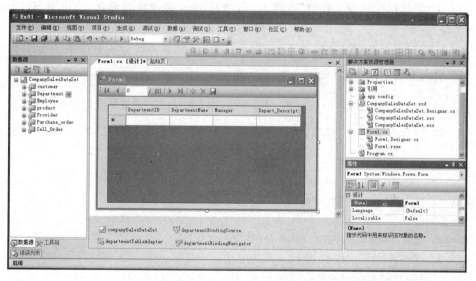

图 13-13　数据库程序设计窗体

（13）单击"运行"按钮，即可得到 Department 表的数据，如图 13-14 所示。

图 13-14   运行结果

13.2.2   编程配置数据源

【例 13.4】   连接销售管理数据 CompanySales，单击"连接 SQL Server 数据库"按钮，在表中显示部门表的信息。

具体操作步骤如下。

（1）新建一个 Windows 应用程序。

（2）从"工具栏"的"公共控件"选项卡中，将 Button 控件拖到窗体上，设置其 Text 属性为"读取部门表"。

（3）从"工具栏"的"公共控件"选项卡中，将 Button 控件拖到窗体上，设置其 Text 属性为"关闭"。

（4）从"工具栏"的"数据"选项卡中，将 DataGridView 控件拖到窗体上。

（5）引入命名空间，代码如下：

```
using System.Data.SqlClient;              //手工添加,引入命名空间
```

（6）双击"读取部门表"按钮，为按钮控件添加双击事件处理方法，输入如下代码。

```
// Windows 安全登录机制
String ConnString =" Data  Source = ( local ); Initial  Catalog = CompanySales;
Integrated Security=True";
//SQL 语句
String SQLString="SELECT * FROM department";
//创建一个 SqlDataAdapter 对象
SqlDataAdapter SqlDataAdapter1=new SqlDataAdapter(SQLString, ConnString);
// 创建一个 DataSet 对象
DataSet DataSet1=new  DataSet();
SqlDataAdapter1.Fill(DataSet1, "department");
dataGridView1.DataSource=DataSet1.Tables["department"];
```

（7）双击"关闭"按钮，为按钮控件添加双击事件处理方法，输入如下代码。

```
Application.Exit();
```

（8）运行程序。单击"读取部门表"按钮，如图 13-15 所示。

	DepartmentID	DepartmentName	Manager	Depart_Description
▶	1	销售部	王丽丽	主管销售
	2	采购部	李嘉明	主管公司的产品采购
	3	人事部	蒋柯南	主管公司的人事安排
	4	后勤部	张锦荀	主管公司的后勤工作
	5	保安部	贺妮玉	主管公司的安全问题
	6	会务部	李尚彪	主管公司的所有的展销会和接…
*				

读取部门表　　　关闭

图 13-15　显示部门表的信息

13.3　开发销售管理数据库系统

13.3.1　数据库应用系统软件开发过程概述

开发数据库应用系统软件开发过程包括可行性与业务调查、系统需求分析、系统设计、系统实施和系统维护等。本节将给出初步开发销售管理数据库系统的主要步骤，更详尽的软件开发方法请参考相关的软件工程参考书籍。

1. 需求调查与分析

需求调查与分析是系统分析中的一个主要步骤，其主要内容包括详细调查、系统范围与目标分析、组织机构与功能分析、业务流程调查分析和数据流程调查分析，然后根据这些调查分析确定系统边界、数据需求、事务需求和系统性能需求等。相关内容见第 1 章。

2. 系统设计

系统设计阶段的任务是精化方案并开发一个明确描述方案的可视化模型，保障设计模型最终能平滑地过渡到程序代码。系统设计主要包括总体设计（也称概要设计）和详细设计。系统设计的内容为功能模块设计、用户界面设计、外部接口设计、安全性设计、数据库设计和类体系结构设计。数据库设计相关内容见第 1 章。

（1）总体设计

系统总体设计的主要内容为设计系统的总体结构和系统分模块设计。

（2）详细设计

详细设计包括代码设计、输入输出设计、处理过程设计、界面设计和编码实现的内容。

3. 测试与调试

软件分析、设计过程中难免有各种各样的错误，需要通过测试查找错误，以保证软件的质量。软件测试是由人工或计算机来执行或评价软件的过程，验证软件是否满足规定的需求或识别期望的结果和实际结果之间有无差别。测试步骤测试主要分 4 步进行：单元测试、组装测试、确认测试和系统测试。

13.3.2 开发登录模块

【例 13.5】 在使用通常的程序过程中，一般要保证软件使用的安全性，如使用软件前要求输入用户名和密码，密码正确则能够正常登录，否则达到一定次数后将退出程序。如图 13-16(a)所示，是程序运行时的效果，在密码文本框中输入密码时，将用"＊"显示。单击"登录"按钮后，用户名和密码都正确时，将弹出一个信息框，信息框显示的内容是"欢迎使用！"，信息框标题是"提示框"；如果用户名和密码有错，则输入出错次数没达到 3 次，出现如图 13-16(b)所示的提示框，否则出现如图 13-16(c)所示提示框，此时单击提示框的"确定"按钮后，将退出程序。

图 13-16　登录窗体

在概要设计时，为了管理用户，需增加一个用户表，用户表结构如图 13-17 所示。本题利用登录模块，介绍数据的查询操作。

操作步骤如下。

（1）新建一个 Windows 应用程序。

（2）在窗体上添加 2 个标签、2 个按钮和 2 个文本框。依照图 13-16 所示，将标签按从上往下的顺序放置 Label1、Label2，依照表 13-5 设置各控件的属性。

列名	数据类型	允许空
userId	int	☐
userName	varchar(20)	☑
passWord	varchar(10)	☑
quanxin	varchar(50)	☑
photo	image	☑
备注	varchar(100)	☑
		☐

图 13-17　用户表 UserTable 结构

表 13-5 各控件对象的属性设置

控件类型	属 性	属性设置值	控件类型	属 性	属性设置值
Form（窗体）	Name	Form1	TextBox（文本框）	Name	TextBox2
	Text	登录窗体		Text	
Label（标签）	Name	Label1	Button（按钮）	Name	Button1
	Text	用户名：		Text	登录
Label（标签）	Name	Label2	Button（按钮）	Name	Button2
	Text	密码：		Text	关闭
TextBox（文本框）	Name	TextBox1			
	Text				

（3）为窗体添加字段。

```
private int i=0;
```

代码添加 i 是为控制登录次数。

（4）为"登录"按钮添加单击事件。

```
i=i+1;                               //单击次数计数
string Username=textBox1.Text.Trim();
string PassWord=textBox2.Text.Trim();
//设置连接字符串
string Connectstring="Data source=(local);"+
    "Initial Catalog=CompanySales;"+
    "Integrated Security=SSPI;";
SqlConnection Myconnection=new SqlConnection(Connectstring);
SqlCommand mycommand=Myconnection.CreateCommand();
string commandstring="select * from userTable"+
    "where userName="+"'"+Username+"'"+
    "and PassWord="+"'"+PassWord+"'";
mycommand.CommandText=commandstring;
SqlDataAdapter MySqlDataAdapter=new SqlDataAdapter();
MySqlDataAdapter.SelectCommand=mycommand;
DataSet myDataSet=new DataSet();
int n=MySqlDataAdapter.Fill(myDataSet,"users");
if(n!=0)
{
    MessageBox.Show("欢迎使用!");
    this.Close();
}
else
if(i<3)                              //判断错误次数是否已经超过 3 次
{
    MessageBox.Show("你的用户名或密码错误,请重新输!","提示框");
    textBox1.Text="";
```

```
        textBox2.Text="";
        textBox1.Focus();
    }
else
    {
    MessageBox.Show("你输入的次数已达三次,将退出程序!", "提示框");
    this.Close();
    }
```

（5）单击"关闭"按钮处理事件。

```
this.Close();
```

13.3.3 员工信息浏览模块

【例 13.6】 在日常的管理过程中,经常要按照一定的条件浏览员工的相关信息。查询所有"采购部"员工的相关信息,并逐条浏览数据。

操作步骤如下。

（1）启动 Visual Studio 开发工具。创建一个新的 C♯.NET Windows 应用程序。

（2）设计窗体界面如图 13-18 所示,窗体上共添加 4 个按钮（Button）、1 个数据网格控件（DataGridView）和 1 个数据源绑定控件（BingScource）。

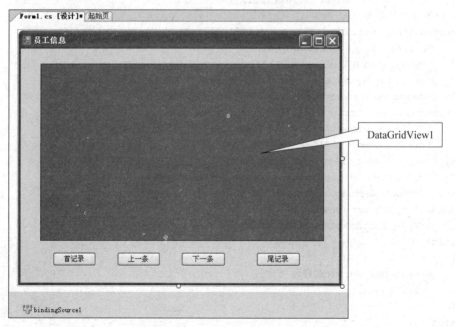

图 13-18 员工信息浏览设计图

（3）添加控件和设置控件属性。

依据表 13-6 格式进行设置各控件的属性,控件属性取默认值的说明在表中不再说明。

表 13-6　各控件对象的属性设置

控件类型	属　性	属性设置值	控件类型	属　性	属性设置值
Form(窗体)	Text	员工信息	Button(按钮)	Name	LastBtn
Button(按钮)	Name	FirstBtn		Text	尾记录
	Text	首记录	DataGridView	Name	DataGridView1
Button(按钮)	Name	NextBtn	BingScource	Name	BingScource1
	Text	下一条			
Button(按钮)	Name	PreviousBtn			
	Text	上一条			

（4）引入命名空间。

```
using System.Data.SqlClient;//                    //手工输入引用的命名空间
```

（5）增加窗体类的属性。

```
public partial class Form1 : Form
{    private   SqlConnection connection=new SqlConnection();  //定义数据连接对象
     private   SqlDataAdapter MySqlDataAdapter;          //定义一个数据适配器对象
     private   DataSet MyDataSet=new DataSet();          //定义一个数据集对象
     private   string Mytable="Employee";               //定义一个数据表的名称
                                                         //定义查询语句
     private string MySql="Select * From employee where sex='男'";
}
```

（6）编写窗体加载事件代码。

```
connection.ConnectionString=" Data Source=.;Initial Catalog=
CompanySales; Integrated Security=True";
    try
    {
        connection.Open();
        MySqlDataAdapter=new SqlDataAdapter(MySql, connection);
        MySqlDataAdapter.Fill(MyDataSet, MyTable);
        bindingSource1.DataSource=MyDataSet;
        //赋予数据绑定对象的数据成员属性
        bindingSource1.DataMember=MyTable;
        dataGridView1.DataSource=bindingSource1;
    }
    catch(SqlException ex)
    {   MessageBox.Show(ex.Message,"数据错误对话框");
    }
```

（7）单击"首记录"按钮的执行代码。

```
bindingSource1.MoveFirst();
```

(8) 单击"下一条"按钮的执行代码。

```
//判断当前记录是否尾记录,如果是,则移到首记录
if(bindingSource1.Position+1<bindingSource1.Count)
{
    bindingSource1.MoveNext();
}
else
{
    bindingSource1.MoveFirst();
    Invalidate();
}
```

(9) 单击"上一条"按钮的执行代码。

```
// 判断当前记录是否为首记录,如果是,则移到尾记录
if(bindingSource1.Position>0)
{ bindingSource1.MovePrevious();
}
else
{ bindingSource1.MoveLast();
    Invalidate();
}
```

(10) 单击"尾记录"按钮的执行代码。

```
bindingSource1.MoveLast();
```

(11) 运行结果。

运行时出现如图 13-19 所示的结果。单击"首记录"按钮,光标移到首记录;单击"下一条"按钮时,光标移到当前记录的下一条记录,如果当前为最后一条记录,则移到首记录;单击"上一条"按钮,光标移到当前记录的上一条记录,如果当前为首记录,则移到尾记录;单击"尾记录"按钮时,光标移到尾记录。

图 13-19   员工信息浏览结果

13.3.4 员工信息管理模块

【例 13.7】 对销售管理数据库中的 Employee 表进行插入、删除和修改等操作。

分析：就是在例 13.6 的基础上增加插入、删除和修改。

操作步骤如下。

(1) 打开例 13.5 的应用程序。

(2) 添加 4 个按钮(Button)，设计如图 13-20 所示。

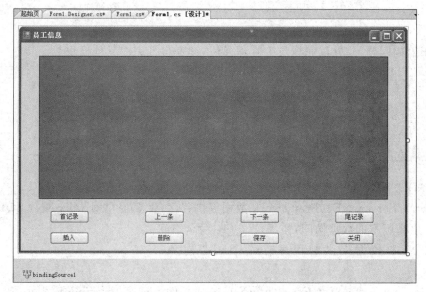

图 13-20　员工表 Employee 操作设计图

(3) 单击"插入"按钮的执行代码。

```
this.bindingSource1.AddNew();
```

(4) 单击"保存"按钮的执行代码。

```
if(MyDataSet.HasChanges())
{  this.Invalidate();
   this.bindingSource1.EndEdit();
   this.MySqlDataAdapter.Update(MyDataSet, MyTable);
}
```

(5) 单击"删除"按钮的执行代码。

```
try
{
  if(MessageBox.Show("确定删除该信息吗?", "系统提示!",
     MessageBoxButtons.OKCancel, MessageBoxIcon.Question)==DialogResult.OK)
  {
    bindingSource1.RemoveCurrent();                     //删除当前记录
```

```
    Invalidate();                                          //将结果更新
    bindingSource1.EndEdit();
    MySqlDataAdapter.Update(MyDataSet, MyTable);
  }
}
catch(SqlException ex)
  {MessageBox.Show(ex.Message, "提示信息!", MessageBoxButtons.OKCancel,
   MessageBoxIcon.Warning);}
```

(6) 单击"关闭"按钮的执行代码。

```
this.Close();                                              //释放窗体
this.Dispose();                                            //释放资源
```

由于篇幅问题,此处仅完成员工管理模块,读者自行完成其他模块。

习　　题

一、填空题

1. ADO. NET 包含了两大核心控件:_____和_____。

2. SQL Server. NET Framework 数据提供程序,主要提供对 Microsoft SQL Server 7.0 版或更高版本的数据访问,使用_____命名空间。

3. . NET 数据提供的程序有 4 个核心对象:_____、_____、_____ 和_____。

4. SqlConnection 类在 ConnectionString 成员的关键字 DataSource 表示了_____或网络地址。

二、思考题

1. ADO. NET 组件包括哪几个对象?

2. 如何使用 Connection 对象执行 SQL 查询?

3. 如何使用 Command 对象执行 SQL 查询?

4. DataReader 对象和 DataSet 对象有何区别?

5. 如何使用 DataSet 和 DataAdapter 对象?

实　　训

【实训目的】

(1) 掌握开发数据库应用程序的步骤。

(2) 掌握从数据库中读取和更新数据操作。

【实训内容】

完成销售管理数据库系统的商品管理模块，包括商品的查询、添加、修改和删除操作。

（1）按商品名称进行查询。

（2）按商品的供应商进行查询操作。

（3）可以使用通配符，如要求能查询以"优"开头的所有产品。

（4）完成商品的添加操作。

（5）修改商品的名称、单价和库存量等。

（6）删除商品操作。

参 考 文 献

[1] 钱冬云. SQL Server 2005 数据库应用技术[M]. 北京：清华大学出版社，2010.

[2] 吴戈，朱勇，赵婉方. SQL Server 2008 学习笔记——日常维护、深入管理、性能优化[M]. 北京：人民邮电出版社，2009.

[3] Brian Knight，Ketan Patel，等. SQL Server 2008 管理专家指南[M]. 腾灵灵，付勇，等，译. 北京：清华大学出版社，2010.

[4] 王永乐，徐书欣. SQL Server 2008 数据库管理与应用[M]. 北京：清华大学出版社，2011.

[5] 王征，李晓波. SQL Server 2008 中文版多功能教程[M]. 北京：电子工业出版社，2010.

[6] 郑阿奇. SQL Server 2008 应用实践教程[M]. 北京：电子工业出版社，2010.

[7] Mike Hotek. SQL Server 2008 实现与维护(MITS 教程)[M]. 传思，陆昌辉，吴春华，卢晓冬，译. 北京：清华大学出版社，2011.

[8] 姚一永，吕峻闽，等. SQL Server 2008 数据库实用教程[M]. 北京：电子工业出版社，2010.

[9] 马桂婷，武洪萍，袁淑玲，等. 数据库原理与应用(SQL Server 2008 版)[M]. 北京：北京大学出版社，2010.

[10] 张水平. 数据库原理及 SQL Server 应用[M]. 西安：西安交通大学出版社，2008.